公共基础课系列

高等数学学习指导与能力训练

修订版

主　编◎周　玮　刘玉菡　张彭飞
副主编◎于秀萍　陈允峰　王　栋

GAODENG SHUXUE XUEXIZHIDAO
YU NENGLI XUNLIAN

北京师范大学出版集团
BEIJING NORMAL UNIVERSITY PUBLISHING GROUP
北京师范大学出版社

图书在版编目(CIP)数据

高等数学学习指导与能力训练 / 周玮，刘玉菡，张彭飞主编. —修订本. —北京：北京师范大学出版社，2025.7

ISBN 978-7-303-29332-2

Ⅰ. ①高… Ⅱ. ①周…②刘…③张… Ⅲ. ①高等数学—高等职业教育—教学参考资料 Ⅳ. ①O13

中国国家版本馆 CIP 数据核字(2023)第 136703 号

出版发行：北京师范大学出版社 https://www.bnupg.com
北京市西城区新街口外大街 12-3 号
邮政编码：100088

印　　刷：北京溢漾印刷有限公司
经　　销：全国新华书店
开　　本：787 mm×1092 mm　1/16
印　　张：12.5
字　　数：220 千字
版 印 次：2025 年 7 月第 1 版第 4 次印刷
定　　价：32.00 元

策划编辑：周光明　　　　责任编辑：周光明
美术编辑：焦　丽　　　　装帧设计：焦　丽
责任校对：陈　民　　　　责任印制：赵　龙

序

高等数学作为建工、机电等工科专业的一门重要的工具性课程，因其博大精深、神秘美丽，总是令人向往而又有所畏惧．如何在高职阶段学好高等数学呢？下面给大家几点建议．

一、明确学习高等数学的目的

张奠宙先生曾说："人生在世，读书是终身相伴的，读书的目的有二：一是当工具使用，二是提高个人修养，学习数学也是一样的．"高等数学是进入高职院校首先要学习的一门重要的基础课，是为学习专业服务的，是进行专业技术分析和计算的工具．数学的工具性主要体现在它是一种由数字、符号和图像组成的特殊语言．在现代职业中随处可见数学语言，当你进入工程界，如果不懂得"导数""驻点""极值"这些名词，就无法解决最优化问题；当你进入信息领域，如果不懂得微积分，就无法理解曲线上升、下降的意义，无法进行数值分析；在日常生活中，如果不懂得数学语言，就无法欣赏"指数爆炸""价格弹性""人生驻点"等语言．学习数学还可以训练思维品质，提高文化素养．当你看到一串数字时，是否会思考数字背后隐藏的量与量之间的函数关系；当你在听律师辩护时，是否会有意识地去判断他逻辑的合理性，这些都是在学习数学的过程中潜移默化地形成的数学品质．因此，高职生学习高等数学的目的主要有三方面：其一，掌握高等数学的基本知识、基本理论，为学好专业课打下基础；其二，了解数学发展史、数学思想和方法，理解数学的本质和价值；其三，学会用数学的思维方式和方法去创新，去实践！

二、把握四个环节，提高学习效率

第一，课前预习．了解老师即将讲什么内容，相应地复习与之相关内容，有的放矢，充分发挥自己的主观能动性，体会解决问题的乐趣，这样才能学习并快乐着．解决一个重大问题是一个伟大的发现，其实任何一个问题的解决都会有所发现．你解决的问题也许很平凡，但如果解决问题的过程挑战了你的好奇心，激发了你的创造力，你就会经历一个紧张的过程，最终能体会到发现的喜悦．

第二，认真上课．听课是一个全身心投入——听、记、思考相结合的过程．注意老师的讲解方法、思路，以及分析问题和解决问题的过程，同时关注你预习时遇到的问题，记好课堂笔记．

第三，课后复习，循序渐进．当天必须回忆一下老师讲课内容，然后结合笔记重复看教材内容，完善笔记，掌握所学内容之间的联系，最后完成作业．一些同学总是习惯于课后先动手做作业，在碰到困难时才会去读课本．而好的学习方法应该是在做题之前仔细研读课本，特别是在看定义、定理时，要理解每字每句的确切含义．而且，在看例题时，也不要急于看答案，而是尽量自己去解题、去理解．只有这样，你才会在最后看答案时获得更多的启发．同时还要注意经常复习、巩固学过的内容，进行循环学习，学会归纳、总结．

第四，注重概念，掌握核心思想和方法．高职阶段的学习不能只为应付考试，重要的是学习每门课程的内涵，即思想方法．高等数学中，为了提出或建立一种思想和方法，总要有基本概念、基本结论作为铺垫．如果对这些概念和基本结论掌握不好，就很难掌握其内在的核心思想和方法．高等数学与初等数学有很大差别，学习高等数学的过程也是新的认识观念的建立过程，如有限数学过渡到无限数学的过程就是认知的一个飞跃．有些同学认识不到学习基本概念、基本结论的重要性，只从文字表面上理解，忽略思想观念的转变，就会感觉学习困难．其实，高等数学学习难点的突破正是在于对基本概念、结论的准确理解、灵活运用，以及动态变化观念的建立上．突破了这一难点，很多问题就会迎刃而解．

三、培养创造性思维和数学应用能力

学习一门课程要思考其延伸的作用．学习高等数学不能只学数学知识，还应该努力培养自己的创造性思维和运用数学的能力，尤其是数学建模的意识．高等数学充分体现了逻辑思维、抽象思维、类比思维、归纳思维、发散思维、逆向思维等创造性思维，学生应通过高等数学这一载体很好地体验这些思维方式，提高自己的科学思维能力．教材中融入了大量数学建模的知识，并介绍了数学软件 MATLAB 的应用，为解决实际问题提供了强有力的工具．在学习时应有意识地培养自己的数学应用意识和数学建模能力，当你面临有待解决的问题时，要主动尝试用数学的立场、观点和方法寻求解决问题的策略；当你遇到专业实际问题时，要尝试用所学知识建立相应的数学模型．我们在今后的学习过程中将会遇到很多这样的应用实例，要注意总结、归纳，提升为通用方法，并有意识地去思考能否用这些方法去处理专业问题．

四、感受数学，提高数学素养

数学不仅仅是一种工具，它更是一个人必备的素养．它会影响一个人的言行、思维方式等各个方面．一个人，如果他不是以数学为终生职业，那么他的数学素养并不只表现在他能解多难的题、解题有多快、数学能考多少分，关键在于他是否真正领会了数学的思想、数学的精神，是否将这些思想融会到了他的日常工作和生活中去．日本的米山国藏说："我搞了多年的数学教育，发现学生们在初中、高中接受的数学知识因毕业进入社会后，几乎没有什么机会应用这些作为知识的数学，所以通常是出校门不到一两年就很快忘掉了．然而，不管他们从事什么业务工作，唯有深深铭刻于头脑中的数学精神、数学的思维方法、研究方法和着眼点等，都随时随地发生作用，使他们受益终生．"

因此，高职阶段的数学学习将有更深的内涵，它会如春风化雨般融入你的心智，成为你的基本素养．最后用张顺燕教授的六句话来概括高职数学的作用：

给你打开一个窗口，让你领略另一个世界的风光——数学的博大精深、数学的广阔用场；

给你一双数学家的眼睛，丰富你观察世界的方式；

给你一颗好奇的心，点燃你胸中的求知欲望；

给你一个睿智的头脑，帮助你进行理性思维；

给你一套研究模式，使它成为你探索世界奥秘的望远镜和显微镜；

给你提供新的机会，让你在自己的专业领域寻求乐土，利用你的勤奋和智慧去做出发明和创造！

前 言

本书是根据教育部制定的《高职高专基础课程教学要求》和最新修订的《普通高等学校专升本高等数学复习考试大纲》的要求编写的．本书以习近平新时代中国特色社会主义思想为指导，深入贯彻党的二十大精神，选取与社会经济发展有关的素材，将社会主义核心价值观融入案例和练习题中，充分发挥课程思政的作用，全面提高人才培养质量．本书在编写中通过典型例题和案例力求使学生更好地理解高等数学的基本知识，明确重点，突破难点，并通过案例训练使学生深入理解数学的概念和思想方法，不断提高数学应用的能力．

本书每章内容包括：学习要求，典型例题分析，典型案例分析，复习题A组、B组，自测题，阅读材料等内容．

学习要求是对每章应掌握内容的基本要求，以及重难点的剖析．

典型例题分析是对本章重点题型的解析．

典型案例分析是通过专业案例分析帮助学生理解数学的概念、思想方法以及应用，学会科学地思考，领悟数学的真谛，把知识学习与能力培养有机地结合起来．

复习题A组、B组是针对学生的不同学习水平设计的，A组题为基础训练题，主要练习基本知识和基本技能，巩固所学知识；B组题为提高题，出自历年专升本试题，对知识的灵活应用程度要求较高．分层设计体现了数学教学的灵活性，符合学生的个性发展．

自测题是对本章内容的基本检测，试题难易适中，主要以考查基本知识、基本应用为主，是学生进行自检自测的重要依据．

阅读材料包括数学史、数学建模、数学论文等内容，是对数学知识的扩展，通过阅读不仅可以拓展学生的知识面，而且能够培养学生的学习兴趣．

本书还配有高等数学综合测试题、专升本模拟试题及山东省专升本真题，每套试题都配有答案解析．如果学生在复习的基础上根据专升本题型多加练习，通过对本书的学习，完全可以达到专升本对高等数学的要求．

本书可与北京师范大学出版社出版的《高等数学(修订版)》配套使用，由于其编写的独立性，本书也可作为普通高等职业院校大学生的同步学习辅导用书及专升本考试的参考书.

参加本书编写的有济南工程职业技术学院的周玮、刘玉菡、张彭飞、于秀萍，共同完成第1，2，3，4章；王栋、陈允峰、唐镁涵、赵京京，共同完成第5，6章. 全书框架结构安排、统稿、定稿由周玮教授承担.

教材在编写过程中得到了多位专家的指导，在此一并致以最诚挚的感谢.

尽管我们作出了很大努力，但由于水平有限，不当之处，恳请专家及读者批评指正.

编　者

目录

第一章　函数、极限与连续

函数是客观世界中变量与变量之间相互依赖关系的反映，是高等数学的主要研究对象. 极限是研究微积分的重要工具，并作为重要的思想方法和研究工具，贯穿于高等数学课程的始终. 连续性是运用极限的方法揭示出来的函数的重要性质. 本章将主要对函数、极限、连续的基本概念，极限的运算等内容进行训练和指导.

一、学习要求

1. 理解函数的概念和性质，会求函数的定义域，并熟练掌握六种基本初等函数的定义、性质及其图像.

2. 掌握复合函数、初等函数的概念，会正确分析复合函数的复合过程. 复合函数的分解应注意分解顺序“由外及内，逐层分解”，分解为基本初等函数或简单函数.

3. 深刻理解函数极限的概念，强调函数在某点是否有极限与函数在该点是否有定义无关. 熟练掌握函数极限的各种求法.

4. 理解无穷小与无穷大的概念及其相互关系，并会对无穷小进行比较.

5. 掌握函数连续的概念，以及函数在某一点连续时必须满足连续定义的三个条件，会求函数的间断点并确定其类型.

6. 掌握闭区间上连续函数的性质、最值定理、介值定理和零点定理，并会运用零点定理推证一些简单命题.

重点： 函数的极限、函数连续性的概念、极限的运算法则、两个重要极限、闭区间上连续函数的性质.

难点： 极限的计算、连续的判断、零点定理的应用.

二、典型例题分析

(一)函数的概念及性质

例 1　求下列函数的定义域：

(1) $y=\dfrac{1}{x^2-1}+\arccos x+\sqrt{x}$；　　(2) $y=\ln\cos x$；

(3) $y=\sqrt{5-x}+\lg(x-1)$；　　(4) $y=\arcsin(x-1)+\dfrac{1}{\sqrt{1-x^2}}$.

解　(1) 要使函数有意义，x 应满足

$$\begin{cases} x^2-1\neq 0, \\ |x|\leqslant 1, \\ x\geqslant 0, \end{cases} \quad 即 \begin{cases} x\neq \pm 1, \\ -1\leqslant x\leqslant 1, \\ x\geqslant 0. \end{cases}$$

所以，$0\leqslant x<1$，故函数的定义域为$[0,\ 1)$.

(2) 要使函数有意义，x 应满足 $\cos x>0$，所以，

$$-\frac{\pi}{2}+2k\pi<x<\frac{\pi}{2}+2k\pi \quad (k\in \mathbf{Z}),$$

故函数的定义域为

$$\left(-\frac{\pi}{2}+2k\pi,\ \frac{\pi}{2}+2k\pi\right) \quad (k\in \mathbf{Z}).$$

(3) 要使函数有意义，x 应满足

$$\begin{cases} 5-x\geqslant 0, \\ x-1>0, \end{cases} \quad 即 \begin{cases} x\leqslant 5, \\ x>1. \end{cases}$$

所以，$1<x\leqslant 5$，故函数的定义域为$(1,\ 5]$.

(4) 要使函数有意义，x 应满足

$$\begin{cases} |x-1|\leqslant 1, \\ 1-x^2>0, \end{cases} \quad 即 \begin{cases} 0\leqslant x\leqslant 2, \\ -1<x<1. \end{cases}$$

所以，$0\leqslant x<1$，故函数的定义域为$[0,\ 1)$.

说明　求函数的定义域时应注意以下几点：

(1) 若函数的表达式中含有分式，则分式的分母不能为零；

(2) 若函数的表达式中含有偶次方根，则根式下的表达式必须非负；

(3) 若函数的表达式中含有对数，则真数必须大于零；

(4) 若函数的表达式中含有 $\arcsin \varphi(x)$ 或 $\arccos \varphi(x)$，则必须满足 $|\varphi(x)|\leqslant 1$；

(5) 分段函数的定义域是各个部分自变量的取值范围之并集；

(6) 若函数式是由几个函数经过四则运算构成，其定义域是各个函数的定义域的交集.

例 2　已知 $f(x)$ 的定义域为$[0,\ 1]$，求 $f(\ln x)$ 及 $f(\sin x)$ 的定义域.

解　因为 $f(x)$ 的定义域为$[0,\ 1]$，$0\leqslant \ln x\leqslant 1$，故 $1\leqslant x\leqslant \mathrm{e}$，所以 $f(\ln x)$ 的定义域为$[1,\ \mathrm{e}]$.

同理，$0\leqslant \sin x\leqslant 1$，故

$$2k\pi\leqslant x\leqslant (2k+1)\pi \quad (k\in \mathbf{Z}),$$

所以 $f(\sin x)$ 的定义域为

$$\{x \mid 2k\pi\leqslant x\leqslant (2k+1)\pi \quad (k\in \mathbf{Z})\}.$$

例 3　求下列函数的反函数：

(1) $y=\sqrt[3]{x+1}$；　　　　(2) $y=\dfrac{2^x}{2^x+1}$.

解　(1) 由 $y=\sqrt[3]{x+1}$ 得 $x=y^3-1$，所以反函数为 $y=x^3-1$.

(2) 由 $y=\dfrac{2^x}{2^x+1}$ 得 $2^x y+y=2^x$，整理得 $2^x=\dfrac{y}{1-y}$.

两边同时取以 2 为底的对数得

$$x=\log_2\frac{y}{1-y}\Rightarrow x=\frac{\ln y-\ln(1-y)}{\ln 2},$$

所以反函数为 $$y=\frac{\ln x-\ln(1-x)}{\ln 2}.$$

例 4 判断下列函数的有界性：

(1) $y=2x^2+1$； (2) $y=3\sin 2x-5\cos 3x$.

解 (1) 对任意 $x\in(-\infty,+\infty)$，总有 $|y|=|2x^2+1|\geqslant M$（M 为任意正数）；故函数 $y=2x^2+1$ 在 $(-\infty,+\infty)$ 上无界.

(2) 对任意 $x\in(-\infty,+\infty)$，有

$$|y|=|3\sin 2x-5\cos 3x|\leqslant|3\sin 2x|+|5\cos 3x|\leqslant 3+5=8,$$

故函数 $y=3\sin 2x-5\cos 3x$ 在 $(-\infty,+\infty)$ 上有界.

例 5 求下列函数的表达式：

(1) 设 $f(1+x)=x^2+3x+5$，求 $f(x)$；

(2) 已知 $f(2x-1)=x^2$，求 $f[f(x)]$；

(3) 设 $f(x)=\dfrac{1}{1+x}$，$g(x)=1+x^2$，求 $f\left(\dfrac{1}{x}\right)$，$f[f(x)]$，$g[g(x)]$，$f[g(x)]$，$g[f(x)]$，并确定它们的定义域；

(4) 若 $f(x)=10^x$，$g(x)=\ln x$，求 $f[g(100)]$，$g[f(3)]$；

(5) 设 $f(x)=\begin{cases}1, & |x|<1,\\ 0, & |x|=1,\\ -1, & |x|>1,\end{cases}$ $g(x)=e^x$，求 $g[f(\ln 2)]$.

解 (1) 解法一：设 $1+x=u$，则 $x=u-1$，得

$$f(u)=f(1+x)=(u-1)^2+3(u-1)+5=u^2+u+3,$$

故 $$f(x)=x^2+x+3.$$

解法二：直接将 $f(1+x)$ 凑成 $(1+x)$ 的函数，即

$$f(1+x)=(1+x)^2+(1+x)+3,$$

故 $$f(x)=x^2+x+3.$$

说明 已知 $f[g(x)]$，求 $f(x)$ 的表达式，一般设 $u=g(x)$，解出 $x=\varphi(u)$，代入 $f[g(x)]$，求出 $f(u)$ 的表达式，再将 u 换成 x 得到 $f(x)$. 也可用凑成法.

(2) 令 $u=2x-1$，则 $x=\dfrac{u+1}{2}$，代入 $f(2x-1)=x^2$ 得

$$f(u)=\left(\frac{u+1}{2}\right)^2=\frac{(u+1)^2}{4},$$

因此 $$f(x)=\frac{(x+1)^2}{4},$$

$$f[f(x)]=\frac{[f(x)+1]^2}{4}=\frac{\left(\frac{(x+1)^2}{4}+1\right)^2}{4}=\frac{[(x+1)^2+4]^2}{64},$$

(3) $$f\left(\frac{1}{x}\right)=\frac{1}{1+\frac{1}{x}}=\frac{x}{x+1}\quad (x\neq -1),$$

$$f[f(x)]=\frac{1}{1+\frac{1}{1+x}}=\frac{1+x}{1+x+1}=\frac{1+x}{2+x}\quad (x\neq -1 \text{ 且 } x\neq -2),$$

$$g[g(x)]=1+(1+x^2)^2=x^4+2x^2+2\quad x\in(-\infty,\ +\infty),$$

$$f[g(x)]=\frac{1}{1+(1+x^2)}=\frac{1}{x^2+2}\quad x\in(-\infty,\ +\infty),$$

$$g[f(x)]=1+\left(\frac{1}{1+x}\right)^2=\frac{x^2+2x+2}{x^2+2x+1}\quad (x\neq -1).$$

说明　注意复合次序，一般情况下 $f[g(x)]\neq g[f(x)]$.

(4) 因为 $g(100)=\ln 100$，所以 $f[g(100)]=f(\ln 100)=10^{\ln 100}$.

因为 $f(3)=10^3$，所以 $g[f(3)]=g(10^3)=\ln 10^3=3\ln 10$.

(5) 因为 $|\ln 2|<1$，所以 $f(\ln 2)=1$.

又因为 $g(1)=e^1=e$，所以 $g[f(\ln 2)]=e$.

例 6　分解下列复合函数：

(1) $y=\cos\frac{1}{x+1}$；　　(2) $y=2^{\sin^3 x}$；

(3) $y=\lg^2\arccos x^5$；　　(4) $y=\sqrt{\ln\tan x^2}$.

解　(1) $y=\cos\frac{1}{x+1}$ 可分解为 $y=\cos u$，$u=v^{-1}$，$v=x+1$；

(2) $y=2^{\sin^3 x}$ 可分解为 $y=2^u$，$u=v^3$，$v=\sin x$；

(3) $y=\lg^2\arccos x^5$ 可分解为 $y=u^2$，$u=\lg v$，$v=\arccos\omega$，$\omega=x^5$；

(4) $y=\sqrt{\ln\tan x^2}$ 可分解为 $y=\sqrt{u}$，$u=\ln v$，$v=\tan\omega$，$\omega=x^2$.

(二) 极限的求法

1. 数列极限的求法，以及求等差数列和等比数列前 n 项的极限.
2. 利用极限的四则运算法则计算.
3. $\frac{0}{0}$ 型，可用“约零因子法”，或等价代换的方法.
4. $\frac{\infty}{\infty}$ 型，可提取无穷大因子或分子、分母同除以适当无穷大，特别地，

$$\lim_{x\to\infty}\frac{a_0x^n+a_1x^{n-1}+\cdots+a_n}{b_0x^m+b_1x^{m-1}+\cdots+b_m}=\begin{cases}0, & m>n,\\ \frac{a_0}{b_0}, & m=n\quad (a_0,\ b_0\neq 0),\\ \infty, & m<n.\end{cases}$$

5. $\infty-\infty$ 型，可有理化或通分后转变为$\frac{0}{0}$或$\frac{\infty}{\infty}$型.

6. 利用两个重要极限：

$$\lim_{x\to 0}\frac{\sin x}{x}=1;\quad \lim_{x\to\infty}\left(1+\frac{1}{x}\right)^{x}=\mathrm{e}\text{ 或}\lim_{x\to 0}(1+x)^{\frac{1}{x}}=\mathrm{e}.$$

7. 无穷小法：无穷小与有界函数的乘积仍为无穷小；在同一自变量变化过程中，无穷大的倒数是无穷小；无穷小量可以进行等价代换.

8. 分段函数在分界点处的极限，要分别求左、右极限判断极限是否存在.

9. 利用连续性求极限，若 $f(x)$ 在 x_0 处连续，$\lim\limits_{x\to x_0}f(x)=f(x_0)$；若 $g(x)$ 在 x_0 处连续，$\lim\limits_{x\to x_0}f[g(x)]=f[\lim\limits_{x\to x_0}g(x)]=f[g(x_0)]$，函数符号可以与极限符号互换.

例 7 计算下列极限：

(1) $\lim\limits_{n\to\infty}\dfrac{n(2n^2+1)}{n^3+4n^2+3}$；

(2) $\lim\limits_{n\to\infty}(\sqrt{n+1}-\sqrt{n})$；

(3) $\lim\limits_{n\to\infty}\left[\dfrac{1+3+\cdots+(2n-1)}{n+3}\right]$，其中 n 为自然数；

(4) $\lim\limits_{n\to+\infty}\left(1+\dfrac{1}{2}+\dfrac{1}{4}+\cdots+\dfrac{1}{2^n}\right)$.

解 (1)“$\frac{\infty}{\infty}$”型，一般采用分子和分母同除以 n 的最高次幂的方法求极限，分子分母同除以 n^3，得

$$\lim_{n\to\infty}\frac{n(2n^2+1)}{n^3+4n^2+3}=\lim_{n\to\infty}\frac{2+\frac{1}{n^2}}{1+\frac{4}{n}+\frac{3}{n^3}}=\frac{2}{1}=2.$$

(2) 此数列极限为“$\infty-\infty$”型，将其有理化后求极限，得

$$\lim_{n\to\infty}(\sqrt{n+1}-\sqrt{n})=\lim_{n\to\infty}\frac{(\sqrt{n+1}-\sqrt{n})(\sqrt{n+1}+\sqrt{n})}{\sqrt{n+1}+\sqrt{n}}=\lim_{n\to\infty}\frac{1}{\sqrt{n+1}+\sqrt{n}}=0.$$

(3) 因为$\dfrac{1+3+\cdots+(2n-1)}{n+3}=\dfrac{\frac{n(1+2n-1)}{2}}{n+3}=\dfrac{n^2}{n+3}$，

所以 $$\lim_{n\to\infty}\left[\frac{1+3+\cdots+(2n-1)}{n+3}\right]=\lim_{n\to\infty}\frac{n^2}{n+3}=\infty,$$ 极限不存在.

(4) 因为 $1+\dfrac{1}{2}+\dfrac{1}{4}+\cdots+\dfrac{1}{2^n}=\dfrac{1-\left(\frac{1}{2}\right)^n}{1-\frac{1}{2}}=2\left(1-\dfrac{1}{2^n}\right)$，

所以 $$\lim_{n\to+\infty}\left(1+\frac{1}{2}+\frac{1}{4}+\cdots+\frac{1}{2^n}\right)=\lim_{n\to+\infty}2\left(1-\frac{1}{2^n}\right)=2.$$

例 8 已知 a，b 为常数，$\lim\limits_{x\to 1}\dfrac{ax+b}{x-1}=4$，求 a，b 的值.

分析 此题为 $x\to x_0$ 时的有理函数极限式，当 $\lim\limits_{x\to x_0}Q_m(x)=0$，而 $\lim\limits_{x\to x_0}\dfrac{P_n(x)}{Q_m(x)}=A(A\neq 0)$ 时，必有 $\lim\limits_{x\to x_0}P_n(x)=0$.

解 因为 $\lim\limits_{x\to 1}\dfrac{ax+b}{x-1}=4$，必有 $\lim\limits_{x\to 1}(ax+b)=0$，故有 $a+b=0$，即 $a=-b$. 代入式 $\lim\limits_{x\to 1}\dfrac{ax+b}{x-1}=\lim\limits_{x\to 1}\dfrac{a(x-1)}{x-1}=a=4$，故有 $a=4$，$b=-4$.

例 9 计算下列极限：

(1) $\lim\limits_{x\to 0}\dfrac{x}{\sqrt{x+2}-\sqrt{2-x}}$；(2) $\lim\limits_{x\to\infty}\dfrac{-3x^3+1}{x^3+3x^2-2}$；

(3) $\lim\limits_{x\to\infty}\dfrac{3x-4}{x^2-x+3}$；(4) $\lim\limits_{x\to 1}\left(\dfrac{1}{1-x}-\dfrac{3}{1-x^3}\right)$.

解 (1) $\lim\limits_{x\to 0}\dfrac{x}{\sqrt{x+2}-\sqrt{2-x}}$

$$=\lim_{x\to 0}\frac{x(\sqrt{x+2}+\sqrt{2-x})}{(\sqrt{x+2}-\sqrt{2-x})(\sqrt{x+2}+\sqrt{2-x})}$$

$$=\lim_{x\to 0}\frac{x(\sqrt{x+2}+\sqrt{2-x})}{2x}=\lim_{x\to 0}\frac{\sqrt{x+2}+\sqrt{2-x}}{2}=\sqrt{2}.$$

说明 此题是 $\dfrac{0}{0}$ 型极限，可通过分母有理化约去零因子，再求极限.

(2) 此题是 $\dfrac{\infty}{\infty}$ 型极限，分子、分母同除以 x^3，得

$$\lim_{x\to\infty}\frac{-3x^3+1}{x^3+3x^2-2}=\lim_{x\to\infty}\frac{-3+\dfrac{1}{x^3}}{1+\dfrac{3}{x}-\dfrac{2}{x^3}}=\frac{-3}{1}=-3.$$

(3) 此题是 $\dfrac{\infty}{\infty}$ 型极限，方法同(2)，$\lim\limits_{x\to\infty}\dfrac{3x-4}{x^2-x+3}=0$.

(4) 此题是 $\infty-\infty$ 型极限，通分得

$$\lim_{x\to 1}\left(\frac{1}{1-x}-\frac{3}{1-x^3}\right)=\lim_{x\to 1}\frac{(x+2)(x-1)}{(1-x)(1+x+x^2)}=\lim_{x\to 1}\left(-\frac{x+2}{1+x+x^2}\right)=-1.$$

例 10 计算下列极限：

(1) $\lim\limits_{x\to 2}\dfrac{\sin^2(x-2)}{x-2}$；(2) $\lim\limits_{x\to 0}\dfrac{\sqrt{1+x+x^2}-1}{\sin 2x}$.

解 (1) 由重要极限 $\lim\limits_{x\to 0}\dfrac{\sin x}{x}=1$，有

$$\lim_{x\to 2}\frac{\sin^2(x-2)}{x-2}=\lim_{x\to 2}\frac{\sin(x-2)}{x-2}\sin(x-2)=1\times 0=0.$$

(2)
$$\begin{aligned}\lim_{x\to 0}\frac{\sqrt{1+x+x^2}-1}{\sin 2x}&=\lim_{x\to 0}\frac{x+x^2}{(\sqrt{1+x+x^2}+1)\sin 2x}\\&=\lim_{x\to 0}\frac{x(1+x)}{(\sqrt{1+x+x^2}+1)\sin 2x}\\&=\lim_{x\to 0}\frac{2x}{2\sin 2x}\cdot\frac{1+x}{\sqrt{1+x+x^2}+1}\\&=\frac{1}{2}\times 1\times\frac{1}{2}\\&=\frac{1}{4}.\end{aligned}$$

说明　此类题为带有三角函数的“$\frac{0}{0}$”型，注意选用公式 $\lim\limits_{\varphi(x)\to 0}\frac{\sin\varphi(x)}{\varphi(x)}=1$.

例 11　计算下列极限：

(1)$\lim\limits_{x\to\infty}\left(1+\frac{4}{x}\right)^{x+4}$；(2)$\lim\limits_{x\to 0}\left(\frac{1-x}{1+x}\right)^{\frac{1}{x}}$；(3)$\lim\limits_{x\to 1}x^{\frac{1}{x-1}}$；

(4)$\lim\limits_{x\to 0}(1+\sin x)^{\frac{1}{x}}$；(5)$\lim\limits_{x\to 0}(1+\sin x)^{2\csc x}$；(6)$\lim\limits_{x\to+\infty}x\,[\ln(x+1)-\ln x]$.

解　(1) 由重要极限 $\lim\limits_{x\to\infty}\left(1+\frac{1}{x}\right)^{x}=\mathrm{e}$，有

$$\begin{aligned}\lim_{x\to\infty}\left(1+\frac{4}{x}\right)^{x+4}&=\lim_{x\to\infty}\left(1+\frac{1}{\frac{x}{4}}\right)^{\frac{x}{4}\times 4+4}=\lim_{x\to\infty}\left(1+\frac{1}{\frac{x}{4}}\right)^{\frac{x}{4}\times 4}\cdot\lim_{x\to\infty}\left(1+\frac{1}{\frac{x}{4}}\right)^{4}\\&=\mathrm{e}^4\times 1=\mathrm{e}^4;\end{aligned}$$

(2)
$$\lim_{x\to 0}\left(\frac{1-x}{1+x}\right)^{\frac{1}{x}}=\lim_{x\to 0}\frac{(1-x)^{\frac{1}{x}}}{(1+x)^{\frac{1}{x}}}=\frac{\lim\limits_{x\to 0}\left[(1-x)^{\frac{1}{-x}}\right]^{-1}}{\lim\limits_{x\to 0}(1+x)^{\frac{1}{x}}}=\frac{\mathrm{e}^{-1}}{\mathrm{e}}=\frac{1}{\mathrm{e}^2};$$

(3)
$$\lim_{x\to 1}x^{\frac{1}{x-1}}=\lim_{x\to 1}[1+(x-1)]^{\frac{1}{x-1}}=\mathrm{e};$$

(4)
$$\lim_{x\to 0}(1+\sin x)^{\frac{1}{x}}=\lim_{x\to 0}\left[(1+\sin x)^{\frac{1}{\sin x}}\right]^{\frac{\sin x}{x}}=\mathrm{e}^{\lim\limits_{x\to 0}\frac{\sin x}{x}}=\mathrm{e}^1=\mathrm{e};$$

(5)
$$\lim_{x\to 0}(1+\sin x)^{2\csc x}=\lim_{x\to 0}\left[(1+\sin x)^{\frac{1}{\sin x}}\right]^2=\mathrm{e}^2;$$

(6)
$$\begin{aligned}\lim_{x\to+\infty}x\,[\ln(x+1)-\ln x]&=\lim_{x\to+\infty}\ln\left(\frac{x+1}{x}\right)^x=\lim_{x\to+\infty}\ln\left(1+\frac{1}{x}\right)^x\\&=\ln\lim_{x\to\infty}\left(1+\frac{1}{x}\right)^x=\ln\mathrm{e}=1.\end{aligned}$$

说明　此类题为“1^∞”型，注意运用公式 $\lim\limits_{\varphi(x)\to 0}[1+\varphi(x)]^{\frac{1}{\varphi(x)}}=\lim\limits_{g(u)\to\infty}\left[1+\frac{1}{g(u)}\right]^{g(u)}=\mathrm{e}$.

例 12 计算下列极限：

(1) $\lim\limits_{x\to 0} x\sin\dfrac{1}{x}$； (2) $\lim\limits_{x\to\infty}\dfrac{\sin x}{x}$；

(3) $\lim\limits_{x\to\infty} x\sin\dfrac{1}{x}$； (4) $\lim\limits_{x\to 0} x\sin x$.

解 (1) 当 $x\to 0$ 时，x 是无穷小，因 $\left|\sin\dfrac{1}{x}\right|\leqslant 1$，即 $\sin\dfrac{1}{x}$ 是有界函数，故 $x\sin\dfrac{1}{x}$ 是无穷小，于是 $\lim\limits_{x\to 0} x\sin\dfrac{1}{x}=0$；

(2) 当 $x\to\infty$ 时，$\dfrac{1}{x}$ 是无穷小，因 $|\sin x|\leqslant 1$，即 $\sin x$ 是有界函数，故 $\dfrac{\sin x}{x}$ 是无穷小，于是 $\lim\limits_{x\to\infty}\dfrac{\sin x}{x}=0$；

(3) $\lim\limits_{x\to\infty} x\sin\dfrac{1}{x}=\lim\limits_{x\to\infty}\dfrac{\sin\dfrac{1}{x}}{\dfrac{1}{x}}=1$；

(4) $\lim\limits_{x\to 0} x\sin x=0$.

注意 $\lim\limits_{x\to\infty} x\sin x$ 不存在.

例 13 当 $x\to 0$ 时，下列哪个函数与 x 等价？

(1) $\tan^2 x$； (2) $1-\cos x$；

(3) $\ln(1+x)$； (4) $2(\sqrt{1+x}-\sqrt{1-x})$.

解 (1) 因为
$$\lim_{x\to 0}\frac{\tan^2 x}{x}=0,$$
故当 $x\to 0$ 时，$\tan^2 x$ 是比 x 高阶的无穷小，即 $\tan^2 x=o(x)$；

(2) 因为 $$\lim_{x\to 0}\frac{1-\cos x}{x}=\lim_{x\to 0}\frac{2\sin^2\dfrac{x}{2}}{x}=\lim_{x\to 0}\left(\frac{\sin\dfrac{x}{2}}{\dfrac{x}{2}}\cdot\sin\frac{x}{2}\right)=0,$$
故当 $x\to 0$ 时，$1-\cos x$ 是比 x 高阶的无穷小，即 $1-\cos x=o(x)$；

(3) 因为 $$\lim_{x\to 0}\frac{\ln(1+x)}{x}=\lim_{x\to 0}\ln(1+x)^{\frac{1}{x}}=\ln e=1,$$
故当 $x\to 0$ 时，$\ln(1+x)$ 是与 x 等价的无穷小，即 $\ln(1+x)\sim x$，因此，当 $x\to 0$ 时，函数 $\ln(1+x)$ 与 x 等价.

(4) 因为 $$\lim_{x\to 0}\frac{2(\sqrt{1+x}-\sqrt{1-x})}{x}=\lim_{x\to 0}\frac{4}{\sqrt{1+x}+\sqrt{1-x}}=2,$$
故当 $x\to 0$ 时，$2(\sqrt{1+x}-\sqrt{1-x})$ 是与 x 同阶的无穷小.

说明 当 $x\to 0$ 时，$\sin x\sim x$，$\sin(\sin x)\sim x$，$\tan x\sim x$，$\arcsin x\sim x$，$\arctan x\sim$

x，$1-\cos x\sim\frac{1}{2}x^2$，$\ln(1+x)\sim x$，$e^x-1\sim x$，$(1+x)^n-1\sim nx$，$\sqrt[n]{1+x}-1\sim\frac{1}{n}x$，这些等价式的意义是在求极限的过程中可将较复杂的函数替换为 x、x^2 等幂函数从而简化计算.

例 14 计算下列极限：

(1) $\lim\limits_{x\to0}\frac{1-\cos 4x}{x^2}$；　　(2) $\lim\limits_{t\to0}\frac{e^t-1}{t}$.

解 利用等价无穷小代换，简化计算.

(1) $\lim\limits_{x\to0}\frac{1-\cos 4x}{x^2}=\lim\limits_{x\to0}\frac{\frac{1}{2}(4x)^2}{x^2}=8$；

(2) $\lim\limits_{t\to0}\frac{e^t-1}{t}=\lim\limits_{t\to0}\frac{t}{t}=1$.

例 15 求下列分段函数的极限.

(1) 设 $f(x)=\begin{cases}e^{\frac{1}{x}}, & x<0,\\ x, & x>0,\end{cases}$ 求 $\lim\limits_{x\to0}f(x)$；

(2) 设 $f(x)=\begin{cases}x-1, & x<0,\\ 0, & x=0,\\ x+1, & x>0,\end{cases}$ 求 $\lim\limits_{x\to0}f(x)$.

解 (1) 因为 $\lim\limits_{x\to0^-}f(x)=\lim\limits_{x\to0^-}e^{\frac{1}{x}}=0$，$\lim\limits_{x\to0^+}f(x)=\lim\limits_{x\to0^+}x=0$，

所以 $\lim\limits_{x\to0^-}f(x)=\lim\limits_{x\to0^+}f(x)=0$，故 $\lim\limits_{x\to0}f(x)=0$；

(2) 因为 $\lim\limits_{x\to0^-}f(x)=\lim\limits_{x\to0^-}(x-1)=-1$，$\lim\limits_{x\to0^+}f(x)=\lim\limits_{x\to0^+}(x+1)=1$，

所以 $\lim\limits_{x\to0}f(x)$ 不存在.

说明 若分段函数的分段点两侧表达式不相同，在计算极限时，必须考虑左、右极限. 若左、右极限相等，则极限存在；否则极限不存在. 第(1)题中 $f(x)$ 在 $x=0$ 处无定义，但函数 $f(x)$ 在 $x=0$ 处极限存在，说明函数在某一点是否有极限与函数在这一点是否有定义无关.

例 16 设 $f(x)=\frac{|x|-x}{x}$，问：$\lim\limits_{x\to0}f(x)$ 是否存在？

分析 此问题为含有绝对值函数的极限，应将函数分段后去掉绝对值，再研究其极限. 故属于分段函数的极限，应分左、右极限分别计算.

解 $\lim\limits_{x\to0^+}f(x)=\lim\limits_{x\to0^+}\frac{x-x}{x}=0$，$\lim\limits_{x\to0^-}f(x)=\lim\limits_{x\to0^-}\frac{-x-x}{x}=-2$.

因为 $\lim\limits_{x\to0^+}f(x)\neq\lim\limits_{x\to0^-}f(x)$，故 $\lim\limits_{x\to0}f(x)$ 不存在.

例 17 设 $f(x)$ 在 $x=2$ 处连续，且 $f(2)=3$，求：

$$\lim_{x\to 2} f(x)\left(\frac{1}{x-2}-\frac{4}{x^2-4}\right).$$

分析 利用函数的连续性求极限.

解 因为 $f(x)$ 在 $x=2$ 处连续，故 $\lim_{x\to 2} f(x)=f(2)=3$，则有

$$\lim_{x\to 2} f(x)\left(\frac{1}{x-2}-\frac{4}{x^2-4}\right)=\lim_{x\to 2} f(x)\cdot\lim_{x\to 2}\frac{x+2-4}{(x-2)(x+2)}$$
$$=3\cdot\lim_{x\to 2}\frac{1}{x+2}=3\times\frac{1}{4}=\frac{3}{4}.$$

例 18 若 $\lim_{x\to 1} f(x)$ 存在，且 $f(x)=x^3+\frac{2x^2+1}{x+1}+2\lim_{x\to 1} f(x)$，求 $f(x)$.

解 由极限的概念可知，若极限存在，则极限值一定为常数. 设 $\lim_{x\to 1} f(x)=A$，则对等式 $f(x)=x^3+\frac{2x^2+1}{x+1}+2\lim_{x\to 1} f(x)$ 两边同时取 $x\to 1$ 时的极限，

可得 $\lim_{x\to 1} f(x)=\lim_{x\to 1}\left[x^3+\frac{2x^2+1}{x+1}+2\lim_{x\to 1} f(x)\right]$，即

$$A=\lim_{x\to 1} x^3+\lim_{x\to 1}\frac{2x^2+1}{x+1}+\lim_{x\to 1} 2A$$

$A=1+\frac{3}{2}+2A$，所以 $A=-\frac{5}{2}$，故 $f(x)=x^3+\frac{2x^2+1}{x+1}-5$.

(三) 函数的连续性

例 19 讨论下列函数在指定点处的连续性：

(1) $f(x)=\begin{cases}2x, & 0\leqslant x<1,\\ 3-x, & 1\leqslant x\leqslant 2,\end{cases}$ 在 $x=1$ 处；

(2) $f(x)=\begin{cases}\dfrac{x}{\sin x}, & x<0,\\ 1, & x=0,\\ e^{-x}, & x>0,\end{cases}$ 在 $x=0$ 处.

解 (1) 函数 $f(x)$ 在 $x=1$ 的邻域内有定义.

因为 $\lim_{x\to 1^+} f(x)=\lim_{x\to 1^+}(3-x)=2$，$\lim_{x\to 1^-} f(x)=\lim_{x\to 1^-} 2x=2$，且 $f(1)=2$，所以有 $\lim_{x\to 1} f(x)=2=f(1)$，即 $f(x)$ 在 $x=1$ 处连续.

(2) 函数 $f(x)$ 在 $x=0$ 的邻域有定义.

因为 $\lim_{x\to 0^+} f(x)=\lim_{x\to 0^+} e^{-x}=1$，$\lim_{x\to 0^-} f(x)=\lim_{x\to 0^-}\frac{x}{\sin x}=1$，所以有 $\lim_{x\to 0} f(x)=1=f(0)$，即 $f(x)$ 在 $x=0$ 处连续.

例 20 设函数 $f(x)=\begin{cases}\dfrac{\sin 2x}{x}, & x<0,\\ 3x^2-2x+k, & x\geqslant 0.\end{cases}$ 当 k 取何值时，函数 $f(x)$ 在其定

义域内连续？

解 函数 $f(x)$ 的定义域为$(-\infty, +\infty)$.

当 $x<0$ 时，$f(x)=\dfrac{\sin 2x}{x}$；当 $x>0$ 时，$f(x)=3x^2-2x+k$，故 $f(x)$ 在$(-\infty, 0)$和$(0, +\infty)$内分别为初等函数且连续.

在 $x=0$ 处，$\lim\limits_{x\to 0^-}f(x)=\lim\limits_{x\to 0^-}\dfrac{\sin 2x}{x}=2\lim\limits_{x\to 0^-}\dfrac{\sin 2x}{2x}=2$；$\lim\limits_{x\to 0^+}f(x)=\lim\limits_{x\to 0^+}(3x^2-2x+k)=k$.

若 $f(x)$ 在 $x=0$ 处连续，必有 $\lim\limits_{x\to 0}f(x)$ 存在，从而可得 $\lim\limits_{x\to 0^-}f(x)=\lim\limits_{x\to 0^+}f(x)\Rightarrow k=2$.

此时 $f(0)=2$，因此又有 $\lim\limits_{x\to 0}f(x)=2=f(0)$.

所以，当 $k=2$ 时，$f(x)$ 在 $x=0$ 处连续，进而 $f(x)$ 在其定义域$(-\infty, +\infty)$内连续.

说明 讨论分段函数在其定义区间的连续性，不仅要讨论分段点处的连续性，还应讨论分段点以外的区间内的连续性，否则所讨论的问题就不完整.

例 21 设函数 $f(x)=\begin{cases}\dfrac{\sqrt{x}-\sqrt{2}}{x^2-4}, & x\neq 2,\\ a, & x=2,\end{cases}$ 求 a 为何值时，函数 $f(x)$ 在 $x=2$ 处连续.

解 函数 $f(x)$ 的定义域为$(-\infty, +\infty)$.

$$\lim_{x\to 2}f(x)=\lim_{x\to 2}\frac{\sqrt{x}-\sqrt{2}}{x^2-4}=\lim_{x\to 2}\frac{\sqrt{x}-\sqrt{2}}{(x+2)(\sqrt{x}+\sqrt{2})(\sqrt{x}-\sqrt{2})}$$
$$=\lim_{x\to 2}\frac{1}{(x+2)(\sqrt{x}+\sqrt{2})}=\frac{1}{8\sqrt{2}}.$$

而 $f(2)=a$，若函数 $f(x)$ 在 $x=2$ 处连续，必有 $\lim\limits_{x\to 2}f(x)=f(2)$，所以 $a=\dfrac{1}{8\sqrt{2}}$.

例 22 求下列函数的间断点，并确定其类型：

(1) $y=\dfrac{\tan x}{x}$；　　(2) $f(x)=\dfrac{2^{\frac{1}{x}}-1}{2^{\frac{1}{x}}+1}$；

(3) $y=\dfrac{x^2-4}{x^2-3x+2}$；　　(4) $f(x)=\begin{cases}x-1, & x<0,\\ 0, & x=0,\\ x+1, & x>0.\end{cases}$

解 (1) 函数 $y=\tan x$ 在 $x=\dfrac{\pi}{2}+k\pi\ (k\in\mathbf{Z})$ 处没有定义.

又因为 $\lim\limits_{x\to\frac{\pi}{2}}\dfrac{\tan x}{x}=\infty$，所以点 $x=\dfrac{\pi}{2}+k\pi\ (k\in\mathbf{Z})$ 是函数 $y=\dfrac{\tan x}{x}$ 的无穷间

断点，属于第二类间断点.

函数 $y=\frac{\tan x}{x}$ 在 $x=0$ 处无定义，但 $\lim\limits_{x\to 0}\frac{\tan x}{x}=1$，所以点 $x=0$ 是函数 $y=\frac{\tan x}{x}$ 的可去间断点，属于第一类间断点.

(2) 函数 $f(x)=\frac{2^{\frac{1}{x}}-1}{2^{\frac{1}{x}}+1}$ 在 $x=0$ 处没有定义.

因为 $\lim\limits_{x\to 0^-}\frac{2^{\frac{1}{x}}-1}{2^{\frac{1}{x}}+1}=-1$，$\lim\limits_{x\to 0^+}\frac{2^{\frac{1}{x}}-1}{2^{\frac{1}{x}}+1}=\lim\limits_{x\to 0^+}\frac{1-\frac{1}{2^{\frac{1}{x}}}}{1+\frac{1}{2^{\frac{1}{x}}}}=1$，$\lim\limits_{x\to 0^-}f(x)\neq\lim\limits_{x\to 0^+}f(x)$，所以 $\lim\limits_{x\to 0}f(x)$ 不存在，从而 $x=0$ 是函数 $f(x)=\frac{2^{\frac{1}{x}}-1}{2^{\frac{1}{x}}+1}$ 跳跃间断点，属于第一类间断点.

(3) 函数 $y=\frac{x^2-4}{x^2-3x+2}$ 在 $x=1$，$x=2$ 处没有定义.

但
$$\lim_{x\to 1}\frac{x^2-4}{x^2-3x+2}=\lim_{x\to 1}\frac{(x-2)(x+2)}{(x-1)(x-2)}=\infty,$$
$$\lim_{x\to 2}\frac{x^2-4}{x^2-3x+2}=\lim_{x\to 2}\frac{(x-2)(x+2)}{(x-1)(x-2)}=4,$$
所以 $x=1$ 为函数 $y=\frac{x^2-4}{x^2-3x+2}$ 的无穷间断点，属于第二类间断点；

$x=2$ 为函数 $y=\frac{x^2-4}{x^2-3x+2}$ 的可去间断点，属于第一类间断点.

(4) 因为 $\lim\limits_{x\to 0^-}f(x)=\lim\limits_{x\to 0^-}(x-1)=-1$，$\lim\limits_{x\to 0^+}f(x)=\lim\limits_{x\to 0^+}(x+1)=1$，所以 $x=0$ 为第一类跳跃间断点.

说明　判断间断点的类型主要依据该点的左、右极限是否存在.

例 23　求证方程 $x-3\cos x=1$ 至少有一个小于 4 的正根.

证明　设 $f(x)=x-3\cos x-1$，则 $f(x)$ 在 $(-\infty, +\infty)$ 内连续，从而也在 $[0, 4]$ 上连续，且 $f(0)=-4<0$，$f(4)=3-3\cos 4=3(1-\cos 4)>0$，根据零点定理可知，至少存在一点 $\xi\in(0, 4)$，使 $f(\xi)=\xi-3\cos\xi-1=0$，即方程 $x-3\cos x=1$ 至少有一个小于 4 的正根.

说明　作为证明题一定要验证所讨论的函数是否满足有关定理的条件才能得到有关结论. 本题所依据的零点定理要求函数在闭区间上连续，在区间端点处异号，若不说明或验证这两个条件存在，就不能得到定理的结论.

例 24　设函数 $f(x)$ 在 $[0, 1]$ 上连续，且 $f(1)=1$，证明：对于任意 $\lambda\in(0, 1)$，

存在 $\xi \in (0, 1)$，使得 $f(\xi)=\frac{\lambda}{\xi^2}$.

证明 对任意的实数 $\lambda \in (0, 1)$，令 $F(x)=x^2 f(x)-\lambda$，$x \in [0, 1]$，则 $F(x)$ 在 $[0, 1]$ 上连续，且 $F(0)=-\lambda<0$，$F(1)=f(1)-\lambda=1-\lambda>0$. 由零点定理得，存在 $\xi \in (0, 1)$，使得 $f(\xi)=0$，即 $\xi^2 f(\xi)-\lambda=0$，从而 $f(\xi)=\frac{\lambda}{\xi^2}$.

说明 该题证明的结论等价于证明方程 $x^2 f(x)-\lambda=0$ 在 $(0, 1)$ 内至少有一个实根，因此，仍然是根的存在性问题，可以应用零点定理证明. 此类证明题，一般由结论入手，先把结论方程中的 ξ 改写成一般自变量 x，还原成 $F(x)=0$ 的标准方程形式，构造出函数 $F(x)$，再利用零点定理证明.

三、典型案例分析

案例 1 如图 1-1 所示的是电容器充电和放电的电路，当开关 S 接在点 A 时，电容器充电，当开关 S 接至点 B 时，电容器放电. 电压为 E 的电池通过电阻 R 向初值为 0 的电容 C 充电，t 时刻时，电容 C 上的电压为 $U_t=E(1-\mathrm{e}^{-\frac{t}{RC}})$；初始电压为 E 的电容 C 通过电阻 R 放电，t 时刻时，电容 C 上的电压为 $U_t=E\mathrm{e}^{-\frac{t}{RC}}$. 试分别研究当 $t\to\infty$ 时，电压 U_t 的变化趋势(电源、电阻、电容都是常量).

解 电压为 E 的电池通过电阻 R 向初值为 0 的电容 C 充电，t 时刻时电容 C 上的电压为 $U_t=E(1-\mathrm{e}^{-\frac{t}{RC}})$. 当 $t\to\infty$ 时，$\lim\limits_{t\to\infty}U_t=\lim\limits_{t\to\infty}E(1-\mathrm{e}^{-\frac{t}{RC}})=E$.

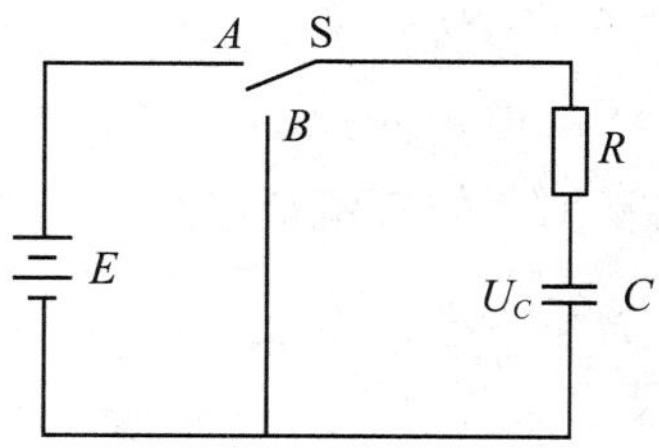

图 1-1

初始电压为 E 的电容 C 通过电阻 R 放电，t 时刻时电容 C 上的电压为 $U_t=E\mathrm{e}^{-\frac{t}{RC}}$.

当 $t\to\infty$ 时，$\lim\limits_{t\to\infty}U_t=\lim\limits_{t\to\infty}E\mathrm{e}^{-\frac{t}{RC}}=0$.

案例 2 263 年，魏晋时期的数学家刘徽在《九章算术》中提出了计算圆面积的“割圆术”，其方法就是等分圆周作圆的内接正多边形，以圆内接正多边形面积推算圆的面积. 刘徽首先作圆内接正六边形，面积记为 A_1，再将六边形的边所对的弧取中点，顺次连接各点得到圆内接正十二边形，面积记为 A_2，继续割圆. 刘徽说：“割之弥细，所失弥少，割之又割以至于不可割，则与圆周合体而无所失矣.”这就是说，当圆内接正多边形的边数越多，则圆内接正多边形的面积越接近圆的面积，即 A_1，A_2，A_3，…，A_n，$\cdots\to S_{圆}$.

若圆的半径为 R，试建立圆内接正多边形的面积 A 与其边数 n 的函数关系式，并计算当 $n\to\infty$ 时圆内接正 n 边形的面积.

解 如图 1-2 所示，若把内接正多边形各顶点与圆心连接. 则得 n 个全等的等腰三角形，只要求出其中的一个(如 $\triangle OAB$)三角形面积就可以了．因为 $\angle AOB=\frac{2\pi}{n}$，由三角形面积公式得，$\triangle OAB$ 的面积为：

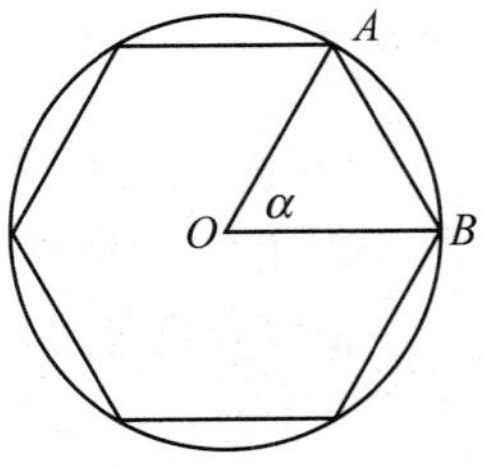

图 1-2

$$S=\frac{1}{2}AO\cdot BO\sin\angle AOB=\frac{1}{2}R^2\sin\frac{2\pi}{n}.$$

因此所求圆内接正多边形的面积 A 与其边数的函数关系式为：

$$A=n\cdot\frac{1}{2}R^2\sin\frac{2\pi}{n}=\frac{n}{2}R^2\sin\frac{2\pi}{n}.$$

当 $n\to\infty$ 时，$\lim\limits_{n\to\infty}A=\lim\limits_{n\to\infty}\frac{n}{2}R^2\sin\frac{2\pi}{n}=R^2\lim\limits_{n\to\infty}\frac{\sin\frac{2\pi}{n}}{\frac{2\pi}{n}}\cdot\pi=\pi R^2$，

说明当 $n\to\infty$ 时，内接正 n 边形的面积的极限为圆的面积，故圆面积公式为 $S_{圆}=\pi R^2$.

案例 3 由实验可知，某种细菌繁殖的速度在培养基充足等条件满足时，与当时已有的数量 A_0 成正比，即 $v=kA_0(k>0$ 为比例常数)．建立细菌繁殖的数学模型．

解 假设：(1) 细菌的繁殖是连续变化的，在很短的一段时间内数量的变化很小；

(2) 繁殖速度可近似看作不变；

(3) 各小段时间内只繁殖一次．

参数：t 为时间；$k>0$ 为比例常数；v 为繁殖速度；y 为细菌总数．

模型分析：为了计算出 t 时细菌的个数，我们将时间间隔 $[0, t]$ 分成 n 等份．由于细菌的繁殖是连续变化的，在很短的一段时间内数量的变化很小，繁殖速度可近似看作不变，因此，在第一段时间 $\left[0, \frac{t}{n}\right]$ 内，细菌繁殖的数量为 $kA_0\frac{t}{n}$，第一段时间末细菌的数量为 $A_0\left(1+k\frac{t}{n}\right)$；同样，第二段时间末细菌的数量为 $A_0\left(1+k\frac{t}{n}\right)^2$；……依次类推，到最后一段时间末细菌的数量为 $A_0\left(1+k\frac{t}{n}\right)^n$.

模型建立：经过时间 t 后，细菌总数的模型为：

$$y=\lim_{n\to\infty}A_0\left(1+k\cdot\frac{t}{n}\right)^n=A_0\left[\lim_{n\to\infty}\left(1+\frac{kt}{n}\right)^{\frac{n}{kt}}\right]^{kt}=A_0e^{kt}.$$

案例 4 港珠澳大桥是世界上最长的跨海大桥，分别由三座通航桥、一条海底隧道、四座人工岛等组成，海底隧道位于香港大屿山岛与青州航道桥之间，通过东西人工岛连接其他桥段。假如将大桥与水面相交理解为函数零点问题，若有一函数关系 $f(x)=2x^2-x+a$，有两个零点，一个在$(-2, 0)$内，另一个在$(1, 3)$内，求 a 的取值范围．

解 函数有两个不同的零点，即图像和 x 轴有两个交点，利用零点定理的条件

$f(a)\cdot f(b)<0$ 及二次函数的图像，即可求出 a 的取值范围。

作出 $f(x)=2x^2-x+a$ 的图像，有 $\begin{cases}f(-2)>0\\f(0)<0\\f(1)<0\\f(3)>0\end{cases}$，解得 $-10<a<-1$，所以 a 的取值范围是 $(-10,\ -1)$.

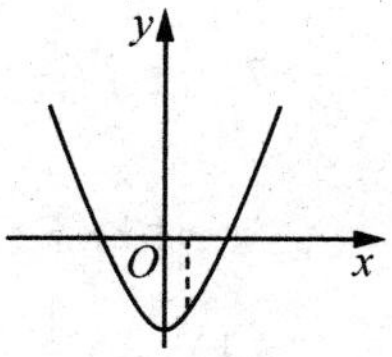

图 1-3

四、复习题一

A 组

1. 判断下列各对函数是否为同一函数.

(1) $y=\sin x$ 与 $y=\sqrt{1-\cos^2 x}$；

(2) $y=\ln\dfrac{2-x}{x+2}$ 与 $y=\ln(2-x)-\ln(x+2)$；

(3) $y=\dfrac{x^2-4}{x-2}$ 与 $y=x+2$；

(4) $y=\sqrt[3]{x^4-x^3}$ 与 $y=x(x-1)^{\frac{1}{3}}$.

2. 求下列函数的定义域.

(1) $y=\dfrac{1}{x}\ln(2+x)$；(2) $y=\arccos(x-1)+\dfrac{1}{\sqrt{1-x^2}}$；(3) $y=\dfrac{\ln(3-x)}{\sqrt{|x|-1}}$.

3. 已知 $f(e^x+1)=e^{2x}+e^x+1$，求 $f(x)$ 的表达式.

4. 分解下列复合函数.

(1) $y=\sin^2(x+1)$；(2) $y=[\arccos(1-x^2)]^3$.

5. 已知 $\lim\limits_{x\to\infty}\left(\dfrac{x^2+1}{x+1}-ax-b\right)=0$，求 a 和 b 的值.

6. 求下列函数的极限.

(1) $\lim\limits_{x\to4}\dfrac{\sqrt{2x+1}-3}{\sqrt{x-2}-\sqrt{2}}$；

(2) $\lim\limits_{x\to0}\dfrac{\sin 5x}{\sin 3x}$；

(3) $\lim\limits_{x\to\infty}\left(1+\dfrac{2}{x}\right)^x$；

(4) $\lim\limits_{x\to0}\dfrac{\ln(1+2x)}{x}$；

(5) $\lim\limits_{x\to1}(e^x-2x-1)$；

(6) $\lim\limits_{x\to0}\arctan\left(\dfrac{\sin x}{x}\right)$；

(7) $\lim\limits_{x\to0}\dfrac{1-\cos x}{3x^2}$；

(8) $\lim\limits_{x\to0}x\cos\dfrac{1}{x}$；

(9) $\lim\limits_{x\to\infty}\dfrac{\sqrt{x^2-3x}}{2x+1}$；

(10) $\lim\limits_{x\to\infty}\dfrac{3x^2-2x+5}{x^2-x+1}$.

7. 设 $f(x)=\begin{cases}\dfrac{\ln(1+x)}{ax}, & x>0,\\ x+1, & x\leqslant 0\end{cases}$ 在 $x=0$ 处连续，求 a 的值.

8. 讨论下列函数的连续性，如有间断点，指出其类型.

(1) $y=\dfrac{1-x^2}{1+x}$；

(2) $y=\dfrac{\tan 2x}{x}$；

(3) $f(x)=\begin{cases}\dfrac{\sqrt{1+x^2}-1}{x}, & x<0,\\ 1, & x=0,\\ \arctan\dfrac{1}{x}, & x>0;\end{cases}$

(4) $f(x)=\begin{cases}x+1, & x<0,\\ 0, & x=0,\\ x-1, & x>0.\end{cases}$

9. 证明方程 $3^x-2=0$ 至少有一个小于 1 的正根.

B 组

1. 求下列函数的定义域.

(1) $f(x)=\sqrt{4-x^2}+\lg(x-1)$；

(2) $y=\arcsin\dfrac{2x-1}{3}$；

(3) $y=\sqrt{1-x}$；

(4) $y=\ln x+\arcsin x$.

2. 求下列函数表达式.

(1) 已知 $f(x)=x^2$，$\varphi(x)=\lg x$，求 $f[\varphi(x)]$；

(2) 已知 $f(x+3)=\dfrac{x+1}{x+2}$，求 $f(x)$.

3. 求下列函数的极限.

(1) $\lim\limits_{n\to\infty}\dfrac{n+(-1)^{n-1}}{n}$；

(2) $\lim\limits_{x\to+\infty}(\sqrt{x+5}-\sqrt{x})$；

(3) $\lim\limits_{x\to\infty}\left(1-\dfrac{1}{x}\right)^{2x+3}$；

(4) $\lim\limits_{x\to\infty}\dfrac{2x^2+3x-3}{x^2-x+1}$；

(5) $\lim\limits_{x\to 0}\dfrac{\sqrt{a+x}-\sqrt{a-x}}{x}(a>0)$；

(6) $\lim\limits_{x\to 1}\left(\dfrac{2}{x^2-1}-\dfrac{1}{x-1}\right)$；

(7) $\lim\limits_{x\to 0}\dfrac{\sin \alpha x}{\sin \beta x}(\beta\neq 0)$；

(8) $\lim\limits_{x\to 0}\left(1+\dfrac{x}{c}\right)^{\frac{d}{x}}$；

(9) $\lim\limits_{x\to\infty}x\sin\dfrac{1}{x}$；

(10) $\lim\limits_{x\to\frac{\pi}{2}}\dfrac{\sin 2x}{2\cos(\pi-x)}$；

(11) $\lim\limits_{x\to 0}\dfrac{\ln(1+x)}{\sin 3x}$.

4. 已知 $\lim\limits_{x\to\infty}\left(1+\dfrac{2}{n}\right)^{kn}=\dfrac{1}{\mathrm{e}}$，求 k.

5. 下列函数自变量如何变化时为无穷小？

(1) $y=\left(\dfrac{1}{2}\right)^x$；

(2) $y=\ln x$；

(3) $y=x\sin\dfrac{1}{x}$.

6. 当 $x \to 0$ 时，比较下列无穷小.

(1) $\tan 2x$ 与 $\sin 3x$；　(2) x^2 与 $\sin^2 x$；　(3) $1-\cos x$ 与 $\frac{1}{2}x$.

7. 求下列函数的间断点，并判断其类型.

(1) $y=\sin\frac{1}{x}$；　(2) $y=\frac{1}{x}\sin x$.

8. 若函数 $f(x)=\begin{cases} a+e^x, & x<0, \\ x+2, & x\geqslant 0, \end{cases}$ 求 a 为何值时，函数 $f(x)$ 在 $(-\infty, +\infty)$ 内连续.

五、自测题一

（总分 100 分，时间 100 分钟）

1. 填空题(每小题 2 分，共 20 分).

(1) 函数 $y=\arcsin\frac{2x-1}{3}$ 的定义域为 ______.

(2) 已知 $x\to 0$ 时，$\tan ax$ 与 $\sin 2x$ 等价，则 $a=$ ______.

(3) 若 $\lim\limits_{x\to\infty}\frac{ax^n+2x^2+3}{x^3+5x+1}=2$，则 $a=$ ______，$n=$ ______.

(4) 已知 $f(x+1)=x^2+2x+1$，则 $f(x)=$ ______.

(5) $\lim\limits_{x\to\infty}\left(\frac{x+1}{x}\right)^{-x}=$ ______.

(6) 若 $\lim\limits_{x\to 0}\frac{\sin 3x}{kx}=1$，则 $k=$ ______.

(7) 设 $f(x)=\frac{x^2-3x+2}{x^2-1}$，则当 $x\to$ ______ 时，$f(x)$ 为无穷大；当 $x\to$ ______ 时，$f(x)$ 为无穷小.

(8) 设 $f(x)=\frac{\tan 2x^2}{x^2}$，则 $x=0$ 为 $f(x)$ 的 ______ 间断点.

(9) 函数 $f(x)=\begin{cases} ke^{2x}, & x<0, \\ 1+\cos x, & x\geqslant 0 \end{cases}$ 在 $x=0$ 处连续，则常数 $k=$ ______.

(10) 函数 $f(x)=-\ln\arcsin x$ 的连续区间是 ______.

2. 选择题(每小题 2 分，共 20 分).

(1) 设 $f(x)=\sin x$，$g(x)=\begin{cases} x-\pi, & x\leqslant 0, \\ x+\pi, & x>0, \end{cases}$ 则 $f[g(x)]=$(　　).

A. $\sin x$　B. $\cos x$　C. $-\sin x$　D. $-\cos x$

(2) 设 $y=e^{-\frac{1}{x}}$ 是无穷大，则 x 的变化过程是(　　).

A. $x\to 0^+$　B. $x\to 0^-$　C. $x\to+\infty$　D. $x\to-\infty$

(3) 当 $x \to 0$ 时，x^2 与 $\sin x$ 比较是(　　).

A. 较高阶的无穷小量　　B. 较低阶的无穷小量

C. 等价无穷小量　　D. 同阶无穷小量

(4) 若 $f(x)=\dfrac{1-x}{2(1+x)}$，$g(x)=1-\sqrt{x}$，则 $x \to 1$ 时有(　　).

A. $f(x)=o[g(x)]$　　B. $g(x)=o[f(x)]$

C. $f(x)$ 与 $g(x)$ 是等价无穷小　　D. $f(x)$ 与 $g(x)$ 是同阶无穷小

(5) 设 $f(x)=\dfrac{|1-x|}{1-x}$，则 $\lim\limits_{x \to 1} f(x)$ 是(　　).

A. 0　　B. -1　　C. 1　　D. 不存在

(6) 当 $x \to 0$ 时，为无穷小量的是(　　).

A. $\sin \dfrac{1}{x}$　　B. $x\sin \dfrac{1}{x}$　　C. $\dfrac{\sin x}{x}$　　D. $\dfrac{1}{x}\sin \dfrac{1}{x}$

(7) 设 $y=\dfrac{\sqrt[3]{x}-1}{x-1}$，则 $x=1$ 是函数 y 的(　　).

A. 连续点　　B. 可去间断点　　C. 跳跃间断点　　D. 无穷间断点

(8) 函数 $f(x)=\sin(x^3)$ 的图形(　　).

A. 关于 x 轴对称　　B. 关于 y 轴对称　　C. 关于原点对称　　D. 以上都不对

(9) 设函数 $f(x)=\begin{cases} x^2-1, & x<0, \\ x, & 0 \leqslant x \leqslant 1, \\ 2-x, & 1<x \leqslant 2, \end{cases}$ 则 $f(x)$ 在(　　).

A. $x=0$，$x=1$ 处间断　　B. $x=0$ 处间断，$x=1$ 处连续

C. $x=0$，$x=1$ 处都连续　　D. $x=0$ 处连续，$x=1$ 处间断

(10) 下列等式不正确的是(　　).

A. $\lim\limits_{x \to 0^+}(1+2x)^{\frac{1}{x}}=e^2$　　B. $\lim\limits_{x \to 0^+}(1-x)^{-\frac{1}{x}}=e^{-1}$

C. $\lim\limits_{x \to +\infty}\left(1-\dfrac{2}{x}\right)^{-x}=e^2$　　D. $\lim\limits_{x \to -\infty}\left(1+\dfrac{1}{x}\right)^{x+1}=e$

3. 求下列函数的极限(每题 5 分，共 30 分).

(1) $\lim\limits_{x \to 0}(1+3x)^{\frac{1}{x}}$；　　(2) $\lim\limits_{x \to 1}\dfrac{1}{x-1}\sin(2x-2)$；

(3) $\lim\limits_{x \to \infty}(\sqrt{x^2+1}-\sqrt{x^2-1})$；　　(4) $\lim\limits_{x \to \infty}\left(1-\dfrac{3}{x}\right)^{2x}$；

(5) $\lim\limits_{x \to 0}\dfrac{1-\cos x}{\sin x}$；　　(6) $\lim\limits_{x \to 0}\dfrac{\ln(1+x^2)}{x^2}$.

4. 综合应用(20 分).

(1) 选择适当的 a 值，使函数 $f(x)=\begin{cases} \dfrac{2}{x}, & x \geqslant 1 \\ a\cos \pi x, & x<1 \end{cases}$ 在 $(-\infty, +\infty)$ 上连续.

(2) 设 $f(x)$ 在 $x=2$ 处连续，且 $f(2)=3$，求 $\lim\limits_{x\to 2} f(x)\left(\dfrac{1}{x-2}-\dfrac{4}{x^2-4}\right)$.

5. 证明题(10 分).

证明方程 $x=a\sin x+b(a>0,\ b>0)$ 至少有一个不超过 $a+b$ 的正根.

【阅读材料】

如何撰写数学建模小论文

在数学建模竞赛中，每个参赛队要提交一篇论文，内容是利用数学方法解决一个实际问题. 在完成一个数学建模之后，总结建模过程，写出建模小论文，是数学建模的一个重要环节，也是数学建模竞赛的重要的评判依据. 事实上，一个好的模型必须有一篇精彩的建模论文，在各类建模竞赛中，模型的建立、解答、讨论与应用，以及建模小论文是竞赛的主要内容.

下面简单介绍一下怎样撰写数学建模小论文.

完成一篇数学建模小论文需要三个程序：第一，建立模型，即把实际问题转化为数学问题；第二，利用计算机或其他工具解决实际问题；第三，将所得结果写成论文. 根据竞赛要求，论文一般应包含以下部分：摘要、问题重述、假设、模型建立、模型计算与分析、模型讨论等部分. 摘要是对整篇文章的高度概括，应以最简洁的语言，把论文的主要思路、结论和模型的特色讲清楚，让人看到论文的新意，一般在 300 ～ 500 字，包括问题、方法、结果.

论文的评阅标准是：假设的合理性、建模的创造性、结果的正确性和语言的清晰性.

1. 问题提出和假设的合理性

在撰写论文时，应该把读者想象为对你所研究的问题一无所知或知之甚少. 因此，首先要简单地说明问题的情境，即要说清事情的来龙去脉，列出必要数据，提出要解决的问题，并给出研究对象的关键信息内容.

假设是建立数学模型中相当关键的一步，关系到模型的成败和优劣. 所以，应该细致地分析实际问题，从大量的变量中筛选出最能表现问题本质的变量，并简化它们的关系. 在撰写这部分内容时要注意以下几方面.

(1) 论文中的假设要以严格、确切的数学语言来表达，不至于使人产生任何曲解.

(2) 所提出的假设确实是建立数学模型所必需的，并且假设要写得简洁，只写出重要假设即可，通常 3 ～ 5 条较为合适，最好把使用的各种符号结合假设列出来，符号的设计也是很重要的，简单明了的符号有助于评阅人理解你的思路.

(3) 假设应验证其合理性，假设的合理性可以从分析问题过程中得出，如从问题的性质出发作出合乎常识的假设；或者由观察所给数据的图像，得到变量的函数形式；也可以参考其他资料由类推得到，对于后者应指出参考文献的相关内容.

2. 模型的建立

在做出假设后，就可以在论文中引进变量及其记号，抽象而确切地表达它们的关系．并通过一定的数学方法，建立方程式或归纳为其他形式的数学问题．此处，一定要用分析和论证的方法，上下文之间切忌逻辑推理跨度过大，影响论文的说服力．需要推理和论证的地方，应该有推导的过程而且应该力求严谨．引用现成定理时，要先验证满足定理的条件．论文中用到的各种数学符号，必须在第一次出现时加以说明．总之，要把得到数学模型的过程表达清楚，使评阅人获得判断模型科学性的一个依据．

3. 模型的计算与分析

把实际问题归结为一定的数学问题后，就要求解或进行分析．在数值求解时应对计算方法有所说明，并给出所用软件的名称或者给出计算程序(通常以附录形式给出)，还可以用计算机软件绘制曲线和曲面示意图，来形象地表达数值计算结果．在模型建立和分析中带有普遍意义的结论，可以用清晰的定理或命题的方式陈述出来，但要注意写清定理和命题成立的条件．

4. 模型的讨论

对所建立的数学模型，可以作多方面的讨论．如可以就不同的情境，探索模型将如何变化；或可以根据实际情况，改变文章一开始所作的某些假设，指出由此产生数学模型的变化；还可以用不同的数值方法进行计算，并比较所得的结果．通常还应该对所建立模型的优缺点加以讨论与比较，并实事求是地指出模型的适用范围．

语言是构成论文的基本元素，数学建模论文的语言与其他科学论文的语言一样，要求达意、干练，语言中应多用客观陈述句，切忌使用你、我、他等代名词和带主观意向的语句．书写和附图也都很重要．附图中的图形应有明确的说明，并能运用Word、公式编辑器和数学软件编写论文，以便在数学建模竞赛中提交电子文稿．

第二章　导数及其应用

导数与微分是微分学中两个最基本的概念. 本章将在研究导数和微分的基本概念及基本计算的基础上, 进一步研究导数的应用, 通过拉格朗日中值定理揭示函数值与导数之间的关系, 利用洛必达法则给出求极限的重要方法, 并运用导数研究函数的单调性、凹向、极值等性态及在生产实践中的应用.

一、学习要求

1. 正确理解导数和微分的概念. 从研究的问题来看, 导数反映的是函数相对于自变量的变化率, 而微分反映的是当自变量有微小变化时, 函数改变量的近似值; 从几何角度来看, 导数 $f'(x_0)$ 的几何意义是函数在 x_0 处切线的斜率, 而微分表示的则是函数在某点切线纵坐标的增量, 两者之间有着密切联系, 但也有本质区别, 学习时应注意区分.

2. 深刻理解可导、可微与连续之间的关系. 可导与可微是等价的, 可导必连续, 但是连续不一定可导, 从函数图像上看, 连续函数的图像是不间断的, 但可能有突变或尖点, 这些点处函数一般不可导, 同时注意, 连续函数如果在某点具有垂直于 x 轴的切线, 函数也不可导.

3. 熟练掌握导数的基本公式和各种求导方法.

4. 理解高阶导数的概念, 会求二阶导数和简单的 n 阶导数.

5. 会求函数的微分, 可直接利用求导数的方法, 也可利用微分形式不变性求解.

6. 了解罗尔定理、拉格朗日中值定理, 并会用拉格朗日中值定理证明不等式或等式.

7. 熟练掌握洛必达法则, 会求各种未定式的极限.

8. 会利用导数判定函数的单调区间、极值、凹向及拐点, 并能描绘函数的图形.

9. 了解导数在工程实际中的应用, 会求解最值问题和曲率.

重点: 导数和微分的概念、几何意义及计算方法, 利用导数判定函数的单调性、极值、凹向及拐点, 最值问题的求解.

难点: 复合函数的求导法则、拉格朗日中值定理的应用、函数图像的描绘等.

二、典型例题分析

(一) 导数的概念及计算

例 1　设 $f(x)$ 在 x_0 可导, 求 $\lim\limits_{h\to 0}\dfrac{f(x_0+h)-f(x_0-2h)}{h}$.

解 $\lim\limits_{h\to 0}\dfrac{f(x_0+h)-f(x_0-2h)}{h}$

$=\lim\limits_{h\to 0}\dfrac{[f(x_0+h)-f(x_0)]+[f(x_0)-f(x_0-2h)]}{h}$

$=\lim\limits_{h\to 0}\dfrac{[f(x_0+h)-f(x_0)]}{h}+2\lim\limits_{h\to 0}\dfrac{f(x_0-2h)-f(x_0)}{-2h}$

$=f'(x_0)+2f'(x_0)=3f'(x_0).$

说明 导数定义有两种等价形式：

$$f'(x_0)=\lim_{\Delta x\to 0}\frac{f(x_0+\Delta x)-f(x_0)}{\Delta x},\quad f'(x_0)=\lim_{x\to x_0}\frac{f(x)-f(x_0)}{x-x_0}.$$

可见，导数实质上是一种特殊形式的函数极限. 对于极限而言，极限值与自变量用什么字母表示无关，因此，在利用导数定义表达式时，必须凑成导数定义形式再求极限. 即有

$$f'(x_0)=\lim_{h\to 0}\frac{f(x_0+h)-f(x_0)}{h}=\lim_{t\to 0}\frac{f(x_0-t)-f(x_0)}{-t}$$

及

$$f'(x_0)=\lim_{\Delta x\to 0}\frac{f(x_0+\Delta x)-f(x_0)}{\Delta x}=\lim_{\Delta x\to 0}\frac{f(x_0+A\Delta x)-f(x_0)}{A\Delta x}.$$

例 2 设函数 $f(x)=\begin{cases}x^2, & x\leqslant 1,\\ ax+b, & x>1,\end{cases}$ 试确定 a，b 的值，使得 $f(x)$ 在点 $x=1$ 处既连续又可导.

解 $f(1-0)=\lim\limits_{x\to 1^-}f(x)=\lim\limits_{x\to 1^-}x^2=1$，$f(1+0)=\lim\limits_{x\to 1^+}f(x)=\lim\limits_{x\to 1^+}(ax+b)=a+b.$

因为 $f(x)$ 在 $x=1$ 处连续，$f(1+0)=f(1-0)$，故

$$a+b=1,\quad b=1-a.$$

$$f'_-(1)=\lim_{x\to 1^-}\frac{f(x)-f(1)}{x-1}=\lim_{x\to 1^-}\frac{x^2-1}{x-1}=\lim_{x\to 1^-}(x+1)=2;$$

$$f'_+(1)=\lim_{x\to 1^+}\frac{f(x)-f(1)}{x-1}=\lim_{x\to 1^+}\frac{ax+b-1}{x-1}=\lim_{x\to 1^+}\frac{a(x-1)}{x-1}=a.$$

要使 $f(x)$ 在 $x=1$ 处可导，必须 $f'_-(1)=f'_+(1)$，故 $a=2$，于是 $b=1-a$，$b=-1$.

所以，当 $a=2$，$b=-1$ 时，函数 $f(x)$ 在 $x=1$ 处既连续又可导.

例 3 讨论 $f(x)=\begin{cases}\ln(1+x), & -1<x\leqslant 0,\\ \sqrt{1+x}-\sqrt{1-x}, & 0<x<1,\end{cases}$ 在 $x=0$ 处的连续性与可导性.

解 因为 $\lim\limits_{x\to 0^-}f(x)=\lim\limits_{x\to 0^-}\ln(1+x)=0$，$\lim\limits_{x\to 0^+}f(x)=\lim\limits_{x\to 0^+}(\sqrt{1+x}-\sqrt{1-x})=0$，

即

$$\lim_{x\to 0^-}f(x)=\lim_{x\to 0^+}f(x)=f(0)=0,$$

所以，函数 $f(x)$ 在 $x=0$ 处连续. 又

$$f'_-(0)=\lim_{x\to 0^-}\frac{f(x)-f(0)}{x-0}=\lim_{x\to 0^-}\frac{\ln(1+x)}{x}=\lim_{x\to 0^-}\ln(1+x)^{\frac{1}{x}}$$
$$=\ln\lim_{x\to 0^-}(1+x)^{\frac{1}{x}}=\ln e=1,$$
$$f'_+(0)=\lim_{x\to 0^+}\frac{f(x)-f(0)}{x-0}=\lim_{x\to 0^+}\frac{\sqrt{1+x}-\sqrt{1-x}}{x}$$
$$=\lim_{x\to 0^+}\frac{2x}{x(\sqrt{1+x}+\sqrt{1-x})}=1,$$

即 $f'_-(x)=f'_+(x)=1$，因此，函数 $f(x)$ 在 $x=0$ 处可导.

例 4 设 $f(x)=(ax+b)\sin x+(cx+d)\cos x$，确定常数 a，b，c，d 的值，使
$$f'(x)=x\cos x.$$

解
$$f'(x)=a\sin x+(ax+b)\cos x+c\cos x+(cx+d)(-\sin x)$$
$$=(a-cx-d)\sin x+(ax+b+c)\cos x$$
$$=x\cos x,$$

即 $\begin{cases}ax+b+c=x,\\a-cx-d=0,\end{cases}$ 故 $a=1$，$b=0$，$c=0$，$d=1$.

例 5 试求曲线 $x^2+xy+2y^2-28=0$ 在(2，3)处的切线方程与法线方程.

解 将方程两边同时对 x 求导，得
$$2x+y+xy'+4yy'=0，解得 y'=-\frac{2x+y}{x+4y}.$$

曲线在(2，3)处切线的斜率为 $y'\big|_{\substack{x=2\\y=3}}=-\dfrac{1}{2}$，故所求切线方程为
$$y-3=-\frac{1}{2}(x-2)，即 x+2y-8=0,$$
法线方程为 $$y-3=2(x-2)，即 2x-y-1=0.$$

例 6 求曲线 $y=x^4+4x+5$ 平行于 x 轴的切线方程及平行于直线 $y=4x-1$ 的切线方程.

分析 要确定曲线的切线方程，需要先确定切点坐标及切线斜率. 因为切点在曲线上，切点处的导数与其平行直线的斜率相等，据此可求出切点坐标及切线方程.

解 (1) 求平行于 x 轴的切线：

设所求切线的切点坐标为(x_1, y_1)，x 轴的斜率$k=0$，$y'=4x^3+4=4(x^3+1)$.

由 $y'\big|_{x=x_1}=4(x_1^3+1)=0$，解得 $x_1=-1$，$y_1=2$.
故切线方程为 $y=2$，即平行于 x 轴的切线方程为 $y=2$.

(2) 求平行于 $y=4x-1$ 的切线：

设所求切线的切点坐标为(x_2, y_2). 直线 $y=4x-1$ 的斜率 $k=4$，$y'=4(x^3+1)$，由于 $y'\big|_{x=x_2}=4(x_2^3+1)=4$，解得 $x_2=0$，$y_2=5$，故切线方程为
$$y-5=4(x-0),$$

即平行于直线 $y=4x-1$ 的切线方程为 $y=4x+5$.

例 7 求下列函数的导数：

(1) $y=\dfrac{(x-2)^2}{x}+x\ln x$；　　(2) $y=\dfrac{1+\sin^2 x}{\sin 2x}$；

(3) $y=\dfrac{1-x^3}{\sqrt{x}}$；　　(4) $y=\sqrt{x\sqrt{x\sqrt{x}}}$.

解 (1) $y=\dfrac{(x-2)^2}{x}+x\ln x=x-4+4x^{-1}+x\ln x$，

$$y'=(x-4+4x^{-1}+x\ln x)'=1-\frac{4}{x^2}+\ln x+x\cdot\frac{1}{x}=2-\frac{4}{x^2}+\ln x;$$

(2) $y=\dfrac{1+\sin^2 x}{\sin 2x}=\dfrac{\sin^2 x+\cos^2 x+\sin^2 x}{2\sin x\cos x}=\tan x+\dfrac{1}{2}\cot x$，

$$y'=\left(\tan x+\frac{1}{2}\cot x\right)'=\sec^2 x-\frac{1}{2}\csc^2 x;$$

(3) $y=\dfrac{1-x^3}{\sqrt{x}}=x^{-\frac{1}{2}}-x^{\frac{5}{2}}$，

$$y'=(x^{-\frac{1}{2}}-x^{\frac{5}{2}})'=-\frac{1}{2}x^{-\frac{3}{2}}-\frac{5}{2}x^{\frac{3}{2}}=\frac{1+5x^3}{-2x\sqrt{x}};$$

(4) $y=\sqrt{x\sqrt{x\sqrt{x}}}=x^{\frac{7}{8}}$，

$$y'=(x^{\frac{7}{8}})'=\frac{7}{8}x^{-\frac{1}{8}}=\frac{7}{8\sqrt[8]{x}}.$$

说明 利用导数的四则运算求导数，必须熟记基本初等函数的求导公式，在使用求导法则之前，先对函数进行化简然后再求导，可简化计算.

例 8 求下列函数的导数：

(1) $y=\sin^2(1+\sqrt{x})$；　　(2) $y=\ln\ln\ln x$；

(3) $y=\sin[\cos^2(x^3+x)]$；　　(4) $y=\arctan\ln x$.

解 (1) 将函数 $y=\sin^2(1+\sqrt{x})$ 分解成基本初等函数，

$$y=u^2,\quad u=\sin v,\quad v=1+\sqrt{x},$$

所以

$$\begin{aligned}\frac{dy}{dx}&=\frac{dy}{du}\cdot\frac{du}{dv}\cdot\frac{dv}{dx}=2u\cos v\,\frac{1}{2\sqrt{x}}\\&=\sin(1+\sqrt{x})\cos(1+\sqrt{x})\cdot\frac{1}{\sqrt{x}}\\&=\frac{1}{2\sqrt{x}}\sin 2(1+\sqrt{x}).\end{aligned}$$

说明 复合函数求导法则是求导方法的核心之一，在运用复合函数求导法则求复合函数的导数时，首先要分清复合函数是由哪些简单函数复合而成的，这是正确使用复合函数求导法则的关键；其次是由外到里，逐层求导. 在使用时可以写出中间变量再求导，也可以不写出中间变量直接求导.

(2) $y'=(\ln\ln\ln x)'=\dfrac{1}{\ln\ln x}(\ln\ln x)'$

$=\dfrac{1}{\ln\ln x}\cdot\dfrac{1}{\ln x}(\ln x)'=\dfrac{1}{x\ln x\ln\ln x}.$

(3) $y'=\cos[\cos^2(x^3+x)][\cos^2(x^3+x)]'$

$=\cos[\cos^2(x^3+x)]2[\cos(x^3+x)][\cos(x^3+x)]'$

$=\cos[\cos^2(x^3+x)]2[\cos(x^3+x)][-\sin(x^3+x)](x^3+x)'$

$=\cos[\cos^2(x^3+x)]2[\cos(x^3+x)][-\sin(x^3+x)](3x^2+1)$

$=-(3x^2+1)[\sin 2(x^3+x)]\cos[\cos^2(x^3+x)].$

(4) $y'=(\arctan\ln x)'=\dfrac{1}{1+\ln^2 x}(\ln x)'=\dfrac{1}{x(1+\ln^2 x)}.$

例 9 证明：(1) 可导的偶函数的导数是奇函数.

(2) 可导的奇函数的导数是偶函数.

证明 设 $f(x)$ 是可导函数，若 $f(x)$ 是偶函数，则有

$$f(-x)=f(x),$$

两端对 x 求导，$f'(-x)\cdot(-1)=f'(x)$，即 $f'(-x)=-f'(x)$，所以 $f'(x)$ 为奇函数.

同理可证，当 $f(x)$ 为奇函数时，$f'(x)$ 为偶函数.

例 10 求曲线 $\begin{cases}x=\cos t,\\ y=\sin\dfrac{t}{2}\end{cases}$ 在 $t=\dfrac{\pi}{3}$ 处的法线方程.

解 由参数方程求导公式，得

$$\frac{\mathrm{d}y}{\mathrm{d}x}=\frac{\frac{\mathrm{d}y}{\mathrm{d}t}}{\frac{\mathrm{d}x}{\mathrm{d}t}}=\frac{\left(\sin\frac{t}{2}\right)'}{(\cos t)'}=\frac{\frac{1}{2}\cos\frac{t}{2}}{-\sin t}=\frac{\frac{1}{2}\cos\frac{t}{2}}{-2\sin\frac{t}{2}\cos\frac{t}{2}}=-\frac{1}{4\sin\frac{t}{2}},$$

$$\left.\frac{\mathrm{d}y}{\mathrm{d}x}\right|_{t=\frac{\pi}{3}}=-\frac{1}{4\sin\frac{\pi}{6}}=-\frac{1}{2}.$$

当 $t=\dfrac{\pi}{3}$ 时，$x=\dfrac{1}{2}$，$y=\dfrac{1}{2}$，在点 $\left(\dfrac{1}{2},\ \dfrac{1}{2}\right)$ 处的法线方程为

$$y-\frac{1}{2}=2\left(x-\frac{1}{2}\right)，\text{即 } 4x-2y-1=0.$$

说明 这是由参数方程确定的函数的求导法：$\dfrac{\mathrm{d}y}{\mathrm{d}x}=\dfrac{\mathrm{d}y}{\mathrm{d}t}\cdot\dfrac{\mathrm{d}t}{\mathrm{d}x}=\dfrac{\frac{\mathrm{d}y}{\mathrm{d}t}}{\frac{\mathrm{d}x}{\mathrm{d}t}}=\dfrac{y'(t)}{x'(t)}.$

例 11 利用对数求导法求下列函数的导数：

(1) $y=\dfrac{\sqrt{2x+1}}{(x^2+1)^2 e^{\sqrt{x}}}$； (2) $y=(\sin x)^{\cos x}$ $(\sin x>0)$； (3) $y=x^{\sin x}$.

解 (1) 两边同时取对数，得

$$\ln y=\frac{1}{2}\ln(2x+1)-2\ln(x^2+1)-\sqrt{x}.$$

等式两边同时求导，得 $\frac{1}{y}y'=\frac{1}{2x+1}-\frac{4x}{x^2+1}-\frac{1}{2\sqrt{x}}$，

所以 $$y'=\frac{\sqrt{2x+1}}{(x^2+1)^2\mathrm{e}^{\sqrt{x}}}\left(\frac{1}{2x+1}-\frac{4x}{x^2+1}-\frac{1}{2\sqrt{x}}\right).$$

(2) 两边同时取对数，得

$$\ln y=(\cos x)\ln\sin x.$$

等式两边同时求导，得

$$\frac{1}{y}y'=(-\sin x)\ln\sin x+\cos x\,\frac{1}{\sin x}(\sin x)',$$

$$y'=y\left[(-\sin x)\ln\sin x+\cos^2 x\,\frac{1}{\sin x}\right],$$

即 $$y'=(\sin x)^{\cos x}[(-\sin x)\ln\sin x+\cos x\cot x].$$

(3) 对 $y=x^{\sin x}$ 两边同时取对数，有 $\ln y=\sin x\ln x.$

等式两边同时对 x 求导，有

$$\frac{1}{y}y'=(\sin x)'\ln x+\sin x(\ln x)'=\cos x\ln x+\frac{1}{x}\sin x,$$

所以 $$y'=x^{\sin x}\left(\cos x\ln x+\frac{1}{x}\sin x\right).$$

说明 这是对数求导法. 当函数表达式是多项式的积、商、幂，或者为幂指函数时，通常应用对数求导法，通过先对函数取对数再求导来简化计算.

例 12 求由方程 $y^x=x^y$ 所确定的隐函数 $y(x)$ 的导数$\frac{\mathrm{d}y}{\mathrm{d}x}$.

解 等式两边取对数，得 $x\ln y=y\ln x$.

两边对 x 同时求导，注意到 y 是 x 的函数，得

$$\ln y+\frac{x}{y}y'=y'\ln x+\frac{y}{x},$$

移项 $$y'\left(\frac{x}{y}-\ln x\right)=\frac{y}{x}-\ln y,$$

解得 $$y'=\frac{\frac{y}{x}-\ln y}{\frac{x}{y}-\ln x}=\frac{y^2-xy\ln y}{x^2-xy\ln x}.$$

例 13 若函数 $\varphi(x)=a^{f^2(x)}$，且 $f'(x)=\frac{1}{f(x)\ln a}$，求 $\varphi'(x)$.

解 $$\varphi'(x)=a^{f^2(x)}[f^2(x)]'\ln a=2a^{f^2(x)}f(x)f'(x)\ln a$$
$$=2a^{f^2(x)}(\ln a)\cdot f(x)\frac{1}{f(x)\ln a}=2a^{f^2(x)}=2\varphi(x).$$

例 14 设 y 可导，求下列函数的导数：

(1) $y=\ln f(e^x)$；　　(2) $y=f(e^x\sin x)$.

解 (1) $y'=[\ln f(e^x)]'=\dfrac{1}{f(e^x)}[f(e^x)]'$

$$=\frac{1}{f(e^x)}f'(e^x)(e^x)'=\frac{e^x}{f(e^x)}f'(e^x);$$

(2) $y'=[f(e^x\sin x)]'=f'(e^x\sin x)(e^x\sin x)'$

$$=f'(e^x\sin x)(e^x\sin x+e^x\cos x).$$

说明 $\{f[g(x)]\}'$ 与 $f'[g(x)]$ 不同，前者是对 x 求导，后者是对 $g(x)$ 求导.

例 15 已知物体的运动方程为 $s=\dfrac{5}{9}\sin x+3x^2$，求物体的速度和加速度.

解 $v=s'=\dfrac{5}{9}\cos x+6x$，$a=v'=s''=-\dfrac{5}{9}\sin x+6$.

例 16 求下列函数的高阶导数：

(1) $y=\ln(1-x^2)$，求 y''；

(2) $f(x)=e^{-2x}$，求 $f'''(0)$；

(3) $y=\ln x$，求 $y^{(n)}$.

解 (1) $y'=\dfrac{1}{1-x^2}(1-x^2)'=\dfrac{-2x}{1-x^2}$，

$$y''=\left(\frac{-2x}{1-x^2}\right)'=\frac{-2(1-x^2)-(-2x)(-2x)}{(1-x^2)^2}=\frac{-2-2x^2}{(1-x^2)^2};$$

(2) $f'(x)=-2e^{-2x}$，$f''(x)=-2(-2)e^{-2x}=4e^{-2x}$，$f'''(x)=4(-2)e^{-2x}=-8e^{-2x}$，故

$$f'''(0)=-8;$$

(3) $y'=x^{-1}$，$y''=-x^{-2}$，$y'''=(-1)(-2)x^{-3}=2!\,x^{-3}$，…，$y^{(n)}=(-1)^{n-1}(n-1)!\,x^{-n}$.

例 17 讨论 $f(x)=\begin{cases}1, & x\leqslant 0,\\ 2x+1, & 0<x\leqslant 1,\\ x^2+2, & 1<x\leqslant 2,\\ x, & 2<x\end{cases}$ 在 $x=0$，$x=1$，$x=2$ 处的可导性，并求出 $f'(x)$.

解 分段函数在各部分区间连续可导，下面讨论在各分段点处的导数.

(1) 讨论 $x=0$ 处的可导性.

$$f'_-(0)=\lim_{x\to 0^-}\frac{f(x)-f(0)}{x-0}=\lim_{x\to 0^-}\frac{1-1}{x}=0,$$

$$f'_+(0)=\lim_{x\to 0^+}\frac{f(x)-f(0)}{x-0}=\lim_{x\to 0^-}\frac{2x}{x}=2,$$

$f'_-(0)\neq f'_+(0)$，故 $f(x)$ 在 $x=0$ 处不可导.

(2) 讨论 $x=1$ 处的可导性.

$$f'_-(1)=\lim_{x\to1^-}\frac{f(x)-f(1)}{x-1}=\lim_{x\to1^-}\frac{2x+1-3}{x-1}=\lim_{x\to1^-}\frac{2(x-1)}{x-1}=2,$$

$$f'_+(1)=\lim_{x\to1^+}\frac{f(x)-f(1)}{x-1}=\lim_{x\to1^+}\frac{x^2+2-3}{x-1}=\lim_{x\to1^+}\frac{(x-1)(x+1)}{x-1}=2,$$

$f'_-(1)=f'_+(1)$，故 $f(x)$ 在 $x=1$ 处可导.

(3) 讨论 $x=2$ 处的可导性.

$$f'_-(2)=\lim_{x\to2^-}\frac{f(x)-f(2)}{x-2}=\lim_{x\to2^-}\frac{x^2+2-6}{x-2}=\lim_{x\to2^-}\frac{x^2-4}{x-2}=4,$$

$$f'_+(2)=\lim_{x\to2^+}\frac{f(x)-f(2)}{x-2}=\lim_{x\to2^+}\frac{x-6}{x-2}=-\infty,$$

$f'_+(2)$ 不存在，故 $f(x)$ 在 $x=2$ 处不可导.

综上得
$$f'(x)=\begin{cases}0, & x<0,\\ 2, & 0<x\leqslant1,\\ 2x, & 1<x<2,\\ 1, & x>2.\end{cases}$$

说明　分段函数求导数的程序.

(1) 在各个部分区间内，用导数公式与运算法则求导数.

(2) 在分段点处，用导数定义直接求 $f'(x_0)$，或先求 $f'_-(x_0)$ 和 $f'_+(x_0)$，再确定 $f'(x_0)$ 是否存在.

例 18　设 $f(x)=x(x-1)(x-2)\cdots(x-99)$，求 $f'(0)$.

解　设 $u=(x-1)(x-2)\cdots(x-99)$，

则
$$f(x)=xu,\quad f'(x)=u+xu',$$

故
$$f'(0)=u\big|_{x=0}=(0-1)(0-2)\cdots(0-99)=-99!.$$

例 19　若以 10 cm^3/s 的速率给一个球形气球充气，那么当气球半径为 2 cm 时，它的表面积增加有多快?

解　球体的体积公式 $V=\frac{4}{3}\pi R^3$，球体的表面积公式 $S=4\pi R^2$.

因为 $\frac{dV}{dt}=4\pi R^2\frac{dR}{dt}$，由 $\frac{dV}{dt}=10$，$R=2$，得 $\frac{dR}{dt}=\frac{10}{4\pi\times2^2}=\frac{5}{8\pi}$，又

$$\frac{dS}{dt}=8\pi R\cdot\frac{dR}{dt}=8\pi\times2\times\frac{5}{8\pi}=10\ (cm^2/s),$$

故它的表面积以 10cm^2/s 的速率增加.

(二) 微分的概念及计算

例 20　求函数 $y=x^2\sin\frac{1-x}{x}$ 的微分 dy.

解　解法一：$\frac{dy}{dx}=2x\sin\frac{1-x}{x}+x^2\cos\frac{1-x}{x}\left(\frac{1-x}{x}\right)'$，

$$=2x\sin\frac{1-x}{x}+x^2\cos\frac{1-x}{x}\left(-\frac{1}{x^2}\right)$$
$$=2x\sin\frac{1-x}{x}-\cos\frac{1-x}{x},$$

所以
$$\mathrm{d}y=\left(2x\sin\frac{1-x}{x}-\cos\frac{1-x}{x}\right)\mathrm{d}x.$$

解法二：利用微分运算法则，得

$$\mathrm{d}y=\sin\frac{1-x}{x}\mathrm{d}x^2+x^2\mathrm{d}\left(\sin\frac{1-x}{x}\right)=2x\sin\frac{1-x}{x}\mathrm{d}x+x^2\cos\frac{1-x}{x}\mathrm{d}\left(\frac{1-x}{x}\right)$$
$$=2x\sin\frac{1-x}{x}\mathrm{d}x+x^2\cos\frac{1-x}{x}\left(-\frac{1}{x^2}\right)\mathrm{d}x=\left(2x\sin\frac{1-x}{x}-\cos\frac{1-x}{x}\right)\mathrm{d}x.$$

说明 求函数的微分时，可以先求函数的导数 $f'(x)$，然后写出微分 $\mathrm{d}y=f'(x)\mathrm{d}x$；也可以应用一阶微分形式不变性来求微分.

例 21 求由下列方程所确定的隐函数 $y(x)$ 的导数$\frac{\mathrm{d}y}{\mathrm{d}x}$，

$$x^3+y^3-\sin 3x+6y=0.$$

解 解法一：方程两边同时对 x 求导，得 $3x^2+3y^2y'-3\cos 3x+6y'=0$，

解得
$$y'=\frac{\cos 3x-x^2}{y^2+2}.$$

解法二：方程两边同时微分，得 $3x^2\mathrm{d}x+3y^2\mathrm{d}y-3\cos 3x\mathrm{d}x+6\mathrm{d}y=0$，

解得
$$\mathrm{d}y=\frac{\cos 3x-x^2}{y^2+2}\mathrm{d}x,\ 故\frac{\mathrm{d}y}{\mathrm{d}x}=\frac{\cos 3x-x^2}{y^2+2}.$$

说明 这是隐函数求导法. 由方程 $F(x, y)=0$ 所确定的函数 $y=y(x)$ 的求导方法有两种：一是方程两边同时对 x 求导，注意需要把 y 视为 x 的函数，按照复合函数求导法则把 y 视为中间变量进行求导；二是利用一阶微分形式不变性，对方程两边求微分，然后解出$\frac{\mathrm{d}y}{\mathrm{d}x}$.

例 22 水管壁的正截面是一个圆环，设它的内径为 R_0，壁厚为 h，用微分计算这个圆环面积的近似值.

解 由 $f(x_0+\Delta x)-f(x_0)\approx f'(x_0)\Delta x$，得圆环面积

$$\Delta S=\pi(R_0+h)^2-\pi R_0^2\approx(\pi R^2)'\big|_{R=R_0}\Delta R\approx 2\pi R_0\Delta R,$$

其中 $\Delta R=h$，故 $\Delta S\approx 2\pi R_0 h$，即圆环面积的近似值为 $2\pi R_0 h$.

(三) 导数的应用

例 23 设 $f(x)=3x^2+2x+5$，求 $f(x)$ 在$[a, b]$上满足拉格朗日中值定理的 ξ 值.

解 $f(x)$ 为多项式函数，在$[a, b]$上满足拉格朗日中值定理的条件，故有

$$f(b)-f(a)=f'(\xi)(b-a),$$

即 $$(3b^2+2b+5)-(3a^2+2a+5)=(6\xi+2)(b-a).$$

由此解得 $\xi=\dfrac{b+a}{2}$，即此时 ξ 为区间 $[a, b]$ 的中点.

例 24 应用拉格朗日中值定理证明下列不等式：

(1) 当 $0<a<b$ 时，$\dfrac{b-a}{b}<\ln\dfrac{b}{a}<\dfrac{b-a}{a}$；

(2) 当 $x>1$ 时，$e^x>e\cdot x$.

证明 (1) 设 $f(x)=\ln x$，则 $f(x)$ 在 $[a, b]$ 上满足拉格朗日中值定理的条件，故至少存在一点 $\xi\in(a, b)$，使得

$$\frac{f(b)-f(a)}{b-a}=f'(\xi)，即\frac{\ln b-\ln a}{b-a}=\frac{1}{\xi}.$$

因为 $\dfrac{1}{b}<\dfrac{1}{\xi}<\dfrac{1}{a}$，所以 $\dfrac{1}{b}<\dfrac{\ln b-\ln a}{b-a}<\dfrac{1}{a}$.

整理得　当 $0<a<b$ 时，$\dfrac{b-a}{b}<\ln\dfrac{b}{a}<\dfrac{b-a}{a}$，得证.

(2) 证法一：设 $f(u)=e^u$，$u\in[1, x]$. 容易验证 $f(u)$ 在 $[1, x]$ 上满足拉格朗日中值定理的条件. 故存在 $\xi\in(1, x)$，使得

$$\frac{f(x)-f(1)}{x-1}=f'(\xi).$$

左端 $\dfrac{f(x)-f(1)}{x-1}=\dfrac{e^x-e}{x-1}$，右端 $f'(\xi)=e^\xi>e$，即 $\dfrac{e^x-e}{x-1}>e$.

整理得　当 $x>1$ 时，$e^x>e\cdot x$，得证.

证法二：设 $f(u)=\ln u$，$u\in[1, x]$. 容易验证 $f(u)$ 在 $[1, x]$ 上满足拉格朗日中值定理的条件. 故存在 $\xi\in(1, x)$，使得

$$\frac{f(x)-f(1)}{x-1}=f'(\xi).$$

左端 $\dfrac{f(x)-f(1)}{x-1}=\dfrac{\ln x}{x-1}$，

右端 $f'(\xi)=\dfrac{1}{\xi}<1$，即 $\dfrac{\ln x}{x-1}<1$，$\ln x<x-1$，$x<e^{x-1}=\dfrac{1}{e}e^x$.

整理得　当 $x>1$ 时，$e^x>e\cdot x$，得证.

例 25 计算下列极限：

(1) $\lim\limits_{x\to0}\dfrac{e^x-e^{-x}}{\sin x}$；　　(2) $\lim\limits_{x\to0}\dfrac{x-\arctan x}{\ln(1+x^3)}$；

(3) $\lim\limits_{x\to+\infty}\dfrac{\ln x}{x^2}$；　　(4) $\lim\limits_{x\to0}\dfrac{\tan x-x}{x-\sin x}$.

解 (1) $\lim\limits_{x\to0}\dfrac{e^x-e^{-x}}{\sin x}=\lim\limits_{x\to0}\dfrac{e^x+e^{-x}}{\cos x}=2$；

$$(2)\lim_{x\to 0}\frac{x-\arctan x}{\ln(1+x^3)}=\lim_{x\to 0}\frac{1-\dfrac{1}{1+x^2}}{\dfrac{1}{1+x^3}\cdot 3x^2}=\lim_{x\to 0}\frac{x^2}{1+x^2}\cdot\frac{1+x^3}{3x^2}$$

$$=\lim_{x\to 0}\left(\frac{1}{3}\cdot\frac{1+x^3}{1+x^2}\right)=\frac{1}{3};$$

$$(3)\lim_{x\to+\infty}\frac{\ln x}{x^2}=\lim_{x\to+\infty}\frac{\dfrac{1}{x}}{2x}=\lim_{x\to+\infty}\frac{1}{2x^2}=0;$$

$$(4)\lim_{x\to 0}\frac{\tan x-x}{x-\sin x}=\lim_{x\to 0}\frac{\sec^2 x-1}{1-\cos x}=\lim_{x\to 0}\frac{\tan^2 x}{\dfrac{1}{2}x^2}=2\lim_{x\to 0}\left(\frac{\tan x}{x}\right)^2=2.$$

说明　洛必达法则主要解决$\dfrac{0}{0}$，$\dfrac{\infty}{\infty}$型不定式极限，在应用洛必达法则时应注意以下几点.

(1) 在使用洛必达法则前，先要判断所求极限是否满足洛必达法则条件，即判断所求极限是否为$\dfrac{0}{0}$，$\dfrac{\infty}{\infty}$型未定式，是这两种类型方可使用.

(2) 当应用一次洛必达法则之后仍为$\dfrac{0}{0}$，$\dfrac{\infty}{\infty}$型未定式时，可以继续使用洛必达法则，直到求出极限值或得出不符合法则条件时为止，使用后所得极限不存在(不包括极限为∞)时，不能肯定原极限不存在，此时洛必达法则失效，应改用其他方法求极限.

(3) 使用洛必达法则求极限时，应及时对所求极限进行简化，表达式中有极限存在的因式可以暂时用极限运算法则将其分离出来，只要最终极限存在，这种处理方法就是可行的.

(4) 洛必达法则应尽量和其他求极限的方法(四则运算、无穷小性质、重要极限、连续性等)结合使用，才能更好地发挥其作用.

例 26　计算下列极限：

(1) $\lim\limits_{x\to+\infty}x^n e^{-ax}$($a>0$，$n$为自然数)；　(2) $\lim\limits_{x\to\frac{\pi}{2}}(\sec x-\tan x)$；

(3) $\lim\limits_{x\to 1}\left(\dfrac{1}{\ln x}-\dfrac{1}{x-1}\right)$；　(4) $\lim\limits_{x\to 0^+}x^{\sin x}$；　(5) $\lim\limits_{x\to+\infty}\left(\dfrac{2}{\pi}\arctan x\right)^x$；

(6) $\lim\limits_{x\to+\infty}(x+2^x)^{\frac{1}{x}}$；　(7) $\lim\limits_{x\to 1}x^{\frac{1}{1-x}}$.

解　(1) $\lim\limits_{x\to+\infty}x^n e^{-ax}=\lim\limits_{x\to+\infty}\dfrac{x^n}{e^{ax}}=\lim\limits_{x\to+\infty}\dfrac{nx^{n-1}}{ae^{ax}}=\lim\limits_{x\to+\infty}\dfrac{n(n-1)x^{n-2}}{a^2e^{ax}}=\cdots$

$$=\frac{n!}{a^n}\lim_{x\to+\infty}\frac{1}{e^{ax}}=0(a>0，n\text{为自然数}).$$

$$(2)\lim_{x\to\frac{\pi}{2}}(\sec x-\tan x)=\lim_{x\to\frac{\pi}{2}}\left(\frac{1}{\cos x}-\frac{\sin x}{\cos x}\right)=\lim_{x\to\frac{\pi}{2}}\frac{1-\sin x}{\cos x}$$

$$=\lim_{x\to\frac{\pi}{2}}\frac{-\cos x}{-\sin x}=0.$$

$$(3)\lim_{x\to1}\left(\frac{1}{\ln x}-\frac{1}{x-1}\right)=\lim_{x\to1}\frac{x-1-\ln x}{(x-1)\ln x}=\lim_{x\to1}\frac{1-\dfrac{1}{x}}{\ln x+\dfrac{x-1}{x}}$$

$$=\lim_{x\to1}\frac{x-1}{x\ln x+x-1}=\lim_{x\to1}\frac{1}{\ln x+1+1}=\frac{1}{2}.$$

(4) 因为 $x^{\sin x}=e^{\ln x\sin x}$，而

$$\lim_{x\to0^+}\ln x^{\sin x}=\lim_{x\to0^+}\sin x\cdot\ln x=\lim_{x\to0^+}\frac{\ln x}{\csc x}=\lim_{x\to0^+}\frac{x^{-1}}{-\csc x\cot x}$$

$$=-\lim_{x\to0^+}\frac{\sin^2 x}{x\cos x}=-\lim_{x\to0^+}\frac{\sin x}{x}\cdot\lim_{x\to0^+}\frac{\sin x}{\cos x}=-1\times0=0,$$

所以

$$\lim_{x\to0^+}x^{\sin x}=e^{\lim\limits_{x\to0^+}\ln x\cdot\sin x}=e^0=1.$$

(5) 因为 $\left(\dfrac{2}{\pi}\arctan x\right)^x=e^{\ln\left(\frac{2}{\pi}\arctan x\right)^x}$，而

$$\lim_{x\to+\infty}x\ln\left(\frac{2}{\pi}\arctan x\right)=\lim_{x\to+\infty}\frac{\ln\dfrac{2}{\pi}+\ln\arctan x}{\dfrac{1}{x}}=\lim_{x\to+\infty}\frac{\dfrac{1}{\arctan x}\cdot\dfrac{1}{1+x^2}}{-\dfrac{1}{x^2}}$$

$$=\lim_{x\to+\infty}\frac{1}{\arctan x}\cdot\frac{-x^2}{1+x^2}=-\frac{2}{\pi},$$

所以

$$\lim_{x\to+\infty}\left(\frac{2}{\pi}\arctan x\right)^x=e^{\lim\limits_{x\to+\infty}x\ln\left(\frac{2}{\pi}\arctan x\right)}=e^{-\frac{2}{\pi}}.$$

(6) 因为 $(x+2^2)^{\frac{1}{x}}=e^{\frac{1}{x}\ln(x+2^x)}$，而

$$\lim_{x\to+\infty}\ln(x+2^x)^{\frac{1}{x}}=\lim_{x\to+\infty}\frac{1}{x}\ln(x+2^x)=\lim_{x\to+\infty}\frac{\ln(x+2^x)}{x}$$

$$=\lim_{x\to+\infty}\frac{1}{x+2^x}\cdot(1+2^x\ln 2)=\lim_{x\to+\infty}\frac{2^x\cdot\ln2\cdot\ln2}{1+2^x\cdot\ln2}$$

$$=\lim_{x\to+\infty}\frac{2^x\cdot\ln2\cdot(\ln2)^2}{2^x\cdot(\ln2)^2}=\ln2,$$

所以

$$\lim_{x\to+\infty}(x+2^x)^{\frac{1}{x}}=e^{\lim\limits_{x\to\infty}\frac{1}{x}\ln(x+2^x)}=e^{\ln2}=2.$$

(7) 由于 $x^{\frac{1}{1-x}}=e^{\frac{1}{1-x}\ln x}$，且 $\lim\limits_{x\to1}\dfrac{1}{1-x}\ln x=\lim\limits_{x\to1}\dfrac{\ln x}{1-x}=\lim\limits_{x\to1}\dfrac{\frac{1}{x}}{-1}=-1$，

于是，
$$\lim_{x\to 1} x^{\frac{1}{1-x}}=e^{-1}.$$

说明 对于 $\infty-\infty$，$0\cdot\infty$ 型未定式，经过对极限表达式的适当变形可以化为 $\frac{0}{0}$ 或 $\frac{\infty}{\infty}$ 型未定式，对于由 $f(x)^{g(x)}$ 产生的 0^0，1^∞，∞^0 型未定式，可以通过对 $f(x)^{g(x)}$ 取对数化为 $0\cdot\infty$ 型未定式，然后再转化为 $\frac{0}{0}$ 或 $\frac{\infty}{\infty}$ 型未定式计算.

例 27 计算下列极限：

(1) $\lim\limits_{x\to 0}\dfrac{1-\cos x^2}{x^2\sin^2 x}$； (2) $\lim\limits_{x\to 0}\dfrac{e^{-\frac{1}{x^2}}}{x}$； (3) $\lim\limits_{x\to\infty}\dfrac{3\sin x+x}{\cos x+2x}$.

解 (1) 此题用洛必达法则求解，比较烦琐. 利用等价无穷小量代换 $\sin x\sim x$，再用洛必达法则更为简便.
$$\lim_{x\to 0}\frac{1-\cos x^2}{x^2\sin^2 x}=\lim_{x\to 0}\frac{1-\cos x^2}{x^4}=\lim_{x\to 0}\frac{2x\sin x^2}{4x^3}=\frac{1}{2}\lim_{x\to 0}\frac{\sin x^2}{x^2}=\frac{1}{2}.$$

(2) 此题若按照 $\frac{0}{0}$ 型未定式，用洛必达法则计算会越算越复杂，不能解决问题. 如果令 $\frac{1}{x}=t$，即 $x=\frac{1}{t}$，代入后将分式化为 $\frac{\infty}{\infty}$ 型，再用洛必达法则计算就简便得多.
$$\lim_{x\to 0}\frac{e^{-\frac{1}{x^2}}}{x}=\lim_{t\to\infty}\frac{e^{-t^2}}{\frac{1}{t}}=\lim_{t\to\infty}\frac{t}{e^{t^2}}=\lim_{t\to\infty}\frac{1}{2te^{t^2}}=0.$$

(3) 此题虽为 $\frac{\infty}{\infty}$ 型，但不能用洛必达法则，若用洛必达法则 $\lim\limits_{x\to\infty}\dfrac{3\sin x+x}{\cos x+2x}=\lim\limits_{x\to\infty}\dfrac{3\cos x+1}{-\sin x+2}$，极限不存在.
$$\lim_{x\to\infty}\frac{3\sin x+x}{\cos x+2x}\xlongequal{x=\frac{1}{t}}\lim_{t\to 0}\frac{3\sin\frac{1}{t}+\frac{1}{t}}{\cos\frac{1}{t}+\frac{2}{t}}=\lim_{t\to 0}\frac{3t\sin\frac{1}{t}+1}{t\cos\frac{1}{t}+2}=\frac{1}{2}.$$

例 28 设 $f(x)=\dfrac{1+\sin x}{1-\sin x}$，问

(1) $\lim\limits_{x\to 0}f(x)$ 是否存在？

(2) 能否由洛必达法则求上述极限，为什么？

解 (1) $\lim\limits_{x\to 0}f(x)=\lim\limits_{x\to 0}\dfrac{1+\sin x}{1-\sin x}=\dfrac{\lim\limits_{x\to 0}(1+\sin x)}{\lim\limits_{x\to 0}(1-\sin x)}=\dfrac{1+0}{1-0}=1.$

(2) 不能. 因为此极限非 $\frac{0}{0}$，$\frac{\infty}{\infty}$ 型未定式，不满足洛必达法则条件.

例 29 判别函数 $f(x)=x^{\frac{2}{3}}$ 的增减性.

解 函数 $f(x)$ 的定义域为$(-\infty,+\infty)$，所以

$$f'(x)=\frac{2}{3}x^{-\frac{1}{3}}=\frac{2}{3\sqrt[3]{x}},$$

当 $x=0$ 时，$f'(x)$ 不存在.

点 $x=0$ 将定义域$(-\infty,+\infty)$分成两个区间，列表 2-1.

表 2-1

x	$(-\infty,0)$	0	$(0,+\infty)$
$f'(x)$	$-$	不存在	$+$
$f(x)$	$\searrow$		$\nearrow$

所以函数 $f(x)$ 在$(-\infty,0]$单调减少，在$[0,+\infty)$单调增加.

说明 使导数不存在的点往往也是增减区间的分界点.

例 30 当 $x>0$ 时，证明$\frac{x}{1+x}<\ln(1+x)$.

证明 令 $f(x)=\frac{x}{1+x}-\ln(1+x)\ (x>0)$.

显然 $f(x)$ 在$(0,+\infty)$内连续，且 $f'(x)=\frac{1}{(1+x)^2}-\frac{1}{1+x}=\frac{-x}{(1+x)^2}$.

当 $x>0$ 时，$f'(x)<0$，即 $f(x)$ 在$(0,+\infty)$内单调减少，此时，

$$f(x)<f(0)=0,\ \text{即}\frac{x}{1+x}-\ln(1+x)<0,\ \text{故}\frac{x}{1+x}<\ln(1+x).$$

说明 单调性证明不等式的方法是：

(1) 构造辅助函数 $f(x)$，即将不等式的右端(或左端)全部移到一端，再令左端(或右端)为函数 $f(x)$.

(2) 在区间内讨论 $f(x)$ 的连续性及 $f'(x)$ 符号，得到 $f(x)$ 的单调性.

(3) 利用单调性定义，将 $f(x)$ 与区间内一特定点函数值(通常为区间的端点)进行比较构成所要证明的不等式.

例 31 证明方程 $x-\frac{1}{2}\sin x=1$ 只有一个正根.

证明 令 $f(x)=x-\frac{1}{2}\sin x-1$，则 $f(x)$ 在$(-\infty,+\infty)$内连续，且 $f(0)=-1<0$，$f(\pi)=\pi-1>0$.

根据零点存在定理知，至少存在一个 $\xi\in(0,\pi)$，使得 $f(\xi)=0$，即方程 $f(x)=0$ 在区间$(0,\pi)$内至少存在一个正根.

又因为 $f'(x)=1-\frac{1}{2}\cos x>0$，所以 $f(x)$ 在区间$(-\infty,+\infty)$上是单调递增的，于是断定 $f(x)$ 在区间$(0,\pi)$内的根是唯一的.

从而得证，方程 $x-\frac{1}{2}\sin x=1$ 只有一个正根.

例 32 求函数 $f(x)=x^3-3x^2-9x+3$ 的极值.

解 解法一：函数 $f(x)$ 的定义域为 $(-\infty, +\infty)$，

$$f'(x)=3x^2-6x-9=3(x+1)(x-3).$$

令 $f'(x)=0$，解得驻点 $x_1=-1$，$x_2=3$.

用驻点 x_1，x_2 将函数的定义域划分为 3 个部分区间，列表 2-2.

表 2-2

x	$(-\infty, -1)$	-1	$(-1, 3)$	3	$(3, +\infty)$
$f'(x)$	$+$	0	$-$	0	$+$
$f(x)$	↗	极大值	↘	极小值	↗

由上表可知，当 $x=-1$ 时，函数取得极大值 $f(-1)=8$；当 $x=3$ 时，函数取得极小值 $f(3)=-24$.

解法二：由题设可得

$$f'(x)=3x^2-6x-9=3(x+1)(x-3),\quad f''(x)=6x-6.$$

令 $f'(x)=0$，解得驻点 $x_1=-1$，$x_2=3$. 又因为

$$f''(-1)=-12<0,\quad f''(3)=12>0,$$

所以，当 $x=-1$ 时，函数取得极大值 $f(-1)=8$；当 $x=3$ 时，函数取得极小值 $f(3)=-24$.

例 33 当 a 为何值时，$f(x)=a\sin x+\frac{1}{3}\sin 3x$ 在 $x=\frac{\pi}{3}$ 处取得极值，并求此极值.

解 函数 $f(x)$ 在定义域内处处可导，且 $f'(x)=a\cos x+\cos 3x$. 由于 $f(x)$ 在 $x=\frac{\pi}{3}$ 处取得极值，所以有 $f'\left(\frac{\pi}{3}\right)=0$，即

$$f'\left(\frac{\pi}{3}\right)=a\cos\frac{\pi}{3}+\cos\left(3\cdot\frac{\pi}{3}\right)=\frac{1}{2}a-1=0,$$

得 $a=2$，且 $$f\left(\frac{\pi}{3}\right)=2\sin\frac{\pi}{3}+\frac{1}{3}\sin\left(3\cdot\frac{\pi}{3}\right)=\sqrt{3}.$$

例 34 求 $f(x)=(x-5)\cdot\sqrt[3]{x^2}$ 在区间 $[-2, 3]$ 上的最值.

解 函数 $f(x)$ 在闭区间 $[-2, 3]$ 上连续，因而 $f(x)$ 在 $[-2, 3]$ 上必有最大值和最小值.

$$f'(x)=\sqrt[3]{x^2}+\frac{2}{3}(x-5)\frac{1}{\sqrt[3]{x}}=\frac{5(x-2)}{3\cdot\sqrt[3]{x}}.$$

令 $f'(x)=0$，得驻点 $x=2$，$f'(x)$ 不存在点为 $x=0$. 比较函数值

$$f(-2)=-7\sqrt[3]{4},\quad f(0)=0,\quad f(2)=-3\sqrt[3]{4},\quad f(3)=-2\sqrt[3]{9},$$

可知，函数 $f(x)$ 在 $[-2, 3]$ 上最大值为 $f(0)=0$，最小值为 $f(-2)=-7\sqrt[3]{4}$.

例 35 求曲线 $y=\dfrac{x}{1-x^2}$ 的凹向区间与拐点.

解 函数 $y=\dfrac{x}{1-x^2}$ 的定义域为 $(-\infty, -1)\cup(-1, 1)\cup(1, +\infty)$.

$$y'=\frac{(1-x^2)-x\cdot(-2x)}{(1-x^2)^2}=\frac{1+x^2}{(1-x^2)^2},$$

$$y''=\frac{2x(1-x^2)^2-2(1-x^2)\cdot(-2x)(1+x^2)}{(1-x^2)^4}=\frac{2x(3+x^2)}{(1-x^2)^3}.$$

令 $y''=0$，得 $x=0$.

用点 $x=-1, 0, 1$ 将函数的定义域划分为 4 个部分区间，列表 2-3.

表 2-3

x	$(-\infty, -1)$	$(-1, 0)$	0	$(0, 1)$	$(1, +\infty)$
y'	$+$	$-$	0	$+$	$-$
y	$\cup$	$\cap$	拐点 $(0, 0)$	$\cup$	$\cap$

由表 2-3 可见，在区间 $(-\infty, -1)$，$(0, 1)$ 内曲线为上凹的，在区间 $(-1, 0)$，$(1, +\infty)$ 内曲线为下凹的，点 $(0, 0)$ 为拐点.

例 36 已知曲线 $y=ax^3+bx^2+cx$ 上点 $(1, 2)$ 处有水平切线，且原点为该曲线的拐点，求出该曲线方程.

解 由 $y=ax^3+bx^2+cx$，得

$$y'=3ax^2+2bx+c,\quad y''=6ax+2b.$$

根据题意得 $\begin{cases} y|_{x=1}=a+b+c=2, \\ y'|_{x=1}=3a+2b+c=0, \\ y''|_{x=0}=2b=0, \end{cases}$

解得 $a=-1$，$b=0$，$c=3$. 所以，该曲线方程为

$$y=-x^3+3x.$$

例 37 求下列曲线的渐近线.

(1) $y=\dfrac{x-1}{x^2-3x+2}$；　(2) $y=e^{-x^2}$.

解 (1) 因为 $\lim\limits_{x\to\infty}\dfrac{x-1}{x^2-3x+2}=0$，所以 $y=0$ 为水平渐近线.

又因为 $\lim\limits_{x\to 2}\dfrac{x-1}{x^2-3x+2}=\infty$，所以曲线有垂直渐近线 $x=2$.

(2) 因为 $\lim\limits_{x\to\infty} e^{-x^2}=0$，所以 $y=0$ 为曲线的水平渐近线.

说明 曲线 $y=f(x)$ 渐近线的确定.

1) 水平渐近线：若 $\lim\limits_{x\to\infty} f(x)=c$，则直线 $y=c$ 是曲线 $y=f(x)$ 的水平渐近线.

2) 垂直渐近线：若 $\lim\limits_{x \to x_0} f(x) = \infty$，则直线 $x = x_0$ 是曲线 $y = f(x)$ 的垂直渐近线.

例 38 描绘函数 $f(x) = 1 + \dfrac{1-2x}{x^2}$ 的图形.

解 依据描绘函数图形的六个步骤进行.

第一步，函数 $f(x) = 1 + \dfrac{1-2x}{x^2}$ 的定义域为 $(-\infty, 0) \cup (0, +\infty)$，经证明不具备奇偶性与周期性.

第二步，求出一阶导数 $f'(x) = \dfrac{2(x-1)}{x^3}$，令 $f'(x) = 0$，得驻点 $x_1 = 1$，求出二阶导数 $f''(x) = \dfrac{2(3-2x)}{x^4}$，令 $f''(x) = 0$ 得 $x_2 = \dfrac{3}{2}$.

第三步，用点 $x_1 = 1$，$x_2 = \dfrac{3}{2}$，将函数的定义域划分为 4 个部分区间，列表 2-4 分析函数 $f(x)$ 的单调性、极值、凹向和拐点.

表 2-4

x	$(-\infty, 0)$	$(0, 1)$	1	$\left(1, \dfrac{3}{2}\right)$	$\dfrac{3}{2}$	$\left(\dfrac{3}{2}, +\infty\right)$
$f'(x)$	+	−	0	+	+	+
$f''(x)$	+	+	+	+	0	−
$y = f(x)$	单增上凹	单减上凹	极值点，$f(1) = 0$	单增上凹	拐点 $\left(\dfrac{3}{2}, \dfrac{1}{9}\right)$	单增下凹

第四步，因 $\lim\limits_{x \to \infty} f(x) = 1$，$\lim\limits_{x \to \infty} f(x) = +\infty$，所以该曲线有水平渐近线 $y = 1$ 和垂直渐近线 $x = 0$.

第五步，点 $(1, 0)\left(\dfrac{3}{2}, \dfrac{1}{9}\right)$ 都在函数的图形上，将它们描绘在坐标平面上，再取辅助点 $y\Big|_{x=\frac{1}{2}} = 1$，$y\Big|_{x=-1} = 4$，$y\Big|_{x=-2} = \dfrac{9}{4}$，以便于图形描绘.

第六步，根据以上信息作出函数的图形(如图 2-1 所示).

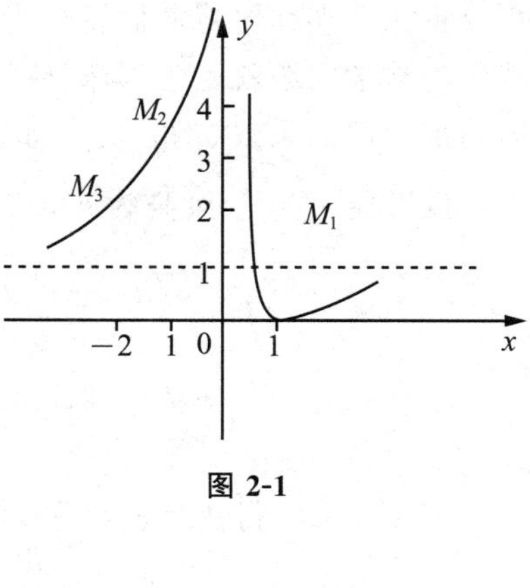

图 2-1

说明 作函数图形的基本步骤如下.

(1) 确定函数的定义域，讨论函数奇偶性、周期性等性质.

(2) 求 $f'(x)$，$f''(x)$，讨论函数单调性、凹向及极值点、拐点.

(3) 确定曲线的渐近线.

(4) 补充适当点(与坐标轴相交的点)的坐标，描点画图.

例 39 欲用围墙围成面积为216 m^2 的一块矩形土地，并在正中用一堵墙将其隔成两块. 问这块土地的长和宽选取多大的尺寸，才能使所用建筑材料最省？

解 设土地的宽为 x，长为 y. 则围墙的长度为 $L=3x+2y$，

而 $xy=216$，则 $y=\dfrac{216}{x}$，故 $L=3x+\dfrac{432}{x}\quad(x>0)$.

求导 $L'=\left(3x+\dfrac{432}{x}\right)'=3-\dfrac{432}{x^2}$，令 $L'=0$，得 $x=\pm12$，舍去 $x=-12$，得唯一驻点 $x=12$，故为最小值点，又由 $xy=216$，得 $y=18$.

因此当土地的长为 18 米、宽为 12 米时，围墙所用建筑材料最省.

三、典型案例分析

案例 1 有一块宽为 $2a$ 的长方形铁皮，将宽的两个边缘向上折起相同的高度，做成一个开口水槽，其横截面为矩形，高为 x，问：高 x 取何值时水槽的流量最大(流量与横截面积成正比).

解 根据题意得该水槽的横截面积为

$$S(x)=2x(a-x)\quad(0<x<a).$$

由于 $S'(x)=2a-4x$，所以令 $S'(x)=0$，得 $S(x)$ 的唯一驻点 $x=\dfrac{a}{2}$.

又因为铁皮的两边折得过大或过小，都会使横截面积变小，这说明该问题一定存在着最大值，所以，$x=\dfrac{a}{2}$ 就是我们要求的使流量最大的高.

案例 2 建筑工地上要把截面直径为 d 的圆木加工成矩形木料，用作水平横梁，问：怎样加工才能使横梁的承载力最大？

解 由材料力学可知，矩形截面横梁承受弯曲的能力与横梁的抗弯截面系数 $\omega=\dfrac{1}{6}bh^2$ 成正比，其中 b 为矩形截面的底宽，h 为梁高，即横梁的强度和它的矩形截面的宽和高的平方之积成正比. 现在要将截面直径为 d 的圆木锯成强度最大的横梁，转化为数学问题就是怎样选择横梁矩形截面的宽和高，才能使横梁的抗弯截面系数 ω 最大.（如图 2-2 所示）

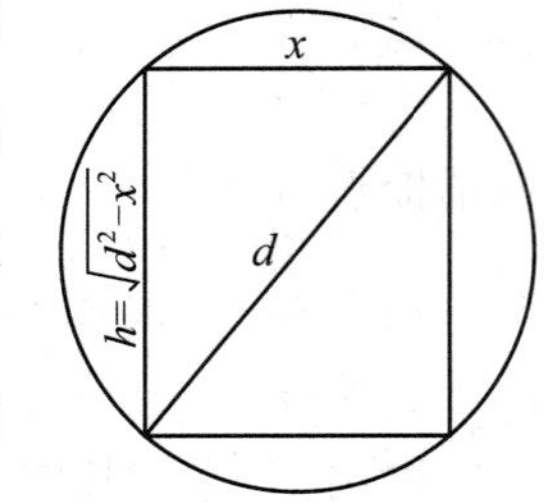

图 2-2

设底宽为 x，梁高为 $h=\sqrt{d^2-x^2}$，则

$$\omega=\frac{1}{6}x\left(\sqrt{d^2-x^2}\right)^2=\frac{1}{6}(d^2x-x^3).$$

求导：$\omega'=\dfrac{1}{6}(d^2-3x^2)$.

令 $\omega'=0$，得驻点 $x=\dfrac{d}{\sqrt{3}}$，$x\in(0,\ d)$. 当 $x=\dfrac{d}{\sqrt{3}}$ 时，$h=\sqrt{d^2-x^2}=\sqrt{\dfrac{2}{3}}d$.

由题意知 ω 的最大值一定存在，并且在 $(0,\ d)$ 内只有一个驻点 $x=\frac{d}{\sqrt{3}}$，所以当横梁截面的底宽为 $\frac{d}{\sqrt{3}}$，梁高为 $\sqrt{\frac{2}{3}}d$ 时，横梁的承载能力最大.

案例 3 肥皂泡的膨胀速度.

问题一： 设肥皂泡的半径 r 以一定的比例膨胀，那么对应于半径，体积 V 是如何增加的呢?

在这个问题中，请注意当半径以一定的比率增加时，体积的增加更为急剧，也就是说，半径越大，体积的变化率越大. 运用导数可以更清楚地理解这一事实.

半径为 r 的肥皂泡的体积为 V，$V(r)=\frac{4}{3}\pi r^3$.

对应于半径 r，体积 V 的变化率(速度)为

$$V'(r)=\left(\frac{4\pi r^3}{3}\right)'=4\pi r^2.$$

半径为 1 cm 时，体积的变化率是

$$V'(1)=4\pi\times 1^2=12.56(\text{cm}^3).$$

同样，半径为 2 cm，3 cm，… 时体积的变化率是

$$V'(2)=4\pi\times 2^2=50.24(\text{cm}^3),$$

$$V'(3)=4\pi\times 3^2=113.04(\text{cm}^3),$$

$$\cdots$$

$$V'(10)=4\pi\times 10^2=1\ 256(\text{cm}^3).$$

结论 相对于半径的球体体积的变化率与球的表面积相等.

设球体体积为 $V(r)=\frac{4}{3}\pi r^3$，$V'(r)=4\pi r^2=$球的表面积.

问题二： 体积原来为 0 的肥皂泡，半径以 2 cm/s 的速度增加，此时，对应于时间变化，体积的变化率是多少?

解 设经过时间 t s 后，肥皂泡的半径为 r cm，体积为 V cm^3，则有 $V(r)=\frac{4}{3}\pi r^3$，其中 r 和 V 都是时间 t 的可导函数，即 V 是 t 的复合函数，则 V 对于 t 的导数为

$$\frac{\mathrm{d}V}{\mathrm{d}t}=4\pi r^2\ \frac{\mathrm{d}r}{\mathrm{d}t}.$$

已知球半径增速为 2 cm/s，故 t s 后 $r(t)=2t$(cm)，$\frac{\mathrm{d}r}{\mathrm{d}t}=2$，代入上式，得体积增速为

$$\frac{\mathrm{d}V}{\mathrm{d}t}=4\pi(2t)^2\cdot 2=32\pi t^2.$$

结论 体积增速 = 表面积 × 半径增速 $=4\pi(2t)^2\times 2=16\pi t^2\times 2=32\pi t^2$.

案例 4 有一个长度为 l 的悬臂直梁，一端固定在墙内，另一端自由，当自由端有集中力 p 作用时，梁发生微小的弯曲，如图2-3所示，其挠曲线方程为 $y=\frac{p}{EI}\left(\frac{1}{2}lx^2-\frac{1}{6}x^3\right)$，其中 EI 为确定的正常数，试求该梁的挠曲线在 $x=0$，$x=\frac{l}{2}$，$x=l$ 处的曲率.

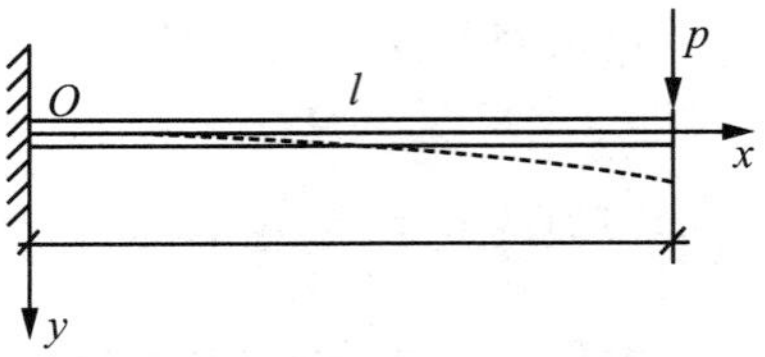

图 2-3

解 在工程结构中考虑直梁的微小弯曲变形时，由于沿垂直于梁轴线方向的变形 y 很小，所以梁的挠曲线 $y=f(x)$ 的切线与 x 轴的夹角也很小，即 $y'=\tan\alpha$ 很小，因而在曲率公式中往往把 $(y')^2$ 项略去不计，得 $K\approx|y''|$，即直梁挠曲线 $y=f(x)$ 的二阶导数的绝对值近似地反映了直梁挠曲线的弯曲程度.

对挠曲线方程 $y=\frac{p}{EI}\left(\frac{1}{2}lx^2-\frac{1}{6}x^3\right)$ 求导，得

$$y'=\frac{p}{EI}\left(lx-\frac{1}{2}x^2\right),\quad y''=\frac{p}{EI}(l-x).$$

由于梁的弯曲变形很小，故 $K\approx|y''|=\frac{p}{EI}|l-x|$，

把 $x=0$，$\frac{l}{2}$，l 代入上式，就得梁的挠曲线在 $x=0$，$\frac{l}{2}$，l 处的曲率为

$$K|_{x=0}\approx\frac{pl}{EI},\quad K|_{x=\frac{l}{2}}\approx\frac{pl}{2EI},\quad K|_{x=l}=0.$$

计算结果表明，当悬臂梁的自由端有集中荷载作用时，越靠近固定端弯曲越厉害，自由端几乎不弯曲，对弯曲厉害的部分，设计与施工中必须注意加强强度.

案例 5 中国高铁技术世界一流，我国东西向最长的高铁——沪昆高铁，于2016年12月28日开通运营，全长约2252 km。其中位于云南与贵州接壤地带的壁板坡隧道全长14.7 km，是目前国内在建时速达350 km高铁客运专线的最长隧道，因其施工难度之大，这条隧道被铁路建设者称为“地质博物馆”，是沪昆高铁的重点控制性工程。该隧道上部为半圆形，下部为矩形，假设施工费用与隧道截面的周长成正比，现施工费用已定，要让隧道的截面面积最大，怎样选择尺寸?

解 如图 2-4，

图 2-4

设半圆的半径为 x，矩形的高为 y，则隧道截面的周长为 $l=\pi x+2x+2y=(\pi+2)x+2y$，

所以 $y=\dfrac{l-(\pi+2)x}{2}$. 由于施工费与隧道的截面周长成正比，并且施工费已经给定，故周长 l 为定值，因此本题归结为：在保证周长为一定的条件下，设计具有最大截面积的隧道.

隧道截面积是半圆面积与矩形面积的和，即 $S=\dfrac{1}{2}\pi x^2+2xy$，将 y 代入，整理得

$S=-\dfrac{\pi+4}{2}x^2+lx$，求导 $S'=-(\pi+4)x+l$，

令 $S'=0$，即 $l=(\pi+4)x$，得 $x=\dfrac{l}{\pi+4}$，

因为 $x=\dfrac{l}{\pi+4}$ 是唯一驻点，故为最大值点，

将 x 代入 y 的表达式，整理得 $y=\dfrac{l}{\pi+4}$，

因此当半圆半径等于矩形的高时，隧道的截面面积最大.

四、复习题二

A 组

1. 是非题.

(1) 设 $f(x)=\begin{cases}\dfrac{2}{3}x^3, & x\leqslant 1,\\ x^2, & x>1,\end{cases}$ 则 $f(x)$ 在 $x=1$ 处左导数存在，但右导数不存在. (　　)

(2) 曲线 $y=2x^3-5x^2+4x-5$ 在点 $(2,-1)$ 处的法线方程是 $x-8y-10=0$. (　　)

(3) 设 $f(x)=\begin{cases}\dfrac{|x^2-1|}{x-1}, & x\neq 1,\\ 2, & x=1,\end{cases}$ 则在 $x=1$ 处连续，但不可导. (　　)

(4) 设 $\begin{cases}x=\dfrac{1-t^2}{1+t^2},\\ y=\dfrac{2t}{1+t^2},\end{cases}$ 则 $\dfrac{\mathrm{d}y}{\mathrm{d}x}=\dfrac{t^2-1}{2t}$. (　　)

(5) 设 $f(x)$ 是可导函数，Δx 是自变量在点 x 处的增量，则 $\lim\limits_{\Delta x\to 0}\dfrac{f^2(x+\Delta x)-f^2(x)}{\Delta x}=2f'(x)$. (　　)

2. 函数 $y=\ln(1+x)$ 在 $(0,1)$ 上是否满足拉格朗日中值定理的条件，若满足试求

出定理中的 ξ 值.

3. 求下列函数的导数.

(1) $y=e^{\sin\frac{1}{x}}$；　(2) $y=\sin\sqrt{1+x^2}$；　(3) $y=(\ln x)^x$；

(4) $y=\sqrt[3]{\dfrac{x(x^2+2)}{e^x+x}}$；　(5) $y=\arctan x^3$；　(6) $y=\ln\sqrt{\dfrac{1-x}{\arccos x}}$；

(7) $y=\arctan x-\dfrac{a}{2}\ln(x^2+a^2)$；

(8) 已知 $\begin{cases} x=\dfrac{t}{1+t}, \\ y=\dfrac{1-t}{1+t}, \end{cases}$ $(t>0)$，求 $\dfrac{dy}{dx}$；

(9) $y=\left(\cos\dfrac{x}{2}-\sin\dfrac{x}{2}\right)^2$；

(10) 求由方程 $2^{xy}=x+y$ 所确定的隐函数在 $x=0$ 处的导数.

4. 求下列函数的高阶导数.

(1) $y=(1+x)\ln(1+x)+2^x$，求 y''；　(2) $x^4+y^4=16$，求 y''；

(3) $f(x)=\dfrac{1}{x(1-x)}$，求 $f^{(n)}(x)$；　(4) $y=\ln(f(x))$，求 y''.

5. 求出下列极限.

(1) $\lim\limits_{x\to 2}\dfrac{x^3-12x+16}{x^3-2x^2-4x+8}$；　(2) $\lim\limits_{x\to+\infty}\dfrac{\frac{\pi}{2}-\arctan x}{\frac{1}{x}}$；

(3) $\lim\limits_{x\to 0^+}\dfrac{\sqrt{x}}{1-e^{2\sqrt{x}}}$；　(4) $\lim\limits_{x\to 0^+}\left(1+\dfrac{1}{x}\right)^x$；

(5) $\lim\limits_{x\to 0}\left(\dfrac{1}{x}-\dfrac{1}{e^x-1}\right)$；　(6) $\lim\limits_{x\to 0}\dfrac{\tan x-x}{x^2\sin x}$；

(7) $\lim\limits_{x\to 0}\dfrac{e^x-e^{\sin x}}{x^3}$；　(8) $\lim\limits_{x\to\frac{\pi}{2}}(\sec x-\tan x)$；

(9) $\lim\limits_{x\to+\infty}\left(1+\dfrac{1}{x}\right)^{x^2}e^{-x}$；　(10) $\lim\limits_{x\to 0}\dfrac{x-\sin x}{x^2(e^x-1)}$.

6. 证明：当 $x>0$ 时，不等式 $\ln(x+\sqrt{1+x^2})>\dfrac{x}{\sqrt{1+x^2}}$ 成立.

7. 证明：方程 $\tan x=1-x$ 在(0，1)内的根是唯一的.

8. 要造一个容积为 V 的圆柱形密闭容器，问底半径 r 和高 h 为何值时，表面积最小.

9. 求下列函数的单调区间及极值.

(1) $f(x)=(x-1)x^{\frac{2}{3}}$；　(2) $f(x)=x^3-6x^2-15x+2$.

10. 求下列函数的凹向区间及拐点.

(1) $y=\dfrac{x^3}{(x-1)^2}$；　　(2) $y=x\mathrm{e}^{-x}$.

11. 设曲线 $y=ax^3+bx^2+cx+1$ 在 $x=1$ 处有极小值 -1，且有拐点 $(0, 1)$，试确定常数 a，b，c 的值.

12. 综合应用题.

(1) 设 $f(x)=\begin{cases}\mathrm{e}^{2x}+b, & x\leqslant 0, \\ \sin ax, & x>0,\end{cases}$ 求 a，b，使 $f(x)$ 在 $x=0$ 处可导.

(2) 求曲线 $y=\mathrm{e}^{2x}+\left(\dfrac{1}{2}x+1\right)^2$ 上点 $(0, 2)$ 处的切线和法线方程.

(3) 某工厂需要围建一个面积为 512 m^2 的矩形堆料场，一边可以利用原有的墙壁，其他三边需要砌新的墙壁. 问堆料场的长和宽各为多少时，才能使砌墙所用的材料最省？

B 组

1. 填空题.

(1) 设 $f(x)=\sin 5$，则 $\lim\limits_{\Delta x\to 0}\dfrac{f(x+\Delta x)-f(x)}{\Delta x}=$________；

(2) 曲线 $y=x^2+1$ 在点 $(1, 2)$ 处的切线斜率为________；

(3) 设 $y=\sin^2\dfrac{x}{2}$，则 $y''(0)=$________；

(4) 曲线 $y^2=x$ 在点 $(1, 1)$ 处的切线方程为________；

(5) 由参数方程 $\begin{cases}x=\cos t, \\ y=\sin t\end{cases}$ 确定的 $\dfrac{\mathrm{d}y}{\mathrm{d}x}=$________；

(6) 设 $f(0)=0$，$f'(0)$ 存在，则 $\lim\limits_{x\to 0}\dfrac{f(x)}{x}=$________；

(7) 函数 $f(x)=x^3+2x$ 在区间 $[0, 1]$ 上满足拉格朗日中值定理，则 $\xi=$________；

(8) 当 $\dfrac{\pi}{6}\leqslant x\leqslant\dfrac{\pi}{2}$ 时，$f(x)=\dfrac{\sin x}{x}$ 是________(填“单调递增”或“单调递减”)函数.

2. 选择题.

(1) 下列选项可作为函数在点 x_0 处的导数定义的选项是(　　).

A. $\lim\limits_{n\to\infty} n\left[f\left(x_0+\dfrac{1}{n}\right)-f(x_0)\right]$　　B. $\lim\limits_{x\to x_0}\dfrac{f(x)-f(x_0)}{x-x_0}$

C. $\lim\limits_{\Delta x\to 0}\dfrac{f(x_0+\Delta x)-f(x_0-\Delta x)}{\Delta x}$　　D. $\lim\limits_{\Delta x\to 0}\dfrac{f(x_0+3\Delta x)-f(x_0+\Delta x)}{\Delta x}$

(2) 曲线 $y=x^3-3x$ 上切线平行于 x 轴的点是(　　).

A. $(-1, -4)$　　B. $(2, 2)$　　C. $(0, 0)$　　D. $(1, -2)$

(3) 若 $f(u)$ 可导，且 $y=f(2^x)$，则 $\mathrm{d}y=($　　$)$.

A. $f'(2^x)\mathrm{d}x$　　B. $f'(2^x)\mathrm{d}2^x$　　C. $[f(2^x)]'\mathrm{d}2^x$　　D. $f'(2^x)2^x\mathrm{d}x$

(4) 设 y 是由方程 $xy+x+y-2=0$ 所确定的 x 的隐函数，则 $y'(0)=($　　$)$.

A. $-\dfrac{3}{(x+1)^2}$　　B. -3　　C. 3　　D. $-\dfrac{y+1}{x+1}$

(5) 函数 $f(x)=x\sqrt{1-x}$ 在区间 $[0,\ 1]$ 上满足罗尔定理条件的 $\xi=($　　$)$.

A. $\dfrac{1}{2}$　　B. $\dfrac{1}{3}$　　C. $\dfrac{2}{3}$　　D. $\dfrac{3}{4}$

(6) $y=\mathrm{e}^{-2x}$ 在定义域内是(　　).

A. 单调增加且上凹　　B. 单调增加且上凸

C. 单调减少且上凹　　D. 单调减少且上凸

(7) 曲线凹凸的分界点是曲线的(　　).

A. 驻点　　B. 拐点

C. 一阶导数等于零的点　　D. 二阶导数等于零的点

(8) 函数 $y=x^2\ln x$ 在 $[1,\ \mathrm{e}]$ 上的最大值是(　　).

A. e^2　　B. e　　C. 0　　D. e^{-2}

3. 求下列函数的导数或微分.

(1) 求函数 $y=\ln(x+\sqrt{1+x^2})$ 的导数；

(2) 设 $y=2^{\tan\frac{1}{x}}$，求 $\mathrm{d}y$；

(3) 已知 $y=3\cos\left(5x+\dfrac{\pi}{4}\right)+x^x$，求 $\mathrm{d}y$；

(4) 已知 $y=\sqrt[3]{\dfrac{(x-1)(x-3)}{(2x+1)(5x-4)}}$，求 y'.

4. 计算下列函数的极限.

(1) $\lim\limits_{x\to 0}\left(\dfrac{1}{x}-\dfrac{1}{\mathrm{e}^x-1}\right)$；　　(2) $\lim\limits_{x\to 0}\dfrac{x-\sin x}{\tan(x^3)}$；

(3) $\lim\limits_{x\to 1}\left(\dfrac{2}{x^2-1}-\dfrac{1}{x-1}\right)$；　　(4) $\lim\limits_{x\to \frac{\pi}{2}}\dfrac{\sin 2x}{2\cos(\pi-x)}$.

5. 证明题.

证明不等式 $x>\ln(1+x)$，$x>0$ 成立.

6. 综合题.

(1) 求函数 $y=x+\dfrac{1}{x+1}$ 的单调区间、极值、凹向区间和拐点.

(2) 在周长为定值 l 的所有扇形中，当扇形的半径取何值时所得扇形面积最大？

五、自测题二

（总分 100 分，时间 100 分钟）

1. 填空题(每空 2 分，共 20 分).

(1) 设 $f(x)$ 在点 x_0 可导，则 $\lim\limits_{\Delta x \to 0} \dfrac{f(x_0 - 3\Delta x) - f(x_0)}{\Delta x} =$ ______.

(2) 函数 $f(x) = \ln(x+1)$ 在$[0, 1]$上满足拉格朗日中值定理的 $\xi =$ ______.

(3) 设 $f(x) = x(x+1)(2x+1)$，则 $f'(0) =$ ______.

(4) 曲线 $y = \dfrac{x^2}{x^2 - 1}$ 的水平渐近线为 ________.

(5) 设 $f\left(\dfrac{1}{x}\right) = \dfrac{1}{1-x}$，则 $f'(x) =$ ______.

(6) 函数 $f(x) = \sqrt{2x+1}$ 在$[0, 4]$上的最大值是 ______，最小值是 ______.

(7) 若 $f(u)$ 可导，且 $y = f(2^x)$，则 $\mathrm{d}y =$ ______.

(8) 若点$(1, 3)$是曲线 $y = ax^3 + bx^2$ 的拐点，则 $a =$ ______，$b =$ ______.

2. 选择题(每小题 2 分，共 12 分).

(1) 若 $f(x) = \ln(1+2x)$，则 $f'(0) =$ (　　).

A. -2　　B. 2　　C. $\dfrac{1}{2}$　　D. $-\dfrac{1}{2}$

(2) 下列函数中，在 $x = -1$ 处连续，但不可导的是(　　).

A. $y = \dfrac{1}{x+1}$　　B. $y = |x+1|$　　C. $y = \ln(x^2+1)$　　D. $y = (x+1)^2$

(3) 曲线 $\begin{cases} x = \cos t, \\ y = \sin 2t \end{cases}$ 在 $t = \dfrac{\pi}{6}$ 处的切线方程是(　　).

A. $2x - 4y + 1 = 0$　　B. $4x + 2y + 3\sqrt{3} = 0$

C. $2x + 4y - 3 = 0$　　D. $4x + 2y - 3\sqrt{3} = 0$

(4) 函数 $f(x)$ 有连续二阶导数且 $f(0) = 0$，$f'(0) = 1$，$f''(0) = -2$，则 $\lim\limits_{x \to 0} \dfrac{f(x) - x}{x^2} =$ (　　).

A. 不存在　　B. 0　　C. -1　　D. -2

(5) 设函数 $f(x)$ 在(a, b)内连续，$x_0 \in (a, b)$，$f'(x_0) = f''(x_0) = 0$，则 $f(x)$ 在 x_0 处(　　).

A. 取得极大值　　B. 取得极小值

C. 一定有拐点$[x_0, f(x_0)]$　　D. 可能取得极值，也可能有拐点

(6) 函数 $f(x)$ 在 x_0 处取得极值，则必有(　　).

A. $f'(x_0) = 0$　　B. $f''(x_0) < 0$

C. $f'(x_0) = 0$，$f''(x_0) < 0$　　D. $f'(x_0) = 0$ 或 $f'(x_0)$ 不存在

3. 计算题.（每小题 5 分， 共 50 分）

(1) 求下列函数的导数.（10 分）

①$y=\sin x\ln(x^2+x)$； ②$y=e^{\sin^2 x}$.

(2) 求下列函数的高阶导数.（10 分）

①$y=\arcsin\dfrac{x}{\sqrt{1+x^2}}$， 求 $y''(1)$；

②$y=f(\sin^2 x)$， 求 y''.

(3) 已知 $\begin{cases}x=a(t-\sin t),\\ y=a(1-\cos t),\end{cases}$ 求 $\dfrac{dy}{dx}$.（5 分）

(4) 已知 $\sin y+e^x-xy^2=0$， 求 $\dfrac{dy}{dx}$.（5 分）

(5) 求下列极限.（20 分）

①$\lim\limits_{x\to 1}\dfrac{x-\arctan x}{\ln(1+x^3)}$； ②$\lim\limits_{x\to 0^+}x^5\ln x$；

③$\lim\limits_{x\to 0}\left[\dfrac{1}{x}+\dfrac{1}{x^2}\ln(1-x)\right]$； ④$\lim\limits_{x\to 0^+}(\cot x)^{\frac{1}{\ln x}}$.

4. 综合应用题.（每小题 6 分， 共 18 分）

(1) 已知曲线 $y=x^3+bx^2+cx$， 通过点$(-1, -4)$， 且在横坐标 $x=1$ 的点处具有水平切线， 求 b， c 及曲线的方程.

(2) 讨论 $f(x)=\begin{cases}x\arctan\dfrac{1}{x}, & x\neq 0,\\ 0, & x=0\end{cases}$ 在点 $x=0$ 处的连续性和可导性.

(3) 求函数 $y=x^3-x^2-x+1$ 的单调区间、 极值及凹向区间、 拐点.

【阅读材料】

微积分发展简史

一门科学的历史是那门科学中最宝贵的一部分， 因为科学只能给我们知识， 而历史却能给我们智慧.

——傅鹰

微积分， 或者数学分析， 是人类思维的伟大成果之一. 它处于自然科学与人文科学之间的地位， 使它成为高等教育的一种特别有效的工具. 遗憾的是， 微积分的教学方法有时流于机械， 不能体现出这门学科是撼人心灵的智力奋斗的结晶； 这种奋斗已经历两千五百多年之久， 它深深扎根于人类活动的许多领域， 并且只要人们认识自己和认识自然的努力一日不止， 这种奋斗就将继续不已.

——R. 柯朗

课本中字斟句酌的叙述， 未能表现出创造过程中的斗争、 挫折， 以及在建立一个可观的结构之前， 数学家所经历的艰苦漫长的道路. 学生一旦认识到这一点， 他将不仅获得真知灼见，还将获得顽强地探究他所研究问题的勇气，并且不会因为他自己的工作并非完美无缺而感到颓丧．实在地说，叙述数学家如何跌跤，如何在迷雾中摸索前进，并且如何零零碎碎地得到他们的成果，应能使搞研究工作的任一新手鼓起勇气．

——M．克莱因

高职数学的主要内容是微积分，我们已经学习了微积分的概念、计算以及应用，微积分的精华是其所蕴含的思想方法，要想深入了解微积分的本质，还需要了解微积分概念的发展史，这些思想的起源无疑会使我们受益良多．

1．微积分的形成与发展

17世纪正是过渡的时期．资本主义开始发展，并成为与封建制度作斗争的先进力量．精密科学从当时的生产与社会生活中获得巨大动力．航海学引起了对天文学及光学的高度兴趣．造船学、机器制造与建筑、堤坝及运河的修建、弹道学及一般的军事问题等，促进了力学的发展．天文学、力学、光学以及工业技术本身又要求对当时的数学作彻底的革新．

革新的旗帜是变量，有了变量数学才能研究运动与变化，才能适应新时期科学技术对数学的新要求．科学技术及自然科学方面提出的新问题导致了无穷小量的研究，从而诞生了数学分析这一学科．

那么，促使微积分产生的主要因素是什么呢？当时科学面临的主要问题是什么呢？微积分的创立首先是为了处理下列四类问题．

(1) 已知物体运动的路程与时间的关系，求物体在任意时刻的速度和加速度．反过来，已知物体运动的加速度与速度，求物体在任意时刻的速度与路程．

困难在于，17世纪讨论所涉及的速度和加速度每时每刻都在变化．计算平均速度可用运动的时间去除运动的距离．但对瞬时速度，运动的距离和时间都是0，这就碰到了0/0的问题．这是人类第一次碰到这样的问题．

(2) 求曲线的切线．这是一个纯几何的问题，但对于科学应用具有重大意义．如在光学中，透镜的设计就用到曲线的切线和法线的知识，在运动中也遇到曲线的切线问题．运动物体在它的轨迹上任一点处的运动方向，是轨迹的切线方向．

实际上，“切线”本身的意义也是没有解决的问题．对于圆锥曲线，把切线定义为和曲线只接触一点而且位于曲线一边的直线就足够了；这个定义古希腊人已经知道．但是对于17世纪所用的比较复杂的曲线，它就不适用了．

(3) 求函数的最大值和最小值问题．在弹道学中这涉及炮弹的射程问题．在天文学中涉及行星和太阳的最近和最远距离问题．

(4) 求积问题．求曲线的弧长以及曲线所围区域的面积、体积、物体的重心等．这些问题在古希腊已开始研究，但他们的方法缺乏一般性．

微分学和积分学是相互独立地发展起来的，最后在牛顿和莱布尼茨手中建立了微分学和积分学的联系，完成了微积分的创立．

下面我们简要谈谈牛顿和莱布尼茨这两位微积分奠基者的主要工作．

2. 牛顿的工作

牛顿在微积分方面的工作主要体现在他的三部著作之中.

(1)《流数简论》

牛顿微积分的起源是运动学，牛顿在《流数简论》中借助运动学中描述的连续量及其变化率阐述他的流数理论. 1666年，他在坐标系中通过速度分量来研究切线，促使了流数的产生. 牛顿把曲线 $f(x, y)=0$ 看作沿 x 轴和 y 轴运动的点 A 和 B，他把点 A，B 随时间变化的“流动速度”称作“流数”。牛顿创立了用字母上加一点的符号表示流动变化率，比如 $\dot{x}$，$\dot{y}$.《流数简论》中，牛顿还由计算流数之比的基本法则导出函数的积和商的微分法则. 至于函数和的微分，牛顿认为是显然的，没有作为公式列出. 由于牛顿首次引入“流数”和“变化率”的概念，明确提出一般性的微积分算法，特别是提出微积分基本定理，所以说他“发明”了微积分.

(2)《运用无穷多项方程的分析学》(以下简称《分析学》)

1696年，牛顿在他所著的小册子《分析学》中不仅给出了求变化率的普遍方法，而且证明了微积分基本定理. 牛顿还给出了函数之和的积分等于各函数积分的和的法则，在此基础上给出了无穷级数进行积分的方法.

同《流数简论》相比，《分析学》的另一项理论进展表现在定积分. 牛顿把曲线下的面积看做无穷多个面积为无限小的面积之和，这种观念与现代是接近的. 为了求某一个子区间的确定的面积即定积分，牛顿提出如下方法：先求出原函数，再将上、下限分别代入原函数而取其差，这就是著名的牛顿—莱布尼茨公式. 该公式是他与莱布尼茨各自独立发明的.

(3)《流数法和无穷级数》(1671年完成，1736年出版，简称《流数法》)

这是一部内容广泛的微积分专著，是牛顿在数学方面的代表作. 从书中可以看出，牛顿的流数概念已发展到成熟的阶段，已经建立起比较完整的微分和积分算法，他当时统称为流数法，他充分认识到这种方法的意义，说流数法(即微积分)是一种“普遍方法”，它“不仅可以用来画出任何曲线的切线……而且可以用来解决其他关于曲度、面积、曲线的长度、重心的各种深奥的问题”.《流数法》一书充分体现了微积分的用途.

3. 莱布尼茨的工作

莱布尼茨在数学上的最重要的工作是他独立地创立了微积分，这方面的工作主要体现在他的两部著作中.

(1)《数学笔记》

从莱布尼茨的《数学笔记》可以看出，他的微积分思想来源于对和、差可逆性的研究. 他开始采用 $\mathrm{d}x$ 表示两个相邻 x 的值的差，用 $\mathrm{d}y$ 表示相邻 y 值的差，即曲线上相邻两点的纵坐标之差，莱布尼茨称其为“微差”. 从此，他一直采用符号 $\int$ 和 $\mathrm{d}x$，$\mathrm{d}y$ 来表示积分与微分. 由于这些符号十分简明，逐渐流行于世界，沿用至今.

莱布尼茨深刻认识到 $\int$ 与 d 的互逆关系，他在1676年10～11月的笔记中断言，作为求和过程的积分是微分的逆转，这一思想的产生是莱布尼茨创立微积分的标志. 实际上，他的微积分理论就是以这个被称为微积分基本定理的重要结论为出发点的. 在定积分中，这一定理直接导致了牛顿—莱布尼茨公式的发现.

(2)《新方法》

这是莱布尼茨公开发表的第一篇微积分论文，是对他的微分成果的概括.

莱布尼茨在论文中对微分给出了与现在一致的定义，还给出了微分法则 $\mathrm{d}(x^n)=nx^{n-1}\mathrm{d}x$ 的证明及函数的和、差、积、商的微分法则的证明. 莱布尼茨十分注意微分法的应用，他在文章中讨论了用微分法求切线、求极大值、极小值以及求拐点的方法.

综上所述，莱布尼茨在发现微积分基本定理的基础上，建立起一套相当系统的微分和积分方法，他成为与牛顿同时代的另一微积分发明者. 当然，他们的成果都是独立取得的，当他们开始联系时，已经各自建立起一套具有特色的微积分理论了.

微积分的诞生具有划时代的意义，是数学史上的分水岭和转折点. 这个伟大发明产生的新数学明显地不同于从古希腊继承下来的旧数学. 旧数学是关于常量的数学，而新数学是关于变量的数学；旧数学是静态的，而新数学是动态的；旧数学只涉及固定的和有限的，而新数学却包含了运动、变化和无限.

关于微积分的地位，恩格斯是这样评价的："在一切理论成就中，未必再有什么像17世纪下半叶微积分的发现那样被看作人类精神的最高胜利了. 如果在某个地方我们看到人类精神的纯粹的和唯一的功绩，那正是在这里."

第三章　积分及其应用

定积分和不定积分是积分学的两个主要组成部分. 不定积分侧重于基本积分法的训练，而定积分则主要体现了积分的思想. 本章将着重训练一元函数积分学的基本概念和基本计算，并对定积分在实际中的应用给予指导.

一、学习要求

1. 理解并掌握定积分的概念及性质.

2. 理解并掌握原函数与不定积分的概念及其关系，掌握不定积分的性质.

3. 熟记积分基本公式.

4. 理解积分上限函数及其导数的计算，熟练掌握牛顿—莱布尼茨公式.

5. 熟练掌握不定积分和定积分的第一换元法(凑微分法)、第二换元法和分部积分法，应用定积分的换元积分法时要牢记“换元必换限，新元代新限”.

6. 理解无穷区间上广义积分的概念及计算方法.

7. 掌握定积分的微元法，会用定积分计算平面图形的面积、旋转体的体积，会用定积分解决实际应用问题.

重点： 原函数、不定积分、定积分的概念；牛顿—莱布尼茨公式；换元积分法、分部积分法；定积分的微元法及其应用.

难点： 定积分的概念、换元积分法和分部积分法、利用定积分计算平面图形的面积和旋转体的体积.

二、典型例题分析

(一) 积分学的概念与性质

例 1　填空题

(1) $\int_{-1}^{1} x^2\sin^3 x\,\mathrm{d}x =$ ____________；

(2) 设 $f(x)=\mathrm{e}^{-x}$，则 $\int \frac{f'(\ln x)}{x}\mathrm{d}x =$ ____________；

(3) 设 $f(x)$ 有连续导数，且 $f(b)=5$，$f(a)=3$，则 $\int_a^b f'(x)\mathrm{d}x =$ ________；

(4) $\int_1^x f(t)\,\mathrm{d}t = x^2+\ln x+1$，则 $f(x)=$ ____________.

解　(1) 设 $f(x)=x^2\sin^3 x$，$f(x)$ 在 $[-1,\ 1]$ 上连续且为奇函数，故

$\int_{-1}^{1} x^2 \sin^3 x \, dx = 0$；

(2) $\int \frac{f'(\ln x)}{x} dx = \int f'(\ln x) d(\ln x) = f(\ln x) + C = e^{-\ln x} + C = \frac{1}{x} + C$；

(3) 因为 $f(x)$ 是原函数，由牛顿—莱布尼茨公式得

$$\int_a^b f'(x) dx = f(b) - f(a) = 5 - 3 = 2;$$

(4) $\left(\int_1^x f(t) dt\right)' = f(x) = (x^2 + \ln x + 1)' = 2x + \frac{1}{x}$.

例 2 选择题

(1) 下列函数中为函数 e^{-2x} 的原函数的是(　　).

A. $y = -2e^{-2x}$　　B. $y = -\frac{1}{2}e^{-2x}$　　C. $y = e^{-2x}$　　D. $y = 2e^{-2x}$

(2) 下列等式正确的是(　　).

A. $\frac{d}{dx}\int f(x) dx = f(x) dx$　　B. $\int df(x) = f(x)$

C. $\int f'(x) dx = f(x)$　　D. $d\left(\int f(x) dx\right) = f(x) dx$

(3) 设 $f(x)$ 的一个原函数是 $\sin x$，则 $\int x f'(x) dx =$(　　).

A. $x\sin x + \cos x + C$　　B. $-x\sin x - \cos x + C$

C. $x\cos x - \sin x + C$　　D. $x\cos x + \sin x + C$

(4) 设 $\int f(x) dx = \ln(x + \sqrt{1 + x^2}) + C$，则 $f(x) =$(　　).

A. $\frac{x}{\sqrt{1+x^2}}$　　B. $\frac{1}{\sqrt{1+x^2}}$　　C. $\frac{1}{1+x}$　　D. $\frac{1}{1+x^2}$

解 (1) 由原函数定义，因为 $\left(-\frac{1}{2}e^{-2x}\right)' = e^{-2x}$，故 $-\frac{1}{2}e^{-2x}$ 是 e^{-2x} 的一个原函数，应选 B.

(2) 由积分与微分互为逆运算及不定积分的定义，应选 D.

(3) 由原函数的定义，

$$f(x) = (\sin x)' = \cos x,$$

$$\int x f'(x) dx = \int x \, df(x) = x f(x) - \int f(x) dx$$

$$= x\cos x - \int \cos x \, dx = x\cos x - \sin x + C,$$

应选 C.

(4) $\left(\int f(x) dx\right)' = f(x) = (\ln(x + \sqrt{1+x^2}) + C)'$

$$= \frac{1 + \frac{2x}{2\sqrt{1+x^2}}}{x + \sqrt{1+x^2}} = \frac{1}{\sqrt{1+x^2}},$$

应选 B.

例 3　不计算积分，比较$\int_1^e (x-1)\mathrm{d}x$与$\int_1^e \ln x\mathrm{d}x$的大小.

解　设$f(x)=x-1-\ln x$，因为$f'(x)=1-\dfrac{1}{x}>0(1<x<e)$，所以$f(x)$在$[1, e]$上单调增加.

当$1<x<e$时，$f(x)>f(1)=0$，故当$x\in[1, e]$时，$x-1\geqslant \ln x$.

根据定积分的比较性质，有$\int_1^e (x-1)\mathrm{d}x \geqslant \int_1^e \ln x\mathrm{d}x$.

例 4　利用定积分性质估计$\int_0^2 e^{x^2-x}\mathrm{d}x$的值.

解　$f(x)=e^{x^2-x}$在$[0, 2]$上连续，并且$f'(x)=(2x-1)e^{x^2-x}$.

令$f'(x)=0$，则$x=\dfrac{1}{2}$.

因为$f(0)=1$，$f\left(\dfrac{1}{2}\right)=e^{-\frac{1}{4}}$，$f(2)=e^2$，比较它们的大小得：

$$m=e^{-\frac{1}{4}}, \quad M=e^2,$$

根据积分估值性质$m(b-a)\leqslant\int_a^b f(x)\mathrm{d}x\leqslant M(b-a)$，从而有

$$2e^{-\frac{1}{4}}\leqslant\int_0^2 e^{x^2-x}\mathrm{d}x\leqslant 2e^2.$$

例 5　设$\int_2^x f(t)\mathrm{d}t=\sin x^2-\cos 4$，求$f(x)$.

解　由于$\left(\int_2^x f(t)\mathrm{d}t\right)'=f(x)$，故$f(x)=(\sin x^2+\cos 4)'=2x\cos x^2$.

例 6　已知$f(x)=\int_0^{\sqrt{x}}\dfrac{\sin t}{t}\mathrm{d}t\ (x>0)$，求$f'(x)$.

解　$f'(x)=\left(\int_0^{\sqrt{x}}\dfrac{\sin t}{t}\mathrm{d}t\right)'=\dfrac{\sin\sqrt{x}}{\sqrt{x}}\cdot(\sqrt{x})'=\dfrac{\sin\sqrt{x}}{2x}$.

例 7　设$f(x)$的一个原函数是$\ln x$，求$\int f(x)f'(x)\mathrm{d}x$.

解　$f(x)=(\ln x)'=\dfrac{1}{x}$，$f'(x)=\left(\dfrac{1}{x}\right)'=-\dfrac{1}{x^2}$，

故
$$\int f(x)f'(x)\mathrm{d}x=\int\frac{1}{x}\left(-\frac{1}{x^2}\right)\mathrm{d}x=-\int x^{-3}\mathrm{d}x=\frac{1}{2x^2}+C.$$

例 8　一曲线通过原点，且在曲线上任一点(x, y)处的切线的斜率等于2^x，求该曲线的方程.

解　设曲线方程为$y=f(x)$，由题意知，$f'(x)=2^x$，故

$$f(x)=\int 2^x\mathrm{d}x=\frac{2^x}{\ln 2}+C,$$

由曲线经过点$(0, 0)$，确定C值，即$\dfrac{2^0}{\ln 2}+C=0$，得$C=-\dfrac{1}{\ln 2}$，将C值代入上

式，得所求曲线方程为

$$y=\frac{1}{\ln 2}(2^x-1).$$

例 9 求下列各极限：

(1) $\lim\limits_{x\to 0}\dfrac{x-\int_0^x e^{t^2}dt}{x^2\sin 2x}$；　　(2) $\lim\limits_{x\to 0}\dfrac{\int_0^x te^t dt}{\int_{\cos x}^1 e^{-t^2}dt}$.

解 此极限为“$\frac{0}{0}$”型未定式，可用洛必达法则求解.

(1) $\lim\limits_{x\to 0}\dfrac{x-\int_0^x e^{t^2}dt}{x^2\sin 2x}=\lim\limits_{x\to 0}\dfrac{x-\int_0^x e^{t^2}dt}{2x^3}$ $\left(\begin{matrix}\text{无穷小量代换}\\ \sin 2x\sim 2x\end{matrix}\right)$

$=\lim\limits_{x\to 0}\dfrac{1-e^{x^2}}{6x^2}=\lim\limits_{x\to 0}\dfrac{-2xe^{x^2}}{12x}=-\dfrac{1}{6}$；

(2) $\lim\limits_{x\to 0}\dfrac{\int_0^x te^t dt}{\int_{\cos x}^1 e^{-t^2}dt}=\lim\limits_{x\to 0}\dfrac{\int_0^x te^t dt}{-\int_1^{\cos x} e^{-t^2}dt}=\lim\limits_{x\to 0}\dfrac{xe^x}{-e^{-\cos^2 x}\cdot(\cos x)'}=e\lim\limits_{x\to 0}\dfrac{x}{\sin x}=e.$

例 10 计算下列定积分：

(1) $\int_{-1}^1 \sin^2 x(x^3+\arctan x)dx$；

(2) $\int_{-a}^a (a+x)\dfrac{1}{\sqrt{a^2-x^2}}dx$.

解 (1) 积分区间[-1，1]为对称区间，设

$$f(x)=\sin^2 x(x^3+\arctan x),$$

$$f(-x)=\sin^2(-x)[(-x)^3+\arctan(-x)]$$

$$=-\sin^2 x(x^3+\arctan x)=-f(x).$$

被积函数 $f(x)$ 连续且为奇函数，故 $\int_{-1}^1 \sin^2 x(x^3+\arctan x)dx=0$.

说明 若 $f(x)$ 为连续函数，在对称区间 $[-a,a]$ 上，当 $f(x)$ 为奇函数时，$\int_{-a}^a f(x)dx=0$；当 $f(x)$ 为偶函数时，$\int_{-a}^a f(x)dx=2\int_0^a f(x)dx$. 利用这一性质可简化计算.

(2) 因为 $\dfrac{x}{\sqrt{a^2-x^2}}$ 为奇函数，故 $\int_{-a}^a \dfrac{x}{\sqrt{a^2-x^2}}dx=0$，$\dfrac{a}{\sqrt{a^2-x^2}}$ 为偶函数，故

$$\int_{-a}^a \frac{a}{\sqrt{a^2-x^2}}dx=2\int_0^a \frac{a}{\sqrt{a^2-x^2}}dx,$$

所以 $\int_{-a}^a (a+x)\dfrac{1}{\sqrt{a^2-x^2}}dx=\int_{-a}^a \dfrac{a}{\sqrt{a^2-x^2}}dx+\int_{-a}^a \dfrac{x}{\sqrt{a^2-x^2}}dx$

$$=2\int_0^a \frac{a}{\sqrt{a^2-x^2}}\mathrm{d}x$$

$$=2\int_0^a \frac{a\,\mathrm{d}\left(\frac{x}{a}\right)}{\sqrt{1-\left(\frac{x}{a}\right)^2}}=2a\cdot\arcsin\left(\frac{x}{a}\right)\Big|_0^a=a\pi.$$

(二) 直接积分法

直接积分法就是利用基本积分公式和积分性质求积分，或者先将被积函数经过代数或三角恒等变形后，再用基本积分公式和积分的性质求积分的方法. 在计算不定积分时，有些积分不能从基本积分公式中找到，而需要作一些变形，常见的有下面几种情况：

(1) 将被积函数重新加以组合，将简单根式函数化为幂函数的形式；

(2) 用多项式的乘法公式将被积函数化简；

(3) 通过分解因式或三角恒等变形将被积函数化简；

(4) 通过添一项减一项的方法将被积函数化简；

(5) 通过分式变形将被积函数化简.

总之，在计算基本积分公式表中查不到的函数的积分时，需尽可能将多项式函数或较复杂的分式函数化为几个单项式或基本积分公式表中有的形式的代数和，再利用性质和基本积分公式一项一项地求积分.

例 11 求下列不定积分：

(1) $\int\left(\frac{2}{3x^2+3}+\frac{4}{\sqrt{9-9x^2}}\right)\mathrm{d}x$； (2) $\int 6^x\mathrm{e}^{2x}\mathrm{d}x$；

(3) $\int\frac{\mathrm{d}x}{a^2+x^2}$； (4) $\int\frac{1}{\sqrt{a^2-x^2}}\mathrm{d}x$.

解 (1) 先化简，再用基本公式.

原式 $=\frac{2}{3}\int\frac{1}{1+x^2}\mathrm{d}x+\frac{4}{3}\int\frac{1}{\sqrt{1-x^2}}\mathrm{d}x$

$=\frac{2}{3}\arctan x+\frac{4}{3}\arcsin x+C$ (C 为任意常数)；

(2) $\int 6^x\mathrm{e}^{2x}\mathrm{d}x=\int(6\mathrm{e}^2)^x\mathrm{d}x=\frac{(6\mathrm{e}^2)^x}{\ln 6\mathrm{e}^2}+C=\frac{6^x\mathrm{e}^{2x}}{2+\ln 6}+C$；

(3) $\int\frac{\mathrm{d}x}{a^2+x^2}=\frac{1}{a^2}\int\frac{1}{1+\left(\frac{x}{a}\right)^2}\mathrm{d}x=\frac{1}{a}\int\frac{1}{1+\left(\frac{x}{a}\right)^2}\mathrm{d}\left(\frac{x}{a}\right)=\frac{1}{a}\arctan\left(\frac{x}{a}\right)+C$；

(4) $\int\frac{1}{\sqrt{a^2-x^2}}\mathrm{d}x=\int\frac{1}{\sqrt{1-\left(\frac{x}{a}\right)^2}}\mathrm{d}\left(\frac{x}{a}\right)=\arcsin\frac{x}{a}+C.$

例 12 求下列不定积分：

(1) $\int \frac{\cos 2x}{\cos x - \sin x}dx$； (2) $\int \frac{1}{1+\sin x}dx$.

解 (1) 观察被积函数的分母后，对分子应用公式 $\cos 2x = \cos^2 x - \sin^2 x$. 于是

原式 $= \int \frac{\cos^2 x - \sin^2 x}{\cos x - \sin x}dx = \int(\cos x + \sin x)dx = \sin x - \cos x + C$；

(2) 原式 $= \int \frac{1-\sin x}{(1+\sin x)(1-\sin x)}dx = \int \frac{1-\sin x}{1-\sin^2 x}dx = \int \frac{1-\sin x}{\cos^2 x}dx$

$$= \int\left(\frac{1}{\cos^2 x} - \sec x \tan x\right)dx = \tan x - \sec x + C.$$

例 13 计算下列定积分：

(1) $\int_0^1 \frac{x^4}{1+x^2}dx$； (2) $\int_0^{\pi} \cos^2 \frac{x}{2}dx$.

解 (1) $\int_0^1 \frac{x^4}{1+x^2}dx = \int_0^1 \frac{x^4-1+1}{1+x^2}dx = \int_0^1 \frac{x^4-1}{1+x^2}dx + \int_0^1 \frac{1}{1+x^2}dx$

$$= \int_0^1 (x^2-1)dx + \arctan x \Big|_0^1 = \left(\frac{x^3}{3} - x\right)\Big|_0^1 + \frac{\pi}{4}$$

$$= -\frac{2}{3} + \frac{\pi}{4};$$

(2) $\int_0^{\pi} \cos^2 \frac{x}{2}dx = \int_0^{\pi} \frac{1+\cos x}{2}dx = \frac{1}{2}(x + \sin x)\Big|_0^{\pi} = \frac{\pi}{2}$.

例 14 计算下列定积分：

(1) 设 $f(x) = \begin{cases} x^2+1, & 0 \leqslant x \leqslant 1, \\ x+1, & -1 \leqslant x < 0, \end{cases}$ 求 $\int_{-1}^1 f(x)dx$；

(2) $\int_0^{\frac{\pi}{2}} |\sin x - \cos x| dx$.

解 (1) 分段函数在自变量的不同范围内函数关系式不同，因此计算积分时应分段来计算.

$$\int_{-1}^1 f(x)dx = \int_{-1}^0 (x+1)dx + \int_0^1 (x^2+1)dx = \left(\frac{x^2}{2} + x\right)\Big|_{-1}^0 + \left(\frac{x^3}{3} + x\right)\Big|_0^1 = \frac{11}{6};$$

(2) 含绝对值的函数的积分看作分段函数计算

$$|\sin x - \cos x| = \begin{cases} \cos x - \sin x, & 0 \leqslant x \leqslant \frac{\pi}{4}, \\ \sin x - \cos x, & \frac{\pi}{4} < x \leqslant \frac{\pi}{2}, \end{cases}$$

由积分可加性，得

$$\int_0^{\frac{\pi}{2}} |\sin x - \cos x| dx = \int_0^{\frac{\pi}{4}} (\cos x - \sin x)dx + \int_{\frac{\pi}{4}}^{\frac{\pi}{2}} (\sin x - \cos x)dx$$

$$= (\sin x + \cos x)\Big|_0^{\frac{\pi}{4}} + (-\cos x - \sin x)\Big|_{\frac{\pi}{4}}^{\frac{\pi}{2}} = 2(\sqrt{2} - 1).$$

(三) 换元积分法

有的不定积分，不能用直接积分法求出，而需要通过对被积表达式进行适当地变量替换之后，化为新变量的不定积分后才能求出，这种方法就是换元积分法. 换元积分法分为第一换元积分法(凑微分法)和第二换元积分法.

第一换元积分法的积分过程是

$$\int f[\varphi(x)]\varphi'(x)\mathrm{d}x=\int f[\varphi(x)]\mathrm{d}\varphi(x)\xlongequal{令\varphi(x)=u}\int f(u)\mathrm{d}u\xlongequal{F'(u)=f(u)}F(u)+C\xlongequal{u=\varphi(x)}F[\varphi(x)]+C;$$

第二换元积分法的积分过程是

$$\int f(x)\mathrm{d}x\xlongequal{令x=\varphi(t)}\int f[\varphi(t)]\varphi'(t)\mathrm{d}t=\int f[\varphi(t)]\mathrm{d}\varphi(t)\xlongequal{用积分公式}F(t)+C\xlongequal{t=\varphi^{-1}(x)}F[\varphi^{-1}(x)]+C.$$

使用定积分的换元法时需注意：**换元必换限，新元代新限.**

例 15 求下列不定积分：

(1) $\int(3x+1)^{18}\mathrm{d}x$；　(2) $\int x\sqrt{1+x^2}\,\mathrm{d}x$；

(3) $\int\dfrac{\mathrm{e}^x}{2+\mathrm{e}^x}\mathrm{d}x$；　(4) $\int\dfrac{\cos\sqrt{x}}{\sqrt{x}}\mathrm{d}x$；

(5) $\int\dfrac{1}{x(1+\ln^2x)}\mathrm{d}x$；　(6) $\int\dfrac{\arcsin x}{\sqrt{1-x^2}}\mathrm{d}x$.

解 (1) $\int(3x+1)^{18}\mathrm{d}x=\dfrac{1}{3}\int(3x+1)^{18}\mathrm{d}(3x+1)=\dfrac{1}{3}\times\dfrac{1}{19}(3x+1)^{19}+C$

$$=\frac{1}{57}(3x+1)^{19}+C;$$

(2) $\int x\sqrt{1+x^2}\,\mathrm{d}x=\dfrac{1}{2}\int(1+x^2)^{\frac{1}{2}}\mathrm{d}(1+x^2)=\dfrac{1}{2}\times\dfrac{2}{3}(1+x^2)^{\frac{3}{2}}+C$

$$=\frac{1}{3}(1+x^2)^{\frac{3}{2}}+C;$$

(3) $\int\dfrac{\mathrm{e}^x}{2+\mathrm{e}^x}\mathrm{d}x=\int\dfrac{1}{2+\mathrm{e}^x}\mathrm{d}(2+\mathrm{e}^x)=\ln(2+\mathrm{e}^x)+C$；

(4) $\int\dfrac{\cos\sqrt{x}}{\sqrt{x}}\mathrm{d}x=2\int\cos\sqrt{x}\,\mathrm{d}\sqrt{x}=2\sin\sqrt{x}+C$；

(5) $\int\dfrac{1}{x(1+\ln^2x)}\mathrm{d}x=\int\dfrac{1}{1+\ln^2x}\cdot\dfrac{1}{x}\mathrm{d}x$

$$=\int\frac{1}{1+\ln^2x}\mathrm{d}(\ln x)=\arctan(\ln x)+C;$$

(6) $\int\dfrac{\arcsin x}{\sqrt{1-x^2}}\mathrm{d}x=\int\arcsin x\;\mathrm{d}(\arcsin x)=\dfrac{1}{2}(\arcsin x)^2+C.$

例 16 求下列不定积分：

(1) $\int \frac{\tan x}{\sqrt{\cos x}}\mathrm{d}x$； (2) $\int \frac{1}{16+x^2}\mathrm{d}x$；

(3) $\int x\mathrm{e}^{x^2}\mathrm{d}x$； (4) $\int \frac{1}{1+\cos x}\mathrm{d}x$.

解 (1) $\int \frac{\tan x}{\sqrt{\cos x}}\mathrm{d}x=\int \frac{\sin x}{\cos x\sqrt{\cos x}}\mathrm{d}x=\int \frac{-1}{\cos^{\frac{3}{2}}x}\mathrm{d}(\cos x)=\frac{2}{\sqrt{\cos x}}+C$；

(2) $\int \frac{1}{16+x^2}\mathrm{d}x=\frac{1}{16}\int \frac{1}{1+\left(\frac{x}{4}\right)^2}\mathrm{d}x=\frac{1}{4}\int \frac{1}{1+\left(\frac{x}{4}\right)^2}\mathrm{d}\left(\frac{x}{4}\right)=\frac{1}{4}\arctan\frac{x}{4}+C$；

(3) $\int x\mathrm{e}^{x^2}\mathrm{d}x=\frac{1}{2}\int \mathrm{e}^{x^2}\mathrm{d}x^2=\frac{1}{2}\mathrm{e}^{x^2}+C$；

(4) $\int \frac{1}{1+\cos x}\mathrm{d}x=\int \frac{1}{2\cos^2\frac{x}{2}}\mathrm{d}x=\int \sec^2\frac{x}{2}\mathrm{d}\frac{x}{2}=\tan\frac{x}{2}+C$.

例 17 计算下列定积分：

(1) $\int_0^{\frac{\pi}{4}}\tan^3 x\mathrm{d}x$； (2) $\int_1^{\mathrm{e}^3}\frac{\mathrm{d}x}{x\sqrt{1+\ln x}}$； (3) $\int_0^{\frac{\pi}{3}}\sin^3 x\mathrm{d}x$.

解 (1) $\int_0^{\frac{\pi}{4}}\tan^3 x\mathrm{d}x=\int_0^{\frac{\pi}{4}}(\sec^2 x-1)\tan x\mathrm{d}x=\int_0^{\frac{\pi}{4}}\sec^2 x\cdot\tan x\mathrm{d}x-\int_0^{\frac{\pi}{4}}\tan x\mathrm{d}x$

$$=\int_0^{\frac{\pi}{4}}\tan x\mathrm{d}(\tan x)-\int_0^{\frac{\pi}{4}}\frac{\sin x}{\cos x}\mathrm{d}x=\frac{\tan^2 x}{2}\bigg|_0^{\frac{\pi}{4}}+\int_0^{\frac{\pi}{4}}\frac{1}{\cos x}\mathrm{d}(\cos x)$$

$$=\frac{1}{2}+\ln(\cos x)\bigg|_0^{\frac{\pi}{4}}=\frac{1}{2}+\ln\frac{\sqrt{2}}{2}=\frac{1}{2}(1-\ln 2)；$$

(2) $\int_1^{\mathrm{e}^3}\frac{\mathrm{d}x}{x\sqrt{1+1\mathrm{n}x}}=\int_1^{\mathrm{e}^3}\frac{\mathrm{d}(1+\ln x)}{\sqrt{1+\ln x}}=2\sqrt{1+\ln x}\bigg|_1^{\mathrm{e}^3}=2\times(2-1)=2$；

(3) $\int_0^{\frac{\pi}{3}}\sin^3 x\mathrm{d}x=\int_0^{\frac{\pi}{3}}\sin^2 x\cdot\sin x\mathrm{d}x=-\int_0^{\frac{\pi}{3}}(1-\cos^2 x)\mathrm{d}\cos x$

$$=-\int_0^{\frac{\pi}{3}}\mathrm{d}\cos x+\int_0^{\frac{\pi}{3}}\cos^2 x\mathrm{d}\cos x$$

$$=-\cos x\bigg|_0^{\frac{\pi}{3}}+\frac{1}{3}\cos^3 x\bigg|_0^{\frac{\pi}{3}}=\frac{5}{24}.$$

说明 对于一些较简单的定积分，可以直接用"凑微分"法. 使用这种方法，不需要设中间变量，因而也不改变积分上、下限.

例 18 求下列不定积分：

(1) $\int \frac{1}{1+\sqrt{x+1}}\mathrm{d}x$； (2) $\int \frac{\sqrt{x}}{1+\sqrt[3]{x}}\mathrm{d}x$.

解 (1) 为了消去根号，令 $t=\sqrt{x+1}$，即 $x=t^2-1(t\geqslant 0)$，则 $\mathrm{d}x=2t\mathrm{d}t$，于是

$$\int \frac{1}{1+\sqrt{x+1}}dx = \int \frac{2t}{1+t}dt = 2\int \frac{(t+1)-1}{t+1}dt$$

$$= 2\int \left(1-\frac{1}{t+1}\right)dt = 2(t - \ln|t+1|) + C$$

$$= 2(\sqrt{1+x} - \ln|\sqrt{1+x}+1|) + C.$$

应注意，在后面的结果中必须代入 $t=\sqrt{x+1}$，返回到原积分变量 x.

(2) 为消去二次根式$\sqrt{x}$ 与三次根式$\sqrt[3]{x}$，因$\sqrt{x}=\sqrt[6]{x^3}$，$\sqrt[3]{x}=\sqrt[6]{x^2}$，可令$\sqrt[6]{x}=t$，解出 $x=t^6$，则 $dx=6t^5dt$，于是

$$\int \frac{\sqrt{x}}{1+\sqrt[3]{x}}dx = \int \frac{t^3}{1+t^2}\cdot 6t^5dt = 6\int \frac{t^8}{1+t^2}dt = 6\int \left(t^6 - t^4 + t^2 - 1 + \frac{1}{1+t^2}\right)dt$$

$$= 6\times\left(\frac{1}{7}t^7 - \frac{1}{5}t^5 + \frac{1}{3}t^3 - t + \arctan t\right) + C$$

$$= \frac{6}{7}x\sqrt[6]{x} - \frac{6}{5}\sqrt[6]{x^5} + 2\sqrt{x} - 6\sqrt[6]{x} + 6\arctan(\sqrt[6]{x}) + C.$$

例 19 求下列不定积分：

(1) $\int \frac{1}{x\sqrt{4-x^2}}dx$；　(2) $\int \frac{\sqrt{x^2-9}}{x^2}dx$；　(3) $\int \frac{x^2}{(1+x^2)^2}dx$.

分析 当被积函数中含有无理函数，且不能用公式或第一换元积分法时，可使用第二换元积分法. 常用变量代换有：当被积函数含有：$\sqrt{a^2-x^2}$，$\sqrt{a^2+x^2}$，$\sqrt{x^2-a^2}$，$\sqrt[n]{ax+b}$ 时，可依次取变量替换式为 $x=a\sin t$，$x=a\tan t$，$x=a\sec t$，$t=\sqrt[n]{ax+b}$，以上替换的目的是去掉被积函数中的根号.

解 (1) 设 $x=2\sin t$，则 $dx=2\cos t\,dt$，$\sqrt{4-x^2}=\sqrt{4-4\sin^2 t}=2\cos t$.

于是
$$\int \frac{1}{x\sqrt{4-x^2}}dx = \int \frac{2\cos t}{2\sin t\cdot 2\cos t}dt$$

$$= \frac{1}{2}\int \frac{1}{\sin t}dt = \frac{1}{2}\ln|\csc t - \cot t| + C.$$

根据代换式 $x=2\sin t$ 做直角三角形，如图 3-1 所示，得

$$\csc t = \frac{x}{2},\quad \cot t = \frac{\sqrt{4-x^2}}{x},$$

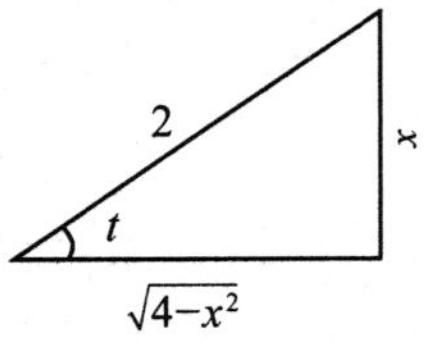

图 3-1

因此 $$\int \frac{1}{x\sqrt{4-x^2}}dx = \frac{1}{2}\ln\left|\frac{2-\sqrt{4-x^2}}{x}\right| + C.$$

(2) 设 $x=3\sec t$，则 $dx=3\sec t\tan t\,dt$，$\sqrt{x^2-9}=\sqrt{9\sec^2 t-9}=3\tan t$.

于是

$$\int \frac{\sqrt{x^2-9}}{x^2}dx = \int \frac{3\tan t}{9\sec^2 t}\cdot 3\sec t\cdot \tan t\,dt$$

$$=\int\frac{\tan^2 t}{\sec t}\mathrm{d}t=\int(\sec t-\cos t)\mathrm{d}t$$

$$=\ln|\sec t+\tan t|-\sin t+C_1.$$

根据代换式 $x=3\sec t$ 做直角三角形，如图 3-2 所示，得

$$\sec t\ \frac{x}{3},\quad \tan t=\frac{\sqrt{x^2-9}}{3},\quad \sin t=\frac{\sqrt{x^2-9}}{x},$$

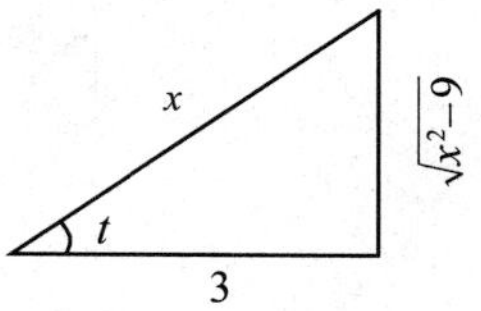

图 3-2

因此 $$\int\frac{\sqrt{x^2-9}}{x^2}\mathrm{d}x=\ln\left|\frac{x}{3}+\frac{\sqrt{x^2-9}}{3}\right|-\frac{\sqrt{x^2-9}}{x}+C_1$$

$$=\ln\left|x+\sqrt{x^2-9}\right|-\frac{\sqrt{x^2-9}}{x}+C\quad（其中 C=C_1-\ln 3）.$$

(3) 设 $x=\tan t$，则 $\mathrm{d}x=\sec^2 t\mathrm{d}t$，于是

$$\int\frac{x^2}{(1+x^2)^2}\mathrm{d}x=\int\frac{\tan^2 t}{(1+\tan^2 t)^2}\cdot\sec^2 t\mathrm{d}t$$

$$=\int\frac{\tan^2 t}{(\sec^2 t)^2}\cdot\sec^2 t\mathrm{d}t=\int\sin^2 t\mathrm{d}t$$

$$=\int\frac{1-\cos 2t}{2}\mathrm{d}t=\frac{1}{2}t-\frac{1}{4}\sin 2t+C$$

$$=\frac{1}{2}\arctan x-\frac{1}{2}\cdot\frac{x}{1+x^2}+C.\quad（见图 3-3）$$

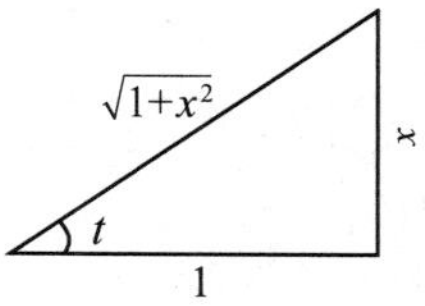

$\sin t=\frac{x}{\sqrt{1+x^2}}$

$\cos t=\frac{1}{\sqrt{1+x^2}}$

图 3-3

例 20 利用换元法计算下列定积分：

(1) $\int_0^{\frac{1}{2}}\frac{1}{\sqrt{(1-x^2)^3}}\mathrm{d}x$； (2) $\int_{-\frac{1}{5}}^{\frac{1}{5}}x\sqrt{2-5x}\,\mathrm{d}x$；

(3) $\int_0^{\ln 3}\frac{1}{\sqrt{1+\mathrm{e}^x}}\mathrm{d}x$； (4) $\int_{\sqrt{2}}^{2}\frac{1}{x\sqrt{x^2-1}}\mathrm{d}x$.

解 在利用换元法时，凡是设中间变量的，一定要在换元的同时注意换限.

(1) 令 $x=\sin t$，则 $\mathrm{d}x=\cos t\mathrm{d}t$.

当 $x=0$ 时，$t=0$；当 $x=\frac{1}{2}$ 时，$t=\frac{\pi}{6}$.

$$\int_0^{\frac{1}{2}}\frac{1}{\sqrt{(1-x^2)^3}}\mathrm{d}x=\int_0^{\frac{\pi}{6}}\frac{\cos t}{\cos^3 t}\mathrm{d}t=\int_0^{\frac{\pi}{6}}\frac{1}{\cos^2 t}\mathrm{d}t=\int_0^{\frac{\pi}{6}}\sec^2 t\mathrm{d}t=\tan t\Big|_0^{\frac{\pi}{6}}=\frac{\sqrt{3}}{3}.$$

(2) 令 $\sqrt{2-5x}=t$，则 $x=\frac{2-t^2}{5}$，$\mathrm{d}x=-\frac{2}{5}t\mathrm{d}t$.

当 $x=-\frac{1}{5}$ 时，$t=\sqrt{3}$；当 $x=\frac{1}{5}$ 时，$t=1$. 故

$$\int_{-\frac{1}{5}}^{\frac{1}{5}}x\sqrt{2-5x}\,\mathrm{d}x=\int_{\sqrt{3}}^{1}\frac{2-t^2}{5}t\cdot\frac{-2}{5}t\mathrm{d}t$$

$$=\frac{2}{25}\int_1^{\sqrt{3}}(2t^2-t^4)\mathrm{d}t=\frac{2}{375}\times(3\sqrt{3}-7).$$

(3) 令 $\sqrt{1+e^x}=t$，则 $x=\ln(t^2-1)$，$dx=\dfrac{2t}{t^2-1}dt$.

当 $x=\ln3$ 时，$t=2$；当 $x=0$ 时，$t=\sqrt{2}$.

$$\int_0^{\ln 3}\frac{1}{\sqrt{1+e^x}}dx=\int_{\sqrt{2}}^2\frac{2}{t^2-1}dt=\int_{\sqrt{2}}^2\left(\frac{1}{t-1}-\frac{1}{t+1}\right)dt$$

$$=\ln\left|\frac{t-1}{t+1}\right|\Bigg|_{\sqrt{2}}^2=-\ln3-2\ln(\sqrt{2}-1).$$

(4) 解法一：令 $x=\sec t$，$x\in[\sqrt{2},\ 2]$，$t\in\left[\dfrac{\pi}{4},\ \dfrac{\pi}{3}\right]$，$dx=\sec t\tan t dt$，

所以

$$\int_{\sqrt{2}}^2\frac{1}{x\sqrt{x^2-1}}dx=\int_{\frac{\pi}{4}}^{\frac{\pi}{3}}\frac{\sec t\cdot\tan t dt}{\sec t\cdot\tan t}=\int_{\frac{\pi}{4}}^{\frac{\pi}{3}}dt=\frac{\pi}{12};$$

解法二：令 $t=\sqrt{x^2-1}$，$x\in[\sqrt{2},\ 2]$，$t\in[1,\ \sqrt{3}]$，$dx=\dfrac{1}{\sqrt{t^2+1}}t dt$，

所以

$$\int_{\sqrt{2}}^2\frac{1}{x\sqrt{x^2-1}}dx=\int_1^{\sqrt{3}}\frac{dt}{t^2+1}=\arctan t\Big|_1^{\sqrt{3}}=\frac{\pi}{12};$$

解法三：令 $x=\dfrac{1}{t}$，$x\in[\sqrt{2},\ 2]$ 时，t 从 $\dfrac{1}{\sqrt{2}}$ 变到 $\dfrac{1}{2}$，$dx=-\dfrac{dt}{t^2}$，于是

$$\int_{\sqrt{2}}^2\frac{1}{x\sqrt{x^2-1}}dx=\int_{\frac{1}{\sqrt{2}}}^{\frac{1}{2}}-\frac{dt}{\sqrt{1-t^2}}=\arccos t\Big|_{\frac{1}{\sqrt{2}}}^{\frac{1}{2}}=\frac{\pi}{12}.$$

说明 利用换元法求定积分，代换的方法常常不止一种，应灵活运用.

(四) 分部积分法

公式 设 $u=u(x)$，$v=v(x)$ 有连续的导数，则

不定积分的分部积分公式：$\int u dv=uv-\int v du$，

定积分的分部积分公式：$\int_a^b u dv=uv\Big|_a^b-\int_a^b v du$.

应用分部积分法的关键是，当被积函数看作两个函数相乘时，选取哪一个因子为 $u=u(x)$，哪一个因子为 dv，当 u 确定后，dv 就随之而定.

例 21 求下列不定积分：

(1) $\int xe^{2x}dx$；　(2) $\int\dfrac{\ln x}{\sqrt{x}}dx$；　(3) $\int\arcsin x dx$；

(4) $\int\ln(1+x^2)dx$；　(5) $\int\sin\sqrt{x}dx$；　(6) $\int e^x\sin x dx$；

(7) $\int\dfrac{xe^x}{(1+x)^2}dx$.

解 (1) 令 $u=x$， $dv=e^{2x}dx$， 则 $du=dx$， $v=\frac{1}{2}e^{2x}$， 于是

$$\int xe^{2x}dx=\frac{1}{2}\int xd(e^{2x})=\frac{1}{2}xe^{2x}-\frac{1}{2}\int e^{2x}dx=\frac{1}{2}xe^{2x}-\frac{1}{4}e^{2x}+C.$$

(2) 令 $u=\ln x$， $dv=\frac{dx}{\sqrt{x}}$， 则 $du=\frac{1}{x}dx$， $v=2\sqrt{x}$.

$$\int\frac{\ln x}{\sqrt{x}}dx=2\int\ln x\,d\sqrt{x}=2\sqrt{x}\ln x-2\int\sqrt{x}\,d\ln x=2\sqrt{x}\ln x-2\int\sqrt{x}\cdot\frac{1}{x}dx$$

$$=2\sqrt{x}\ln x-2\int\frac{1}{\sqrt{x}}dx=2\sqrt{x}\ln x-4\sqrt{x}+C.$$

当运算熟练后， u， v 不必写出.

(3) $$\int\arcsin x\,dx=x\arcsin x-\int xd(\arcsin x)=x\arcsin x-\int\frac{x}{\sqrt{1-x^2}}dx$$

$$=x\arcsin x+\frac{1}{2}\int\frac{1}{\sqrt{(1-x^2)}}d(1-x^2)$$

$$=x\arcsin x+\sqrt{(1-x^2)}+C.$$

(4) $$\int\ln(1+x^2)dx=x\ln(1+x^2)-\int xd(\ln(1+x^2))$$

$$=x\ln(1+x^2)-\int x\cdot\frac{2x}{1+x^2}dx$$

$$=x\ln(1+x^2)-2\int\frac{x^2+1-1}{1+x^2}dx$$

$$=x\ln(1+x^2)-2\left(\int dx-\int\frac{1}{1+x^2}dx\right)$$

$$=x\ln(1+x^2)-2x+2\arctan x+C.$$

(5) 应先去根号， 再用分部积分法.

设 $\sqrt{x}=t$， 则 $x=t^2$， $dx=2t\,dt$， 于是

$$\int\sin\sqrt{x}\,dx=2\int t\sin t\,dt$$

$$=-2\int td(\cos t)$$

$$=-2\left(t\cos t-\int\cos t\,dt\right)$$

$$=-2t\cos t+2\sin t+C$$

$$=-2\sqrt{x}\cos\sqrt{x}+2\sin\sqrt{x}+C.$$

(6) 设 $u=\sin x$， $dv=e^x dx$， 则 $v=e^x$， 于是

$$\int e^x\sin x\,dx=\int\sin x\,d(e^x)=e^x\sin x-\int e^x d(\sin x)=e^x\sin x-\int e^x\cos x\,dx.$$

对于 $\int e^x\cos x\,dx$， 令 $u=\cos x$(与第一步类似， 仍取三角函数作为 u， 否则将出

现循环情形)，$dv = e^x dx$，则 $v = e^x$，故 $\int e^x \cos x dx = \int \cos x d(e^x) = e^x \cos x + \int e^x \sin x dx$.

于是 $\int e^x \sin x dx = e^x \sin x - e^x \cos x - \int e^x \sin x dx$，

移项，并除以 2，得

$$\int e^x \sin x dx = \frac{1}{2} e^x (\sin x - \cos x) + C.$$

$$(7) \int \frac{x e^x}{(1+x)^2} dx = \int -x e^x d \frac{1}{1+x} = -x e^x \frac{1}{1+x} + \int \frac{1}{1+x} d(x e^x)$$

$$= -\frac{x}{1+x} e^x + \int \frac{e^x (1+x)}{1+x} dx = -\frac{x}{1+x} e^x + e^x + C.$$

例 22 利用分部积分法求下列定积分：

(1) $\int_0^1 e^{\sqrt{x}} dx$；　(2) $\int_0^{\sqrt{3}} \arctan x dx$；

(3) $\int_0^{\pi} x^2 \cos 2x dx$；　(4) $\int_{\frac{1}{e}}^{e} |\ln x| dx$.

分析 用分部积分法求定积分与不定积分的情况类似，应注意的是，在计算时，对已积出的部分要用积分的上、下限及时代入，未积出的部分仍是一个定积分，其上、下限不变. 运算熟练后，可以不设中间变量 u，v，直接计算.

解 (1) 令 $t = \sqrt{x}$，则 $x = t^2$，$dx = 2t dt$，当 $x = 0$ 时，$t = 0$，当 $x = 1$ 时，$t = 1$.

$$\int_0^1 e^{\sqrt{x}} dx = \int_0^1 2t e^t dt = 2\int_0^1 t de^t = 2\left(t e^t \Big|_0^1 - \int_0^1 e^t dt\right) = 2\left(e - e^t \Big|_0^1\right) = 2.$$

$$(2) \int_0^{\sqrt{3}} \arctan x dx = (x \cdot \arctan x) \Big|_0^{\sqrt{3}} - \int_0^{\sqrt{3}} x d(\arctan x)$$

$$= \sqrt{3} \times \frac{\pi}{3} - \int_0^{\sqrt{3}} \frac{x}{1+x^2} dx$$

$$= \frac{\sqrt{3}}{3}\pi - \frac{1}{2}\int_0^{\sqrt{3}} \frac{1}{1+x^2} d(1+x^2)$$

$$= \frac{\sqrt{3}}{3}\pi - \frac{1}{2}\ln(1+x^2) \Big|_0^{\sqrt{3}}$$

$$= \frac{\sqrt{3}}{3}\pi - \frac{1}{2}\ln 4 = \frac{\sqrt{3}}{3}\pi - \ln 2.$$

$$(3) \int_0^{\pi} x^2 \cos 2x dx = \frac{1}{2}\int_0^{\pi} x^2 d(\sin 2x)$$

$$= \frac{1}{2} \times \left[(x^2 \sin 2x) \Big|_0^{\pi} - \int_0^{\pi} \sin 2x d(x^2)\right]$$

$$= -\frac{1}{2}\int_0^{\pi} 2x \sin 2x dx$$

$$=\frac{1}{2}\int_0^{\pi}x\,\mathrm{d}(\cos 2x)$$

$$=\frac{1}{2}\times\left[(x\cdot\cos 2x)\Big|_0^{\pi}-\int_0^{\pi}\cos 2x\,\mathrm{d}x\right]$$

$$=\frac{\pi}{2}-\frac{1}{4}\int_0^{\pi}\cos 2x\,\mathrm{d}(2x)=\frac{\pi}{2}-\frac{1}{4}\sin 2x\Big|_0^{\pi}$$

$$=\frac{\pi}{2}.$$

(4) 带绝对值的函数应作为分段函数在不同区间分别积分.

$$|\ln x|=\begin{cases}-\ln x, & \frac{1}{\mathrm{e}}\leqslant x<1,\\ \ln x, & 1\leqslant x\leqslant \mathrm{e},\end{cases}$$

$$\int_{\frac{1}{\mathrm{e}}}^{\mathrm{e}}|\ln x|\,\mathrm{d}x=\int_{\frac{1}{\mathrm{e}}}^{1}(-\ln x)\mathrm{d}x+\int_1^{\mathrm{e}}\ln x\,\mathrm{d}x=x\cdot\ln x\Big|_{\frac{1}{\mathrm{e}}}^{1}+\int_{\frac{1}{\mathrm{e}}}^{1}x\,\mathrm{d}(\ln x)+x\cdot\ln x\Big|_1^{\mathrm{e}}$$
$$-\int_1^{\mathrm{e}}x\,\mathrm{d}(\ln x)=-\frac{1}{\mathrm{e}}+\int_{\frac{1}{\mathrm{e}}}^{1}1\mathrm{d}x+\mathrm{e}-\int_1^{\mathrm{e}}1\mathrm{d}x=-\frac{1}{\mathrm{e}}+1-\frac{1}{\mathrm{e}}+\mathrm{e}-\mathrm{e}+1=2-\frac{2}{\mathrm{e}}.$$

(五) 无穷区间上的广义积分(反常积分)

例 23 计算下列广义积分(反常积分):

(1) $\int_0^{+\infty}\frac{1}{\mathrm{e}^x+\mathrm{e}^{-x}}\mathrm{d}x$; (2) $\int_0^{+\infty}3\mathrm{e}^{-3x}\mathrm{d}x$; (3) $\int_0^{+\infty}x\mathrm{e}^{-x^2}\mathrm{d}x$; (4) $\int_{-\infty}^{-1}\frac{1}{x^2}\mathrm{d}x$.

解 (1) $\int_0^{+\infty}\frac{1}{\mathrm{e}^x+\mathrm{e}^{-x}}\mathrm{d}x=\lim\limits_{b\to+\infty}\int_0^b\frac{1}{\mathrm{e}^x+\frac{1}{\mathrm{e}^x}}\mathrm{d}x=\lim\limits_{b\to+\infty}\int_0^b\frac{\mathrm{e}^x}{\mathrm{e}^{2x}+1}\mathrm{d}x$

$$=\lim_{b\to+\infty}\int_0^b\frac{\mathrm{d}(\mathrm{e}^x)}{1+(\mathrm{e}^x)^2}=\lim_{b\to+\infty}\arctan(\mathrm{e}^x)\Big|_0^b$$

$$=\lim_{b\to+\infty}\arctan(\mathrm{e}^b)-\frac{\pi}{4}$$

$$=\frac{\pi}{2}-\frac{\pi}{4}=\frac{\pi}{4};$$

说明 $\int_a^{+\infty}f(x)\mathrm{d}x=\lim\int_a^b f(x)\mathrm{d}x=\lim\limits_{b\to+\infty}F(x)\Big|_a^b=\lim\limits_{b\to+\infty}F(b)-F(a)$, 可简写为

$$\int_a^{+\infty}f(x)\mathrm{d}x=F(x)\Big|_a^{+\infty}=\lim_{x\to+\infty}F(x)-F(a);$$

(2) $\int_0^{+\infty}3\mathrm{e}^{-3x}\mathrm{d}x=-\int_0^{+\infty}\mathrm{e}^{-3x}\mathrm{d}(-3x)=\mathrm{e}^{-3x}\Big|_0^{+\infty}=-1$;

(3) $\int_0^{+\infty}x\mathrm{e}^{-x^2}\mathrm{d}x=-\frac{1}{2}\int_0^{+\infty}\mathrm{e}^{-x^2}\mathrm{d}(-x^2)=-\frac{1}{2}\mathrm{e}^{-x^2}\Big|_0^{+\infty}=\frac{1}{2}$;

(4) $\int_{-\infty}^{-1}\frac{1}{x^2}\mathrm{d}x=-\frac{1}{x}\Big|_{-\infty}^{-1}=1$.

例 24 讨论当 k 为何值时, 积分 $\int_2^{+\infty}\frac{\mathrm{d}x}{x(\ln x)^k}$ 收敛? 何时发散?

解 解法一：当 $k \neq 1$ 时，得

$$\lim_{b\to+\infty}\int_2^b \frac{\mathrm{d}x}{x(\ln x)^k}=\lim_{b\to+\infty}\frac{1}{1-k}(\ln x)^{1-k}\Big|_2^b=\lim_{b\to+\infty}\frac{1}{1-k}[(\ln b)^{1-k}-(\ln 2)^{1-k}]$$

$$=\begin{cases}\dfrac{1}{k-1}(\ln 2)^{1-k}, & k>1,\\ +\infty, & k<1;\end{cases}$$

当 $k=1$ 时，$\lim\limits_{b\to+\infty}\int_2^b \dfrac{\mathrm{d}x}{x\ln x}=\lim\limits_{b\to+\infty}\ln\ln x\Big|_2^b=\lim\limits_{b\to+\infty}(\ln\ln b-\ln\ln 2)=+\infty$.

故当 $k>1$ 时，此广义积分(反常积分)收敛；当 $k\leqslant 1$ 时，此广义积分(反常积分)发散.

解法二：令 $t=\ln x$，当 $k\neq 1$ 时，得

$$\int_2^{+\infty}\frac{\mathrm{d}x}{x(\ln x)^k}=\int_2^{+\infty}\frac{\mathrm{d}(\ln x)}{(\ln x)^k}=\int_{\ln 2}^{+\infty}\frac{\mathrm{d}t}{t^k}=\frac{1}{1-k}t^{1-k}\Big|_{\ln 2}^{+\infty}=\begin{cases}\dfrac{1}{k-1}(\ln 2)^{1-k}, & k>1,\\ +\infty, & k<1,\end{cases}$$

当 $k=1$ 时，$\int_{\ln 2}^{+\infty}\dfrac{\mathrm{d}t}{t^k}=\int_{\ln 2}^{+\infty}\dfrac{\mathrm{d}t}{t}=\ln t\Big|_{\ln 2}^{+\infty}=+\infty$.

因此，当 $k>1$ 时，此广义积分(反常积分)收敛；当 $k\leqslant 1$ 时，此广义积分(反常积分)发散.

(六) 定积分的应用

例 25 计算抛物线 $y=x^2$ 与 $y^2=x$ 所围成的图形的面积.

解 如图 3-4 画出所围图形.

(1) 解方程组 $\begin{cases}y=x^2,\\ y^2=x,\end{cases}$ 得交点(0，0)及(1，1)；

(2) 以 x 为积分变量，则积分区间为[0，1]；

(3) 确定上下曲线 $f(x)=\sqrt{x}$，$g(x)=x^2$；

(4) 计算图形的面积.

$$A=\int_0^1(\sqrt{x}-x^2)\,\mathrm{d}x=\left(\frac{2}{3}x^{\frac{3}{2}}-\frac{1}{3}x^3\right)\Big|_0^1=\frac{1}{3}.$$

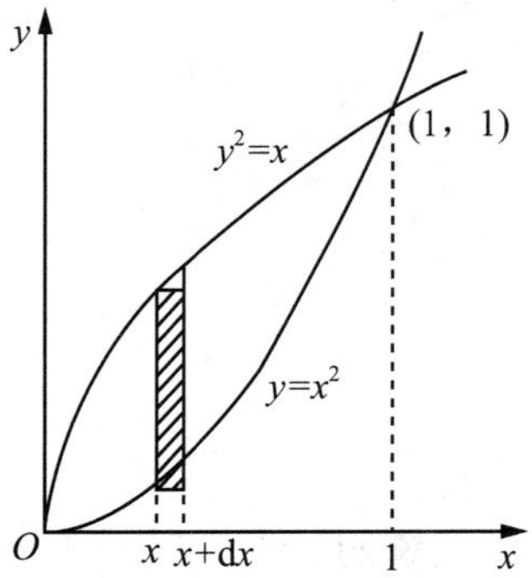

图 3-4

例 26 求抛物线 $x=y^2$ 与直线 $x-y-2=0$ 所围图形的面积.

解 如图 3-5 画出所求面积的图形.

联立方程 $\begin{cases}x=y^2,\\ x-y-2=0,\end{cases}$ 得交点为 $A(1，-1)$，$B(4，2)$.

解法一：积分变量选 y，积分区间为[－1，2]，则

$$A=\int_{-1}^2(2+y-y^2)\mathrm{d}y=\left(2y+\frac{1}{2}y^2-\frac{1}{3}y^3\right)\Big|_{-1}^2$$

$$=4+2-\frac{8}{3}-\left(-2+\frac{1}{2}+\frac{1}{3}\right)=\frac{9}{2}.$$

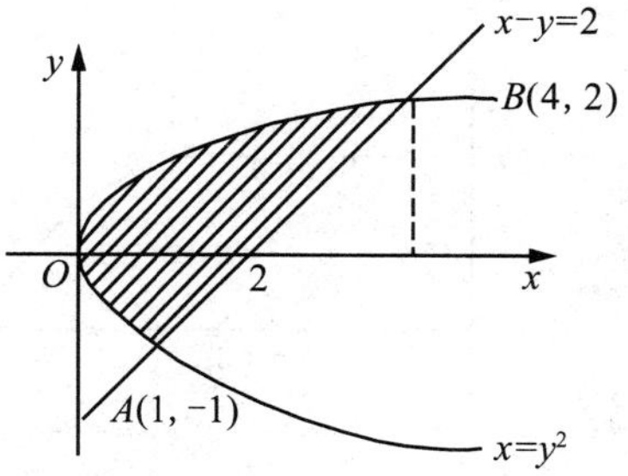

图 3-5

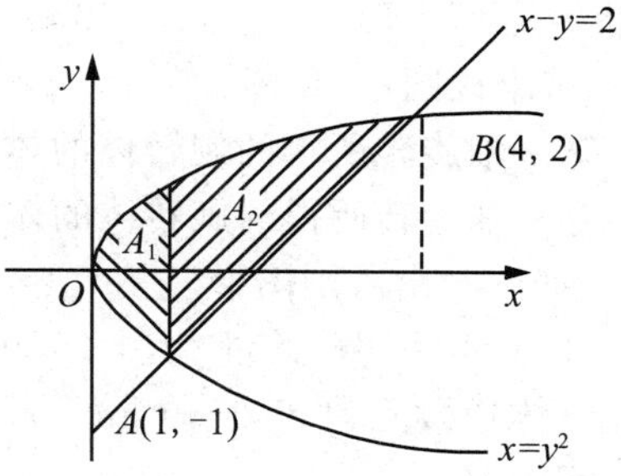

图 3-6

解法二：如图 3-6 所示，选 x 为积分变量，积分区间为[0，1]和[1，4]，积分曲线为 $y=\pm\sqrt{x}$，则

$$\begin{aligned}A&=A_1+A_2\\&=\int_0^1[\sqrt{x}-(-\sqrt{x})]\,dx+\int_1^4[\sqrt{x}-(x-2)]\,dx\\&=\int_0^1 2\sqrt{x}\,dx+\int_1^4(\sqrt{x}-x+2)\,dx\\&=2\times\frac{2}{3}x^{\frac{3}{2}}\Big|_0^1+\left(\frac{2}{3}x^{\frac{3}{2}}-\frac{x^2}{2}+2x\right)\Big|_1^4\\&=\frac{4}{3}+\frac{19}{6}=\frac{9}{2}.\end{aligned}$$

说明 比较两种算法可见，取 y 作为积分变量要简便得多. 因此，对具体问题应选择积分简便的计算方法.

例 27 求由曲线 $x=\sqrt{2-y}$，直线 $y=x$ 及 y 轴所围平面图形绕 x 轴旋转一周所得的旋转体的体积.

解 如图 3-7 画出所围图形.

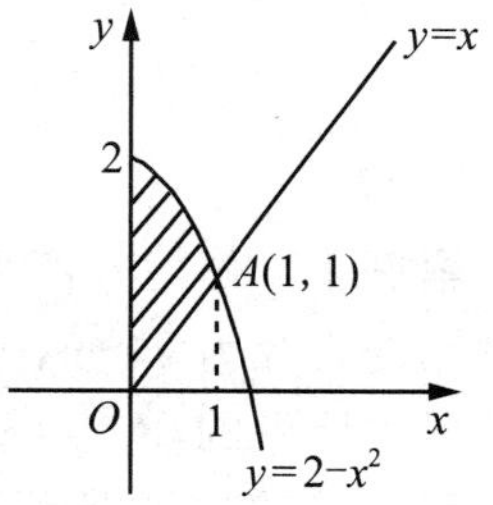

图 3-7

(1) 求交点 $\begin{cases}x=\sqrt{2-y},\\ y=x\end{cases}$ 得 $A(1,\ 1)$；

(2) 取积分变量为 x，积分区间为[0，1]；

(3) 由 $x=\sqrt{2-y}$ 得 $y=2-x^2$，

体积微元为 $dV=\pi(2-x^2)^2dx-\pi x^2dx$；

(4) 所求旋转体的体积

$$\begin{aligned}V&=\int_0^1\pi(2-x^2)^2dx-\int_0^1\pi x^2dx\\&=\pi\int_0^1(4+x^4-4x^2)dx-\pi\cdot\frac{x^3}{3}\Big|_0^1\\&=\pi\left(4x+\frac{x^5}{5}-\frac{4}{3}x^3\right)\Big|_0^1-\frac{\pi}{3}\\&=\frac{38}{15}\pi.\end{aligned}$$

例 28 平面图形由 $y=\sin x(0\leqslant x\leqslant \pi)$ 与 x 轴围成，试求该图形(见图 3-8)：

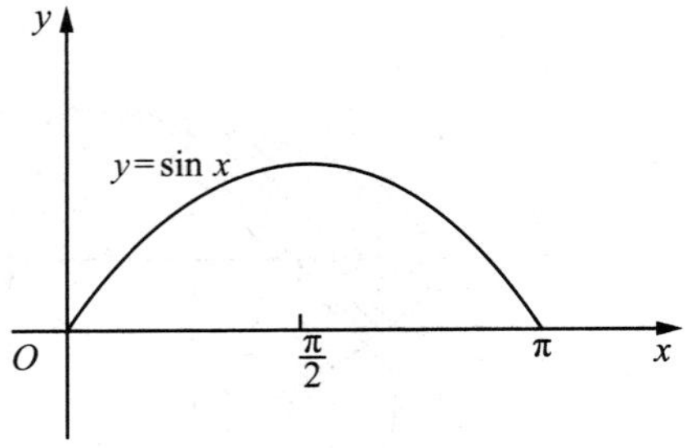

图 3-8

(1) 绕 x 轴旋转所得的旋转体的体积；

(2) 绕 y 轴旋转所得的旋转体的体积.

解 如图画出所围图形.

解 (1) 取积分变量为 x，积分区间为 $[0,\ \pi]$，体积微元为 $\mathrm{d}V=\pi(\sin x)^2\mathrm{d}x$，所求旋转体的体积为 V_x.

$$V_x=\int_0^{\pi}\pi\sin^2 x\,\mathrm{d}x=\pi\int_0^{\pi}\frac{1-\cos 2x}{2}\mathrm{d}x$$

$$=\pi\left(\int_0^{\pi}\frac{1}{2}\mathrm{d}x-\frac{1}{4}\int_0^{\pi}\cos 2x\,\mathrm{d}(2x)\right)$$

$$=\pi\left(\frac{x}{2}\Big|_0^{\pi}-\frac{1}{4}\sin 2x\Big|_0^{\pi}\right)=\frac{\pi^2}{2};$$

(2) 取积分变量为 y，积分区间为 $[0,\ 1]$，体积微元为

$$\mathrm{d}V=\pi\left[(\pi-\arcsin y)^2-(\arcsin y)^2\right]\mathrm{d}y,$$

所求旋转体的体积为 V_y.

$$V_y=\pi\int_0^1(\pi-\arcsin y)^2\mathrm{d}y-\pi\int_0^1(\arcsin y)^2\mathrm{d}y$$

$$=\pi\int_0^1(\pi^2-2\pi\arcsin y)\,\mathrm{d}y=\pi^3-2\pi^2\int_0^1\arcsin y\,\mathrm{d}y$$

$$=\pi^3-2\pi^2\left(y\arcsin y\Big|_0^1-\int_0^1\arcsin y\,\mathrm{d}y\right)$$

$$=2\pi^2\int_0^1\frac{y}{\sqrt{1-y^2}}\mathrm{d}y=-2\pi^2\sqrt{1-y^2}\Big|_0^1=2\pi^2.$$

三、典型案例分析

案例 1 修建一座大桥时先要下围囹(圆柱体)，并且抽尽其中的水以便施工. 已知围囹的直径为 20 m，水深为 27 m，围囹高出水面 3 m，求抽尽水所做的功.

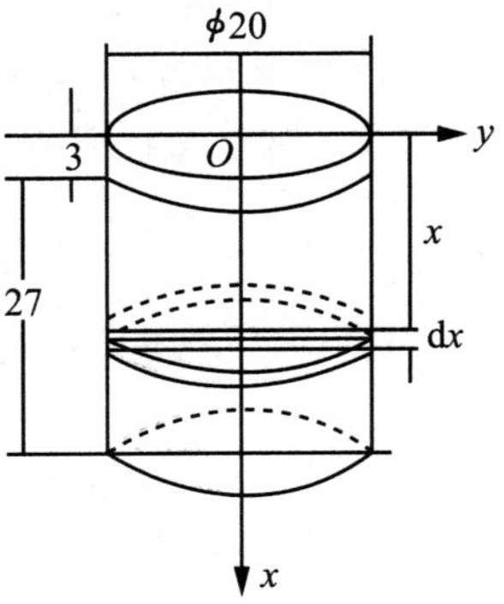

图 3-9

解 如图 3-9 所示，建立直角坐标系.

取积分变量为 x，积分区间为 $[3,\ 30]$，任取一个子区间 $[x,\ x+\mathrm{d}x]$，与它相对应的一薄层(圆柱)水的重量为 $9.8\rho(\pi 10^2\mathrm{d}x)$，其中 $\rho=1\times10^3\ \mathrm{kg/m^3}$.

因为这一薄层水抽出围囹所做的功近似于克服这一薄层水的重量所做的功，所以功的微元为 $\mathrm{d}W=9.8\times10^5\pi x\,\mathrm{d}x$.

于是 $W=\int_3^{30}9.8\times10^5\pi x\,\mathrm{d}x=9.8\times10^5\pi\left(\frac{x^2}{2}\right)\Big|_3^{30}$

$\approx 1.37\times10^9(\mathrm{J})$.

案例 2 讨论第二宇宙速度.

使宇宙飞船脱离地球引力场所需要的速度叫作第二宇宙速度. 先计算发射宇宙飞船过程中克服地球引力所做的功. 设地球质量为 M, 飞船的质量为 m, 地球的半径 $R=6371\text{km}$. 当飞船和地心的距离为 r 时, 地球对飞船的引力是 $F=G\dfrac{Mm}{r^2}$(G 为引力常数). 要把飞船从地球表面发射到远离地心距离的 A 处, 需要做功 $W_A=\int_R^A G\dfrac{Mm}{r^2}\mathrm{d}r=GMm\left(\dfrac{1}{R}-\dfrac{1}{A}\right)$, 要使飞船脱离地球引力场, 也就是把飞船射向无穷远, 相当于 $A\to+\infty$ 的情况, 因而做功的总量是

$$W=\int_R^{+\infty}\frac{GMm}{r^2}\mathrm{d}r=\lim_{A\to+\infty}\int_R^A\frac{GMm}{r^2}\mathrm{d}r=\lim_{A\to+\infty}GMm\left(\frac{1}{R}-\frac{1}{A}\right)=\frac{GMm}{R}.$$

由于物体在地球表面发射, 地球对物体的引力 F 就是重力, 即 $mg=G\dfrac{Mm}{R^2}$, 于是

$$mgR=\frac{GMm}{R}=W,$$

根据能量守恒定律, 发射宇宙飞船所做的功, 等于飞船飞行所具有的动能 $\dfrac{1}{2}mv^2$, 即 $mgR=\dfrac{1}{2}mv^2$, 解出

$$v=\sqrt{2gh}\approx\sqrt{2\times9.8\times6371}\approx11.2(\text{km/s}),$$

这就是第二宇宙速度, 可见无穷区间上的广义积分(反常积分)是很有用的.

四、复习题三

A 组

1. 选择题.

(1)x^2 是下列哪个函数的一个原函数(　　).

A. $2x$　　B. $\dfrac{x^3}{3}$　　C. x^3　　D. $3x^3$

(2) 设 $f'(x)$ 存在且连续, 则 $\left[\int\mathrm{d}f(x)\right]'=$(　　).

A. $f(x)$　　B. $f'(x)$　　C. $f(x)+C$　　D. $f'(x)+C$

(3)$\left(\int\arcsin x\,\mathrm{d}x\right)'=$(　　).

A. $\dfrac{1}{\sqrt{1-x^2}}+C$　　B. $\dfrac{1}{\sqrt{1-x^2}}$　　C. $\arcsin x+C$　　D. $\arcsin x$

(4) 下列凑微分正确的是(　　).

A. $2x\mathrm{e}^{x^2}\mathrm{d}x=\mathrm{d}(\mathrm{e}^{x^2})$　　B. $\dfrac{1}{x+1}\mathrm{d}x=\mathrm{d}(\ln x+1)$

C. $\arctan x\,dx = d\left(\frac{1}{1+x^2}\right)$　　D. $\cos 2x\,dx = d(\sin 2x)$

(5) 如果$\int f(x)dx = F(x)+C$，则$\int e^{-x} f(e^{-x})dx =$(　　).

A. $F(e^x)+C$　　B. $-F(e^{-x})+C$　　C. $F(e^{-x})+C$　　D. $\frac{F(e^{-x})}{x}+C$

(6) 在区间(a, b)内如果$f'(x)=\varphi'(x)$，则一定有(　　).

A. $f(x)=\varphi(x)+C$　　B. $f(x)=\varphi(x)$

C. $\left[\int f(x)dx\right]' = \left[\int \varphi(x)dx\right]'$　　D. $\int df(x) = \int d\varphi(x)+C$

(7) $\int_0^1 \frac{x}{1+x^2}dx =$(　　).

A. $\frac{1}{2}\ln 2$　　B. $2\ln 2$　　C. $-2\ln 2$　　D. $-\frac{1}{2}\ln 2$

(8) 下列积分值为 0 的是(　　).

A. $\int_{-1}^1 \cos x^3 dx$　　B. $\int_{-1}^1 x^2 \sin x\,dx$　　C. $\int_0^1 x\sin x^2 dx$　　D. $\int_{-1}^1 x^2\cos x^3 dx$

(9) $\int x f(x^2) f'(x^2) dx =$(　　).

A. $\frac{1}{2}f^2(x)+C$　　B. $\int \frac{1}{2}f^2(x^2)+C$

C. $\frac{1}{4}f^2(x)+C$　　D. $\frac{1}{4}f^2(x^2)+C$

(10) 若$F(x)$是$f(x)$的原函数，$a\neq 0$，C为任意常数，$\int f(ax+b)dx =$(　　).

A. $F(ax+b)+C$　　B. $\frac{1}{a}F(x)+C$

C. $F(x)$　　D. $\frac{1}{a}F(ax+b)+C$

2. 填空题.

(1) $\int\left(\tan\frac{\pi}{3}+2\right)dx =$________;

(2) $\int e^x \cos e^x\,dx =$________;

(3) $\left(\int f(x)dx\right)' =$________;

(4) 广义积分(反常积分)$\int_1^{+\infty}\frac{1}{x^p}dx$，当$p>1$时的敛散性为________;

(5) 由定积分的几何意义计算积分值：$\int_{-2}^2 \sqrt{4-x^2}\,dx =$________;

(6) 比较积分的大小：$\int_1^2 x\,dx$________$\int_1^2 \sqrt{x}\,dx$;

(7) 若$\int f(x)\mathrm{d}x = \mathrm{e}^{-x^2} + C$，则 $f(x) =$ ________；

(8) 通过点$\left(1, \frac{\pi}{4}\right)$且斜率为$\frac{1}{1+x^2}$的曲线方程为 ________；

(9) $\frac{\mathrm{d}}{\mathrm{d}x}\int_{\sqrt{2}}^{x}\sqrt{1+t^2}\,\mathrm{d}t =$ ______；

(10) 若 $F(x)$ 是 $f(x)$ 的一个原函数，则 $2\int x f(x^2)\mathrm{d}x =$ ______.

3. 求下列极限.

(1) $\lim\limits_{x\to 0}\frac{\int_0^x 2t\cos t\,\mathrm{d}t}{1-\cos x}$； (2) $\lim\limits_{x\to 0}\frac{\int_0^{\sin x}\sqrt{\tan t}\,\mathrm{d}t}{\int_0^{\tan x}\sqrt{\sin t}\,\mathrm{d}t}$； (3) $\lim\limits_{x\to 0}\frac{\int_0^x \sin t^2\,\mathrm{d}t}{x^3}$.

4. 计算下列不定积分.

(1) $\int\frac{5x^2}{1+x^2}\mathrm{d}x$； (2) $\int\frac{x^2+x+1}{x(1+x^2)}\mathrm{d}x$； (3) $\int\frac{1-\sin x}{\cos^2 x}\mathrm{d}x$；

(4) $\int\frac{\sqrt[3]{1+\ln x}}{x}\mathrm{d}x$； (5) $\int\frac{\cos x}{\sqrt{\sin x}}\mathrm{d}x$； (6) $\int\frac{1+\ln x}{x}\mathrm{d}x$；

(7) $\int x\sqrt{x^2-4}\,\mathrm{d}x$； (8) $\int\frac{x}{\sqrt{1+x^2}}\mathrm{d}x$； (9) $\int\frac{(1-x)^2}{\sqrt{x}}\mathrm{d}x$；

(10) $\int\frac{1}{x^2\sqrt{x^2-1}}\mathrm{d}x$； (11) $\int\frac{\sqrt{x^2-9}}{x}\mathrm{d}x$； (12) $\int\frac{\sqrt{4-x^2}}{x^2}\mathrm{d}x$；

(13) $\int x\mathrm{e}^{2x}\mathrm{d}x$； (14) $\int x^2\cos x\,\mathrm{d}x$； (15) $\int x\ln x\,\mathrm{d}x$；

(16) $\int \mathrm{e}^x\cos x\,\mathrm{d}x$.

5. 求下列定积分.

(1) $\int_0^{\pi}\sin^2\frac{x}{2}\mathrm{d}x$； (2) $\int_{-1}^{1}(2x+|x|+1)\mathrm{d}x$； (3) $\int_{-1}^{1}x^2(\sin^3 x+\tan x)\mathrm{d}x$；

(4) $\int_0^1\frac{\mathrm{e}^{2x}-1}{\mathrm{e}^x-1}\mathrm{d}x$； (5) $\int_0^1\frac{x}{1+x^4}\mathrm{d}x$； (6) $\int_0^{\ln 2}\mathrm{e}^x(1+\mathrm{e}^x)^2\mathrm{d}x$；

(7) $\int_0^{\frac{\pi}{2}}\sqrt{\cos x-\cos^3 x}\,\mathrm{d}x$； (8) $\int_0^4\frac{x+2}{\sqrt{2x+1}}\mathrm{d}x$； (9) $\int_0^1\frac{1}{\sqrt{1+x^2}}\mathrm{d}x$；

(10) $\int_1^{\mathrm{e}}x^2\ln x\,\mathrm{d}x$； (11) $\int_0^1\sqrt{x}\,\mathrm{e}^{\sqrt{x}}\mathrm{d}x$； (12) $\int_0^1\ln(1+x)\mathrm{d}x$.

6. 计算下列广义积分(反常积分).

(1) $\int_{\frac{2}{\pi}}^{+\infty}\frac{1}{x^2}\cos\frac{1}{x}\mathrm{d}x$； (2) $\int_{-\infty}^{+\infty}\frac{1}{x^2+2x+1}\mathrm{d}x$；

(3) $\int_0^{+\infty}x\mathrm{e}^{-x}\mathrm{d}x$； (4) $\int_0^{+\infty}\frac{x}{1+x^2}\mathrm{d}x$.

7. 已知 $f(x)$ 的一个原函数是 $x\ln x$，求$\int xf'(x)\mathrm{d}x$.

8. 求由曲线 $y=x^2$，$y=2x^2$ 与 $y=1$ 围成图形的面积.

9. 设平面图形 D 由抛物线 $y=1-x^2$ 和 x 轴围成. 试求：

(1)D 的面积；

(2)D 绕 x 轴旋转所得旋转体的体积；

(3)D 绕 y 轴旋转所得旋转体的体积.

10. 一个横放着的半径为 R 的圆柱形油桶，桶内盛有半桶油，设油的密度为 ρ，试计算桶的一个端面上所受的压力.（桶的一个端面为圆板，本题计算当油面过圆心时，垂直放置的一个半圆板的一侧所受的压力，如图 3-10 所示.）

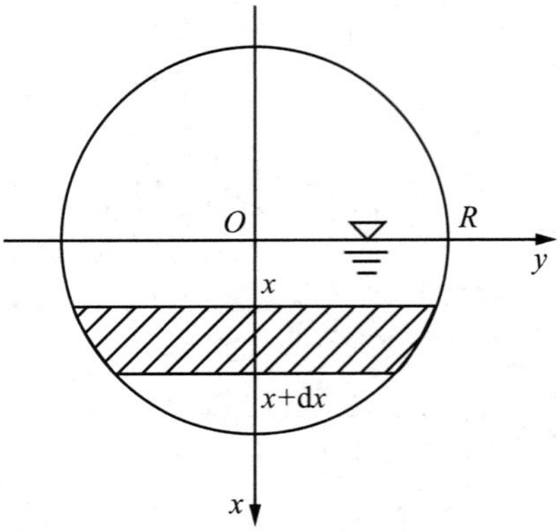

图 3-10

B 组

1. 选择题.

(1) 下列等式错误的是(　　).

A. $\int_a^b f(x)\mathrm{d}x+\int_b^a f(x)\mathrm{d}x=0$　　B. $\int_a^b f(x)\mathrm{d}x=\int_a^b f(t)\mathrm{d}t$

C. $\int_{-a}^a f(x)\mathrm{d}x=0$　　D. $\int_a^a f(x)\mathrm{d}x=0$

(2)$\int_{-2}^2(x^7-\sin^7 x)\mathrm{d}x=$(　　).

A. π　　B. 0　　C. 2　　D. $\frac{1}{2}$

(3)$\int_{-\infty}^{+\infty}\frac{1}{1+x^2}\mathrm{d}x=$(　　).

A. $\frac{\pi}{2}$　　B. π　　C. 发散　　D. 都不对

(4) 设$\int f(x)\mathrm{d}x=\ln(x+\sqrt{1+x^2})+C$，则 $f(x)=$(　　).

A. $\dfrac{x}{\sqrt{1+x^2}}$　　B. $\dfrac{1}{\sqrt{1+x^2}}$　　C. $\dfrac{1}{1+x}$　　D. $\dfrac{1}{1+x^2}$

(5) 设 $f'(x^2)=\dfrac{1}{x}(x>0)$，则 $f(x)=($　　$)$.

A. $2x+C$　　B. $\ln x+C$　　C. $2\sqrt{x}+C$　　D. $\dfrac{1}{\sqrt{x}}+C$

2. 填空题.

(1) $\int x\mathrm{e}^{x^2}\mathrm{d}x=$________；

(2) 由曲线 $y=\mathrm{e}^x$，$y=\mathrm{e}$，及 y 轴所围图形的面积是________；

(3) 设 $y=\int_0^{x^2}\sin t\,\mathrm{d}t$，则 $\dfrac{\mathrm{d}y}{\mathrm{d}x}=$________；

(4) $\int\dfrac{\mathrm{d}x}{16+x^2}=$________；

(5) $\int f(x)\mathrm{d}x=2^{\sin x}+C$，则 $f(x)=$________；

(6) 设 $\int_0^1(3x^2+ax)\mathrm{d}x=3$，则 $a=$________；

(7) $\lim\limits_{x\to 0}\dfrac{\int_0^x\ln(1+t)\,\mathrm{d}t}{x\sin x}=$________；

3. 计算下列不定积分.

(1) $\int x\sqrt{2+x^2}\,\mathrm{d}x$；　(2) $\int x\arctan x\,\mathrm{d}x$；　(3) $\int x^2\mathrm{e}^x\,\mathrm{d}x$；

(4) $\int x\sec^2 x\,\mathrm{d}x$；　(5) $\int\dfrac{x^2}{\sqrt[3]{1+x^3}}\mathrm{d}x$；　(6) $\int\dfrac{\sqrt{1+\ln x}}{2x}\mathrm{d}x$；

(7) $\int\dfrac{1}{(1-x^2)^{\frac{3}{2}}}\mathrm{d}x$.

4. 计算下列定积分.

(1) $\int_1^4\dfrac{\ln x}{\sqrt{x}}\mathrm{d}x$；　(2) $\int_0^1\dfrac{1}{\mathrm{e}^x+\mathrm{e}^{-x}}\mathrm{d}x$；　(3) $\int_0^{\frac{\pi}{2}}x\sin x\,\mathrm{d}x$；

(4) $\int_0^1\arctan x\,\mathrm{d}x$；　(5) $\int_1^{\mathrm{e}}\dfrac{\mathrm{d}x}{x\sqrt{1+\ln x}}$.

5. 求由曲线 $y=x^2$ 与 $y=2-x^2$ 所围成的平面图形的面积.

6. 求曲线 $y=\dfrac{x^2}{4}$ 与直线 $3x-2y-4=0$ 所围平面图形的面积.

7. 求由曲线 $y=x^2$ 与 $y^2=x$ 围成的平面绕 y 轴旋转一周生成的立体的体积.

五、自测题三

（总分 100 分，时间 100 分钟）

1. 选择题(每小题 2 分，共 20 分).

(1) 在积分曲线族$\int x\sqrt{x}\,dx$中，过点(0，1)的曲线方程是(　　).

A. $y=2x^{\frac{1}{2}}+1$　　B. $y=\frac{5}{2}x^{\frac{2}{5}}+C$　　C. $y=2x^{\frac{1}{2}}$　　D. $y=\frac{2}{5}x^{\frac{5}{2}}+1$

(2) 若$F(x)$为$f(x)$的原函数，则$f(x)$的另一个原函数为(　　).

A. $F(x)+2$　　B. $F(x+2)$　　C. $2F(x)$　　D. $F(2x)$

(3) $\int f(x)f'(x)\,dx=$(　　).

A. $f(x)+C$　　B. $\frac{1}{2}f(x)+C$　　C. $f^2(x)+C$　　D. $\frac{1}{2}f^2(x)+C$

(4) $f(x)=x+\sqrt{x}$，则$\int f'(x)\,dx=$(　　).

A. $1+\frac{1}{2\sqrt{x}}$　　B. $1+\frac{1}{2\sqrt{x}}+C$　　C. $x+\sqrt{x}$　　D. $x+\sqrt{x}+C$

(5) 设$P=\int_0^{\frac{\pi}{2}}\sin^2 x\,dx$，$Q=\int_0^{\frac{\pi}{2}}\cos^2 x\,dx$，$R=\frac{1}{2}\int_{-\frac{\pi}{2}}^{\frac{\pi}{2}}\sin^2 x\,dx$，则(　　).

A. $P=Q=R$　　B. $P=Q<R$　　C. $P<Q<R$　　D. $P>Q>R$

(6) $\frac{d}{dx}\int_a^b \arctan x\,dx=$(　　).

A. $\arctan x$　　B. $\frac{1}{1+x^2}$　　C. $\arctan b-\arctan a$　　D. 0

(7) $\int_{-a}^{a}(x^2+x\sqrt{a^2+x^2})\,dx=$(　　).

A. a^3　　B. $\frac{2}{3}a^3$　　C. $\frac{3}{2}a^3$　　D. 0

(8) 下列式子正确的是(　　).

A. $\int_0^1 x\,dx<\int_0^1 x^2\,dx$　B. $\int_0^1 x\,dx=\int_0^1 x^2\,dx$　C. $\int_0^1 x\,dx>\int_0^1 x^2\,dx$　D. 以上均不正确

(9) 广义积分(反常积分)$\int_{\frac{2}{\pi}}^{+\infty}\frac{1}{x^2}\sin\frac{1}{x}\,dx$(　　).

A. 收敛于 1　　B. 收敛于 −1　　C. 收敛于 0　　D. 发散

(10) 由曲线$y=\sqrt{x}$、直线$y=x$和$x=2$所围图形的面积是(　　).

A. $\int_0^2(x-\sqrt{x})\,dx$　　B. $\int_0^2(\sqrt{x}-x)\,dx$

C. $\int_0^1 (x-\sqrt{x})\mathrm{d}x+\int_1^2(\sqrt{x}-x)\mathrm{d}x$　　D. $\int_0^1(\sqrt{x}-x)\mathrm{d}x+\int_1^2(x-\sqrt{x})\mathrm{d}x$

2. 填空题(每空 2 分，共 20 分).

(1) 不定积分 $\int f(x)\mathrm{d}x$ 表示 $f(x)$ 的 ______；

(2) 若 $f(x)$ 是连续函数，则 $\mathrm{d}\int f(x)\mathrm{d}x=$ ______，$\int \mathrm{d}f(x)=$ ______；

(3) 设 $f'(x)=2$，且 $f(0)=0$，则 $\int f(x)\mathrm{d}x=$ ______；

(4) 若 $\int f(x)\mathrm{d}x=\ln[\sin(3x+1)]+C$，则 $f(x)=$ ______；

(5) 设 $f(x)$ 在 $[a, b]$ 上连续，则 $f(x)$ 在 $[a, b]$ 上的平均值为 ______；

(6) 已知 $f(0)=1$，$f(2)=3$，$f'(2)=5$，则 $\int_0^2 xf''(x)\mathrm{d}x=$ ______；

(7) 若广义积分(反常积分) $\int_{-\infty}^{+\infty}\frac{k}{1+x^2}\mathrm{d}x=1$，则常数 $k=$ ______；

(8) 设 $\Phi(x)=\int_0^x \cos(t^2)\mathrm{d}t$，则 $\Phi'(x)=$ ______；

(9) $\int f'(ax+b)\mathrm{d}x=$ ______；

(10) 设 e^{-x} 是 $f(x)$ 的一个原函数，则 $\int xf(x)\mathrm{d}x=$ ______.

3. 计算下列不定积分(每小题 4 分，共 24 分).

(1) $\int \frac{1-\sin x}{\cos^2 x}\mathrm{d}x$；　(2) $\int \frac{\sqrt[3]{1+\ln x}}{x}\mathrm{d}x$；　(3) $\int \frac{1}{x^2\sqrt{x^2-1}}\mathrm{d}x$；

(4) $\int \frac{(1-x)^2}{\sqrt{x}}\mathrm{d}x$；　(5) $\int \frac{\mathrm{e}^x}{1+\mathrm{e}^x}\mathrm{d}x$；　(6) $\int x^2\cos x\mathrm{d}x$.

4. 计算下列定积分(每小题 4 分，共 16 分).

(1) $\int_0^1 \frac{x}{1+x^4}\mathrm{d}x$；　(2) $\int_2^3 \frac{1}{x^2+x-2}$；

(3) $\int_1^2 x\ln x\mathrm{d}x$；　(4) $\int_0^{+\infty}\frac{2}{\mathrm{e}^x+\mathrm{e}^{-x}}\mathrm{d}x$.

5. 综合应用(每题 5 分，共 20 分).

(1) 求函数 $f(x)=\int_1^x\left(2-\frac{1}{\sqrt{t}}\right)\mathrm{d}t\ (t>0)$ 的单调区间；

(2) 求由曲线 $y=\mathrm{e}^x$，$y=\mathrm{e}^{-x}$ 以及直线 $x=1$ 所围成图形的面积；

(3) 求由曲线 $y=1-x^2$ 与 $y=0$ 所围图形绕 x 轴旋转所形成的旋转体的体积；

(4) 有一圆柱形水池，深 15 米，口径 20 米，盛满水，把水抽尽要做多少功?

【阅读材料】

体积的计算与祖暅原理

柱体的体积等于底面积和高的乘积，然而对于不规则的物体，体积的计算就不那么容易了，但是也不是没有办法可想．化整为零，切成薄片，就是个好办法．

这里有一个梨子(如图 3-11)，把它立在水平的桌面上，用一张一张的水平平面来切它．设水平平面到桌面的高度为 h，切出来的剖面面积与 h 有关，是 h 的函数，这个剖面面积记成 $S(h)$．如果想求 $h=a$ 和 $h=b$ 的两张平面之间的那块梨子的体积，就用许多水平平面把这块梨子切成薄片．设这些平面的高度是

$$a=h_0<h_1<h_2<\cdots<h_n=b.$$

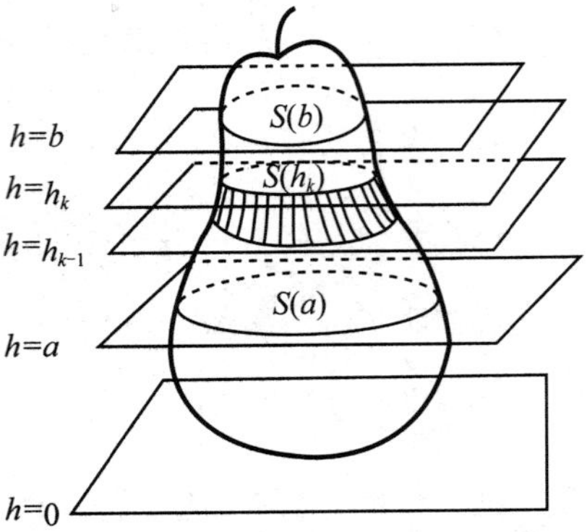

图 3-11

于是这块梨被分成了 n 片．自下而上的第 k 片的厚度是 h_k-h_{k-1}，记作：$\Delta k=h_k-h_{k-1}$．这一片上下两个剖面面积分别是 $S(h_k)$ 和 $S(h_{k-1})$．由于片很薄，$S(h_k)$ 和 $S(h_{k-1})$ 应当相差甚微，于是这一片的体积近似地等于它的剖面面积与厚度的乘积，即

$$S(h_k)\Delta k,$$

把各片的近似体积加起来，得

$$\sum_{k=1}^{n}S(h_k)\Delta k,$$

再让 Δk 中最大者趋于 0 取极限，按照定积分的定义，这个极限正是函数 $S(h)$ 在 $[a,\ b]$ 上的定积分，即

$$\int_a^b S(h)\mathrm{d}h.$$

当然，h 改成 x，y 或 t 都没关系．可见，定积分不仅可以代表面积，也可以代表体积．

在计算过程中，用到的不过是梨子剖面的面积，与剖面的形状没有关系．可见，如果又有另一个梨子或别的什么东西，不管它俩的形状是否一样，只要用同一张水平平面来切它们时所得剖面总有相同的面积，它们的体积就一定相等(如图 3-12)．这个道理，最早是由我国古代数学家祖暅(祖冲之的儿子，生于 5～6 世纪)提出的，所以叫“祖暅原理”．在西方，是由 16～17 世纪的卡瓦列里提出的，叫作“卡瓦列里原理”，比祖暅晚了一千多年．

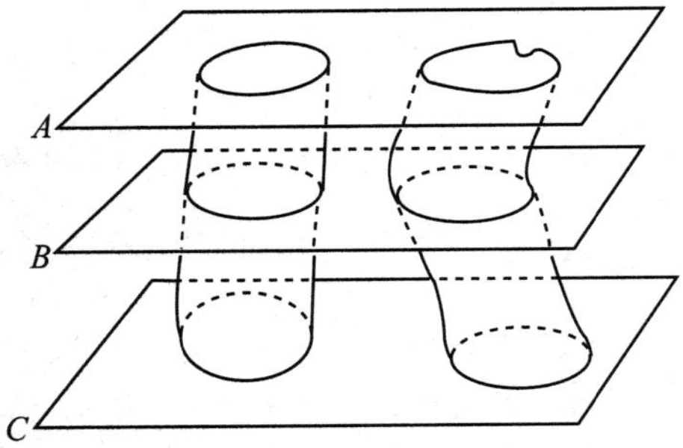

图 3-12

梨子切成片，每片的面积究竟多大，难以知道．这么说，化整为零的主意竟成了“纸上谈兵”？但是，计算梨子的体积并不重要，真正重要的，用得多的，是计算一些具有典型模样的几何体，如圆锥．偏偏对这些重要的形体化整为零的主意行得通的！

如图 3-13，设圆锥高是 h，底半径为 r，底面积就是 $S=\pi r^2$．用平行于底面的平面把它切成 n 片，每片的厚度是 $\frac{h}{n}$．从上而下第 k 片，它的上剖面半径是 $\frac{k-1}{n}r$，下剖面半径是 $\frac{k}{n}r$．近似地把它看成底半径为 $\frac{k}{n}r$ 的圆柱，便可以算出其近似的体积 $\pi\left(\frac{k}{n}r\right)^2\cdot\frac{h}{n}$．对 $k=1$ 到 n 求和得：

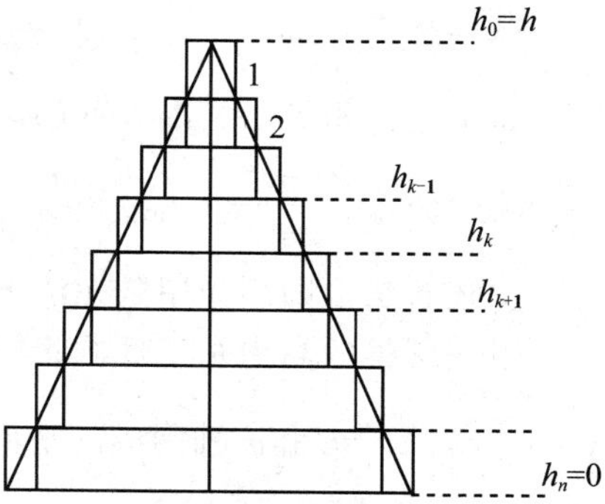

图 3-13

$$\sum_{k=1}^{n}\pi\left(\frac{k}{n}r\right)^2\cdot\frac{h}{n}=\pi r^2h\cdot\frac{1}{n^3}\sum_{k=1}^{n}k^2=\pi r^2h\cdot\frac{1}{6n^3}n(n+1)(2n+1)$$

$$=\pi r^2h\cdot\frac{1}{3}\left(1+\frac{3}{2n}+\frac{1}{2n^2}\right).$$

很明显，这样求出来的体积比圆锥的真实体积略大一些．但只要切片切得足够薄，误差便足够小．于是在上式中让 n 趋于无穷取极限，$\frac{3}{2n}$ 和 $\frac{1}{2n^2}$ 都变成了 0，便得到圆锥的真实体积 $\frac{\pi}{3}r^2h$．即圆锥体积是底面积与高的乘积的三分之一．这是通过“分割、取近似、求和、取极限”得到的．

下面我们再用定积分来求圆锥的体积．

如图 3-14① 所示，直圆锥底面半径为 r，高为 h，以圆锥的轴为 x 轴，以从顶点 O 到底面的方向为正方向．用和 x 轴垂直的平面切圆锥，则截面均为圆．接着在 x 轴上取一点 P 使 $OP=x$，设 $S(x)$ 是通过这一点的平面截得的截面积，是关于 x 的函数．

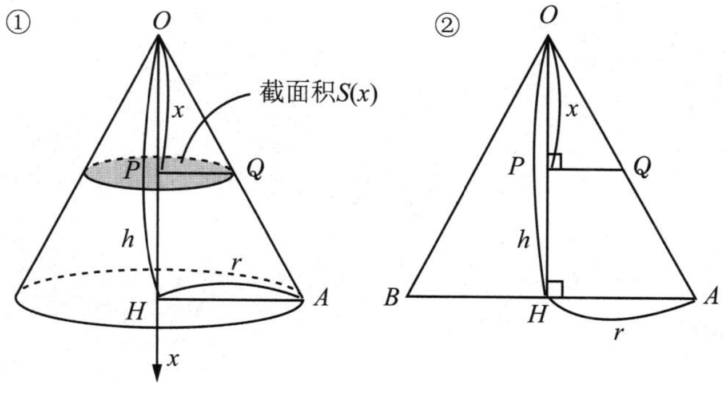

图 3-14

如图 3-14② 所示，设经过这个圆锥的轴截面为三角形 OAB．$OH=h$，$HA=HB=r$，$OP=x$．这时，因为 $\triangle OHA$ 和 $\triangle OPQ$ 相似，所以横截面的圆的半径 PQ 为 $\frac{rx}{h}$.

截面积为 $S(x)=\pi\left(\frac{rx}{h}\right)^2=\frac{\pi r^2}{h^2}x^2$.

将上述面积 $S(x)$ 在区间 $[0, h]$ 内作定积分，即可求得体积

$$\int_0^h S(x)\mathrm{d}x=\int_0^h \frac{\pi r^2}{h^2}x^2\mathrm{d}x=\frac{\pi r^2}{h^2}\int_0^h x^2\mathrm{d}x=\frac{\pi r^2}{h^2}\left(\frac{1}{3}x^3\right)\Big|_0^h=\frac{\pi r^2}{h^2}\cdot\frac{1}{3}h^3=\frac{1}{3}\pi r^2 h.$$

上述解法可归结为用微元法求圆锥体的体积.

设正圆锥的高为 h，底圆半径为 r，圆锥体可看作由直线 $y=\frac{r}{h}x$，$x=h$ 和 x 轴围成的平面图形绕 x 轴旋转一周而得，如图 3-15 所示，

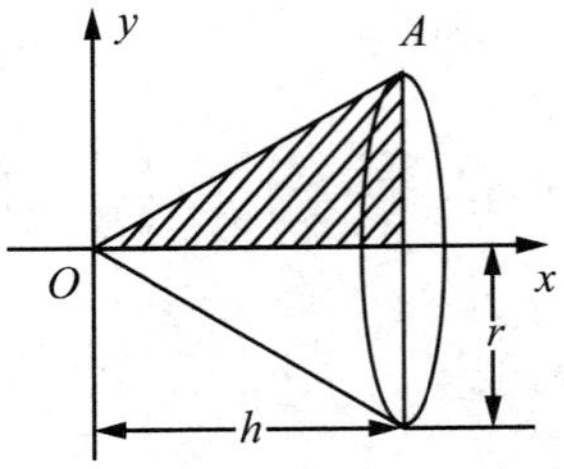

图 3-15

体积微元 $\mathrm{d}V=\pi\left(\frac{r}{h}x\right)^2\mathrm{d}x$，

所以圆锥体积为 $V=\pi\int_0^h\left(\frac{r}{h}x\right)^2\mathrm{d}x=\frac{1}{3}\pi r^2 h$.

第四章　多元函数微积分

自然科学和工程技术中所遇到的函数，往往依赖于两个或更多个自变量，对于自变量多于一个的函数，通常称之为多元函数. 多元函数微积分学是一元函数微积分学的推广和发展，它们有着许多类似之处，但有的地方也有重大区别. 平面解析几何的知识对学习一元函数微积分是不可缺少的，同样空间解析几何的知识对学习多元函数微积分也是必要的. 本章将对空间解析几何的基本知识、多元函数的概念、偏导数、全微分、多元函数的极值和最值、二重积分的概念、计算及应用等内容进行训练和指导.

一、学习要求

1. 了解空间直角坐标系的有关概念，会求简单的平面方程和空间直线方程.
2. 了解二元函数的概念以及二元函数的极限与连续性的概念.
3. 理解偏导数和全微分的概念，了解全微分存在的必要条件和充分条件.
4. 理解二元函数极值的概念，会求二元函数的极值及最值.
5. 理解二重积分的概念及性质.
6. 熟练掌握利用直角坐标计算二重积分的方法，并掌握二重积分的应用问题.

重点：偏导数的定义及计算；全微分的定义及计算；多元函数的极值与最值的求法；二重积分概念、计算及应用.

难点：二元函数的极限与连续、偏导数存在与全微分之间的关系，二元函数偏导数的求法；二元函数极值的充分条件；条件极值的求法；对二重积分概念的理解，将二重积分化为二次积分时的定限及更换积分次序.

二、典型例题分析

(一) 空间解析几何

例 1　设 P 在 x 轴上，它到 $P_1(0,\sqrt{2},3)$ 的距离为到点 $P_2(0,1,-1)$ 的距离的两倍，求点 P 的坐标.

解　因为 P 在 x 轴上，设 P 点坐标为 $(x,0,0)$，则

$$|PP_1|=\sqrt{(-x)^2+(\sqrt{2})^2+3^2}=\sqrt{x^2+11},$$

$$|PP_2|=\sqrt{(-x)^2+1^2+(-1)^2}=\sqrt{x^2+2},$$

$$|PP_1|=2|PP_2|\Rightarrow\sqrt{x^2+11}=2\sqrt{x^2+2},$$

解得 $x=\pm1$，所求点为：$(1,0,0)$ 或 $(-1,0,0)$.

例 2 设 $\boldsymbol{\alpha}=3\boldsymbol{a}-2\boldsymbol{b}$，$\boldsymbol{\beta}=\boldsymbol{a}+2\boldsymbol{b}$，$|\boldsymbol{a}|=3$，$|\boldsymbol{b}|=4$，$\boldsymbol{a}$ 与 $\boldsymbol{b}$ 的夹角为 $\frac{2\pi}{3}$，求 $\boldsymbol{\alpha}\cdot\boldsymbol{\beta}$.

解 $\boldsymbol{a}\cdot\boldsymbol{b}=|\boldsymbol{a}||\boldsymbol{b}|\cos\theta=3\times4\times\cos\frac{2\pi}{3}=-6$，

$$\begin{aligned}\boldsymbol{\alpha}\cdot\boldsymbol{\beta}&=(3\boldsymbol{a}-2\boldsymbol{b})(\boldsymbol{a}+2\boldsymbol{b})=3|\boldsymbol{a}|^2+4\boldsymbol{a}\cdot\boldsymbol{b}-4|\boldsymbol{b}|^2\\&=3\times3^2+4\times(-6)-4\times4^2=-61.\end{aligned}$$

例 3 已知 $\boldsymbol{a}=2\boldsymbol{i}-\boldsymbol{j}-\boldsymbol{k}$，$\boldsymbol{b}=\boldsymbol{i}+2\boldsymbol{j}-\boldsymbol{k}$，求 $\boldsymbol{a}\times\boldsymbol{b}$.

解 $\boldsymbol{a}\times\boldsymbol{b}=\begin{vmatrix}\boldsymbol{i}&\boldsymbol{j}&\boldsymbol{k}\\2&-1&-1\\1&2&-1\end{vmatrix}=3\boldsymbol{i}+\boldsymbol{j}+5\boldsymbol{k}$.

例 4 已知 $\boldsymbol{a}=(2,\ 1,\ -1)$，$\boldsymbol{b}=(1,\ 1,\ 1)$，求 $\boldsymbol{a}\cdot\boldsymbol{b}$.

解 $\boldsymbol{a}\cdot\boldsymbol{b}=2\times1+1\times1+(-1)\times1=2$.

例 5 设 $\boldsymbol{a}$，$\boldsymbol{b}$ 为向量，若 $|\boldsymbol{a}|=3$，$|\boldsymbol{b}|=2$，$\boldsymbol{a}$ 与 $\boldsymbol{b}$ 的夹角为 $\frac{\pi}{3}$，求 $|\boldsymbol{a}+\boldsymbol{b}|$.

解 此题向量的坐标没有给出，这时应用向量的数量积的运算性质及定义进行计算.

$$\begin{aligned}|\boldsymbol{a}+\boldsymbol{b}|^2&=(\boldsymbol{a}+\boldsymbol{b})\cdot(\boldsymbol{a}+\boldsymbol{b})=\boldsymbol{a}\cdot\boldsymbol{a}+\boldsymbol{a}\cdot\boldsymbol{b}+\boldsymbol{b}\cdot\boldsymbol{a}+\boldsymbol{b}\cdot\boldsymbol{b}=|\boldsymbol{a}|^2+2\boldsymbol{a}\cdot\boldsymbol{b}+|\boldsymbol{b}|^2\\&=3^2+2\times3\times2\times\frac{1}{2}+2^2=19,\end{aligned}$$

所以 $|\boldsymbol{a}+\boldsymbol{b}|=\sqrt{19}$.

例 6 求过点 $M_1(2,\ -1,\ 4)$，$M_2(-1,\ 3,\ -2)$ 和 $M_3(0,\ 2,\ 3)$ 的平面方程.

解 取 $\overrightarrow{M_1M_2}\times\overrightarrow{M_1M_3}$ 作为平面的法线向量 $\boldsymbol{n}$.

因为 $\overrightarrow{M_1M_2}=\{-3,\ 4,\ -6\}$，$\overrightarrow{M_1M_3}=\{-2,\ 3,\ -1\}$，

所以 $\boldsymbol{n}=\overrightarrow{M_1M_2}\times\overrightarrow{M_1M_3}=\begin{vmatrix}\boldsymbol{i}&\boldsymbol{j}&\boldsymbol{k}\\-3&4&-6\\-2&3&-1\end{vmatrix}=14\boldsymbol{i}+9\boldsymbol{j}-\boldsymbol{k}$.

根据平面的点法式方程，得所求平面的方程为

$$14(x-2)+9(y+1)-(z-4)=0，\ 即\quad 14x+9y-z-15=0.$$

例 7 求通过两点 $M_1(1,\ 1,\ 1)$ 和 $M_2(0,\ 1,\ -1)$ 且垂直于平面 $x+y+z=0$ 的平面.

解 解法一：设所求平面法线向量为 $\boldsymbol{n}=(A,\ B,\ C)$，已知从点 M_1 到点 M_2 的向量为 $\boldsymbol{n}_1=(-1,\ 0,\ -2)$，平面 $x+y+z=0$ 的法线向量为 $\boldsymbol{n}_2=(1,\ 1,\ 1)$.

因为点 $M_1(1,\ 1,\ 1)$ 和 $M_2(0,\ 1,\ -1)$ 在所求平面上，

所以 $\boldsymbol{n}\perp\boldsymbol{n}_1$，即 $-A-2C=0$，$A=-2C$，

又因为所求平面垂直于平面 $x+y+z=0$，所以 $\boldsymbol{n}\perp\boldsymbol{n}_2$，即 $A+B+C=0$，$B=C$，于是由点法式方程所求平面为

$$-2C(x-1)+C(y-1)+C(z-1)=0，即\ 2x-y-z=0.$$

解法二：点 M_1 到点 M_2 的向量为 $\boldsymbol{n}_1=(-1, 0, -2)$，平面 $x+y+z=0$ 的法线向量为 $\boldsymbol{n}_2=(1, 1, 1)$，设所求平面的法线向量为 $\boldsymbol{n}$，则 $\boldsymbol{n}$ 可取为 $\boldsymbol{n}_1\times\boldsymbol{n}_2$.

因为 $$\boldsymbol{n}=\boldsymbol{n}_1\times\boldsymbol{n}_2=\begin{vmatrix}\boldsymbol{i} & \boldsymbol{j} & \boldsymbol{k}\\ -1 & 0 & -2\\ 1 & 1 & 1\end{vmatrix}=2\boldsymbol{i}-\boldsymbol{j}-\boldsymbol{k},$$

所以，所求平面方程为 $2(x-1)-(y-1)-(z-1)=0$，即 $2x-y-z=0$.

例 8 求过点 $(a, 0, 0)$ 且垂直于 x 轴的平面方程.

解 由于平面垂直于 x 轴，即平行于 yOz 面，所以 $Ax+D=0$，又因为平面过点 $(a, 0, 0)$，故所求平面方程为 $x=a$.

说明 对于一些特殊的平面方程，应熟悉它们的图形特点.

(1) 当 $D=0$ 时，$Ax+By+Cz=0$ 表示一个通过原点的平面；

(2) $x=0$，$y=0$，$z=0$ 分别表示三个坐标面，即 yOz 面，zOx 面和 xOy 面.

可以看出 $Ax+D=0$，$By+D=0$，$Cz+D=0$ 分别表示平行于 yOz 面，zOx 面和 xOy 面的平面，也就是说，如果方程中缺少两个变量，则此平面就平行于那两个变量所确定的坐标面.

例 9 求过点 $(0, 2, 4)$ 且同时平行于平面 $x+2z=1$ 和 $y-3z=2$ 的直线方程.

解 设所求直线的方向向量为 $\boldsymbol{l}$，已知平面 $x+2z=1$ 的法线向量为 $\boldsymbol{n}_1=(1, 0, 2)$，平面 $y-3z=2$ 的法线向量为 $\boldsymbol{n}_2=(0, 1, -3)$，因为 $\boldsymbol{l}$ 同时平行于平面 $x+2z=1$ 和 $y-3z=2$，所以 $\boldsymbol{l}$ 同时垂直于两平面的法向量，故有

$$\boldsymbol{l}=\boldsymbol{n}_1\times\boldsymbol{n}_2=\begin{vmatrix}\boldsymbol{i} & \boldsymbol{j} & \boldsymbol{k}\\ 1 & 0 & 2\\ 0 & 1 & -3\end{vmatrix}=-2\boldsymbol{i}+3\boldsymbol{j}+\boldsymbol{k},$$

故所求直线为 $\dfrac{x}{-2}=\dfrac{y-2}{3}=\dfrac{z-4}{1}$.

例 10 求过点 $(-2, 1, -1)$ 且垂直于平面 $x+2y-z+5=0$ 的直线方程.

解 设所求直线方向向量为 $\boldsymbol{l}=(m, n, p)$，则直线方程为

$$\frac{x+2}{m}=\frac{y-1}{n}=\frac{z+1}{p},$$

由于所求直线与已知平面垂直，则 $\dfrac{m}{1}=\dfrac{n}{2}=\dfrac{p}{-1}$，所以可取 $\boldsymbol{l}=(1, 2, -1)$，故所求直线为

$$\frac{x+2}{1}=\frac{y-1}{2}=\frac{z+1}{-1}.$$

例 11 求过点 $(1, 1, 1)$ 且与直线 $\dfrac{x-1}{2}=\dfrac{y-2}{3}=\dfrac{z-3}{4}$ 平行的直线方程.

解 因为所求直线平行于已知直线，所以已知直线的方向向量 $(2, 3, 4)$ 即为所求直线的方向向量，因此所求直线的方程为

$$\frac{x-1}{2}=\frac{y-1}{3}=\frac{z-1}{4}.$$

说明 求平面方程和直线方程时，在已知一定点的条件下，关键是求出平面的法线向量和直线的方向向量. 再以两向量的点积和叉积的运算为基础求解. 另外，求平面方程和直线方程的方法往往不止一种，读者可灵活运用已给的条件，选择一种比较简单的方法，求出平面方程或直线方程.

例 12 判断下列各组平面与直线间的位置关系：

(1) $\frac{x-1}{2}=\frac{y-1}{3}=\frac{z}{2}$ 和 $3x-4y+3z=0$；

(2) $\frac{x-2}{3}=\frac{y+2}{1}=\frac{z-3}{-4}$ 和 $x+y+z=3$；

(3) $\frac{x+2}{3}=\frac{y-1}{2}=\frac{z+3}{1}$ 和 $9x+6y+3z-28=0$.

解 (1) 直线的方向向量 $\boldsymbol{l}=(2, 3, 2)$，平面的法向量 $\boldsymbol{n}=(3, -4, 3)$. 由于 $\boldsymbol{l}\cdot\boldsymbol{n}=2\times3+3\times(-4)+2\times3=0$，所以直线与平面平行，又点 $M_0(1, 1, 0)$ 在直线上，将 M_0 的坐标代入平面方程可得 $3\times1-4\times1+3\times0\neq0$，即 M_0 不在平面上. 因此直线平行于平面，但不在平面上.

(2) 直线的方向向量 $\boldsymbol{l}=(3, 1, -4)$，平面的法向量 $\boldsymbol{n}=(1, 1, 1)$. 由于 $\boldsymbol{l}\cdot\boldsymbol{n}=3\times1+1\times1+(-4)\times1=0$，所以直线与平面平行，又点 $M_0(2, -2, 3)$ 在直线上，将 M_0 的坐标代入平面方程可得 $2+(-2)+3=3$，即 M_0 在平面上. 因此直线在平面上.

(3) 直线的方向向量 $\boldsymbol{l}=(3, 2, 1)$，平面的法向量 $\boldsymbol{n}=(9, 6, 3)$. 显然 $\frac{9}{3}=\frac{6}{2}=\frac{3}{1}$，所以直线与平面垂直.

例 13 求直线 $\frac{x-2}{1}=\frac{y-3}{1}=\frac{z-4}{2}$ 与平面 $2x+y+z-6=0$ 的交点.

解 所给直线的参数方程为 $\begin{cases}x=2+t,\\ y=3+t,\\ z=4+2t,\end{cases}$ 代入平面方程中，得

$$2(2+t)+(3+t)+(4+2t)-6=0,$$

解得 $t=-1$，所求交点为 $x=1$，$y=2$，$z=2$.

例 14 说明下列方程各表示什么曲面：

(1) $x^2+y^2=1$；　(2) $x^2+y^2+z^2-2x+4y=0$；

(3) $(z-a)^2=x^2+y^2$；　(4) $3z=x^2+2y^2$.

解 (1) 表示准线为 $\begin{cases}x^2+y^2=1\\ z=0\end{cases}$，母线平行于 z 轴的圆柱面；

(2) 原方程可改写成 $(x-1)^2+(y+2)^2+z^2=5$，表示球心在点 $(1, -2, 0)$，半径为 $\sqrt{5}$ 的球面；

(3) 表示直线 $\begin{cases}z-a=x\\ y=0\end{cases}$ 绕 z 轴旋转而成的圆锥面；

(4) 方程可变形为 $z=\frac{x^2}{3}+\frac{y^2}{\frac{3}{2}}$，它表示 $p=3$，$q=\frac{3}{2}$ 的椭圆抛物面.

例 15 将 zOx 坐标面上的双曲线 $\frac{x^2}{a^2}-\frac{z^2}{c^2}=1$ 分别绕 x 轴和 z 轴旋转一周，求所生成的旋转曲面的方程.

解 绕 x 轴旋转所生成的旋转曲面的方程为 $\frac{x^2}{a^2}-\frac{y^2+z^2}{c^2}=1$，

绕 z 轴旋转所在的旋转曲面的方程为 $\frac{x^2+y^2}{a^2}-\frac{z^2}{c^2}=1$.

这两种曲面分别叫作双叶双曲面和单叶双曲面.

(二) 多元函数的微分

例 16 求函数 $z=\frac{\ln(1-x^2-y^2)}{\sqrt{y-x^2}}$ 的定义域，并画出其定义域图形.

解 要使函数有意义，自变量 x，y 必须同时满足条件

$$\begin{cases}1-x^2-y^2>0,\\ y-x^2>0,\end{cases}\quad 即\begin{cases}x^2+y^2<1,\\ y>x^2.\end{cases}$$

于是所求定义域为 $D=\{(x, y)\mid x^2+y^2<1, y>x^2\}$（如图 4-1 所示）.

说明 求二元函数定义域的方法与求一元函数定义域的方法类似，自变量的取值要使解析式有意义，主要限制条件是分式函数中分母不能为零，对数函数真数大于零，偶次方根为非负及三角函数等的限制条件. 在画定义域图形时，要先将不等式写成等式，作出相应边界曲线图形，然后确定满足不等式的点 (x, y) 位于边界曲线的哪一侧，如果某个不等式是严格不等式，则相应边界曲线画成虚线，各不等式限定区域的公共部分就是定义域的图形.

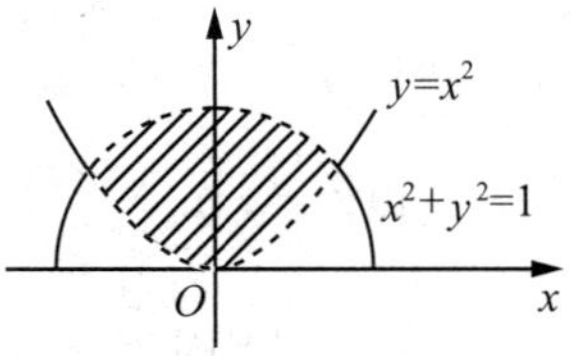

图 4-1

例 17 求下列极限.

(1) $\lim\limits_{\substack{x\to0\\y\to0}}\frac{1-\sqrt{xy+1}}{xy}$；　(2) $\lim\limits_{\substack{x\to\infty\\y\to1}}(1+\frac{1}{x})^{\frac{x^2}{x+y}}$；　(3) $\lim\limits_{\substack{x\to0\\y\to0}}(x^2+y^2)\sin\frac{1}{xy}$.

分析 对于二元函数的极限，可以类似于一元函数那样利用两个重要极限、四则运算法则、无穷小性质、函数的连续性等方法求极限.

解 (1) $\lim\limits_{\substack{x\to0\\y\to0}}\frac{1-\sqrt{xy+1}}{xy}=\lim\limits_{\substack{x\to0\\y\to0}}\frac{-xy}{xy(1+\sqrt{xy+1})}=\lim\limits_{\substack{x\to0\\y\to0}}\frac{-1}{1+\sqrt{xy+1}}=-\frac{1}{2}$；

(2) $\lim\limits_{\substack{x\to\infty\\y\to1}}\left(1+\frac{1}{x}\right)^{\frac{x^2}{x+y}}=\lim\limits_{\substack{x\to\infty\\y\to1}}\left[\left(1+\frac{1}{x}\right)^x\right]^{\frac{x}{x+y}}=e^1=e$；

(3) 因为$\lim\limits_{\substack{x\to 0\\ y\to 0}}(x^2+y^2)=0$，又$\left|\sin\dfrac{1}{xy}\right|\leqslant 1$，即$\left|\sin\dfrac{1}{xy}\right|$有界，所以

$$\lim_{\substack{x\to 0\\ y\to 0}}(x^2+y^2)\sin\frac{1}{xy}=0.$$

例 18 二元函数$z=f(x,\ y)$在点$p_0(x_0,\ y_0)$处的两个偏导数$\dfrac{\partial z}{\partial x}$和$\dfrac{\partial z}{\partial y}$存在是它在$p_0$处可微的(　　).

A. 充分条件　　B. 必要条件　　C. 充要条件　　D. 无关条件

解 $z=f(x,\ y)$在点p_0处可微必在p_0处偏导数存在，反之不一定，故应选 B.

说明 (1) 全微分存在的必要条件是：若函数$z=f(x,\ y)$在点$(x,\ y)$处可微，则它在该点处必连续，同时两个偏导数$\dfrac{\partial z}{\partial x}$和$\dfrac{\partial z}{\partial y}$都存在，且$\mathrm{d}z=\dfrac{\partial z}{\partial x}\mathrm{d}x+\dfrac{\partial z}{\partial y}\mathrm{d}y$；

(2) 全微分存在的充分条件是：若函数$z=f(x,\ y)$的两个偏导数$\dfrac{\partial z}{\partial x}$和$\dfrac{\partial z}{\partial y}$在点$(x,\ y)$处都存在且连续，则函数$z=f(x,\ y)$在该点可微. 即偏导数存在且连续是二元函数可微的充分条件，但不是必要条件；

(3) 函数的偏导数、全微分存在和函数连续有如下关系：

$$\text{偏导数连续}\Rightarrow\text{全微分存在}\Rightarrow\begin{cases}\text{偏导数存在}\\ \text{函数连续}\end{cases}.$$

例 19 求下列函数的一阶偏导数.

(1)$z=x\ln\sqrt{x^2+y^2}$；　　(2)$z=\arctan\dfrac{y}{x}$.

解 (1) 因为$z=x\ln\sqrt{x^2+y^2}=\dfrac{1}{2}x\ln(x^2+y^2)$，所以

$$\frac{\partial z}{\partial x}=\frac{1}{2}\ln(x^2+y^2)+\frac{1}{2}x\ \frac{2x}{x^2+y^2}=\ln\sqrt{x^2+y^2}+\frac{x^2}{x^2+y^2},$$

$$\frac{\partial z}{\partial y}=\frac{1}{2}x\ \frac{2y}{x^2+y^2}=\frac{xy}{x^2+y^2}.$$

(2) $$\frac{\partial z}{\partial x}=\frac{-\dfrac{y}{x^2}}{1+\left(\dfrac{y}{x}\right)^2}=\frac{-y}{x^2+y^2},\quad \frac{\partial z}{\partial y}=\frac{\dfrac{1}{x}}{1+\left(\dfrac{y}{x}\right)^2}=\frac{x}{x^2+y^2}.$$

例 20 设$f(x,\ y)=(x-2)^2y^2+(y-1)\arcsin\sqrt{\dfrac{x}{y}}$，求$f'_x(x,\ 1)$，$f'_x(2,\ 1)$，$f'_y(0,\ 1)$.

解 根据题意得，$f(x,\ 1)=(x-2)^2\cdot 1^2=(x-2)^2$，于是，

$$f'_x(x,\ 1)=2x-4,$$

$$f'_x(2,\ 1)=2x-4\,|_{x=2}=0.$$

同理，$f(0,\ y)=4y^2$，于是，$f'_y(0,\ 1)=8y\,|_{y=1}=8$.

例 21 设 $z=\ln(1+x^2+y^2)$，求在点(1，2)处的偏导数.

解 $\dfrac{\partial z}{\partial x}=\dfrac{2x}{1+x^2+y^2}$，$\dfrac{\partial z}{\partial y}=\dfrac{2y}{1+x^2+y^2}$.

所以 $\left.\dfrac{\partial z}{\partial x}\right|_{\substack{x=1\\y=2}}=\dfrac{1}{3}$，$\left.\dfrac{\partial z}{\partial y}\right|_{\substack{x=1\\y=2}}=\dfrac{2}{3}$.

例 22 求下列函数的二阶偏导数$\dfrac{\partial^2 z}{\partial x^2}$，$\dfrac{\partial^2 z}{\partial x\,\partial y}$，$\dfrac{\partial^2 z}{\partial y^2}$.

(1)$z=xy+x\sin y+y\cos x$；　　(2)$z=y^x$.

解 (1) $\dfrac{\partial z}{\partial x}=y+\sin y-y\sin x$，$\dfrac{\partial z}{\partial y}=x+x\cos y+\cos x$，则

$$\frac{\partial^2 z}{\partial x^2}=-y\cos x,\quad \frac{\partial^2 z}{\partial y^2}=-x\sin y,\quad \frac{\partial^2 z}{\partial x\,\partial y}=1+\cos y-\sin x.$$

(2) $\dfrac{\partial z}{\partial x}=y^x\ln y$，$\dfrac{\partial z}{\partial y}=xy^{x-1}$，则

$$\frac{\partial^2 z}{\partial x^2}=y^x\ln^2 y,\quad \frac{\partial^2 z}{\partial y^2}=x(x-1)y^{x-2},$$

$$\frac{\partial^2 z}{\partial x\,\partial y}=\frac{\partial^2 z}{\partial y\,\partial x}=xy^{x-1}\ln y+y^{x-1}=y^{x-1}(1+x\ln y).$$

例 23 (1) 设 $z=\ln(x^2+y^2)$ 求全微分 $\mathrm{d}z$；

(2) 求函数 $z=\mathrm{e}^{xy}$，当 $x=1$，$y=1$，$\Delta x=0.15$，$\Delta y=0.1$ 时的全微分 $\mathrm{d}z$.

解 (1) 先求偏导数

$$\frac{\partial z}{\partial x}=\frac{2x}{x^2+y^2},\quad \frac{\partial z}{\partial y}=\frac{2y}{x^2+y^2},$$

所以
$$\mathrm{d}z=\frac{\partial z}{\partial x}\mathrm{d}x+\frac{\partial z}{\partial y}\mathrm{d}y=\frac{2}{x^2+y^2}(x\mathrm{d}x+y\mathrm{d}y).$$

(2) 因为 $\mathrm{d}z=\dfrac{\partial z}{\partial x}\Delta x+\dfrac{\partial z}{\partial y}\Delta y=y\mathrm{e}^{xy}\cdot\Delta x+x\mathrm{e}^{xy}\cdot\Delta y$，所以当 $x=1$，$y=1$，$\Delta x=0.15$，$\Delta y=0.1$ 时，$\mathrm{d}z=\mathrm{e}\cdot 0.15+\mathrm{e}\cdot 0.1=0.25\mathrm{e}$.

例 24 (1) 设 $z=\mathrm{e}^u\sin v$，$u=xy$，$v=x+y$，求$\dfrac{\partial z}{\partial x}$，$\dfrac{\partial z}{\partial y}$.

(2) 设 $z=\mathrm{e}^{x-2y}$，$x=\sin t$，$y=t^3$，求$\dfrac{\mathrm{d}z}{\mathrm{d}t}$.

解 (1) 方法一(代入法)：将 $u=xy$，$v=x+y$ 代入 $z=\mathrm{e}^u\sin v$ 中，得 $z=\mathrm{e}^{xy}\sin(x+y)$，所以

$$\frac{\partial z}{\partial x}=y\mathrm{e}^{xy}\sin(x+y)+\mathrm{e}^{xy}\cos(x+y)=\mathrm{e}^{xy}[y\sin(x+y)+\cos(x+y)],$$

$$\frac{\partial z}{\partial y}=x\mathrm{e}^{xy}\sin(x+y)+\mathrm{e}^{xy}\cos(x+y)=\mathrm{e}^{xy}[x\sin(x+y)+\cos(x+y)].$$

方法二(公式法)：由复合函数求导公式，有

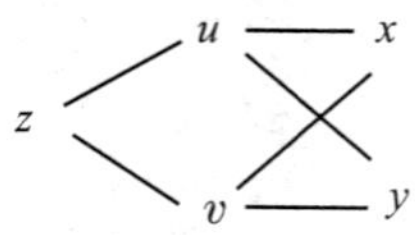

$$\frac{\partial z}{\partial x}=\frac{\partial z}{\partial u}\cdot\frac{\partial u}{\partial x}+\frac{\partial z}{\partial v}\cdot\frac{\partial v}{\partial x}=y\mathrm{e}^{u}\sin v+\mathrm{e}^{u}\cos v$$
$$=\mathrm{e}^{xy}[y\sin(x+y)+\cos(x+y)],$$
$$\frac{\partial z}{\partial y}=\frac{\partial z}{\partial u}\frac{\partial u}{\partial y}+\frac{\partial z}{\partial v}\frac{\partial v}{\partial y}=x\mathrm{e}^{u}\sin v+\mathrm{e}^{u}\cos v$$
$$=\mathrm{e}^{xy}[x\sin(x+y)+\cos(x+y)].$$

(2) 方法一(代入法)：因为 $z=\mathrm{e}^{\sin t-2t^3}$，所以 $\frac{\mathrm{d}z}{\mathrm{d}t}=\mathrm{e}^{\sin t-2t^3}(\cos t-6t^2)$.

方法二(公式法)：

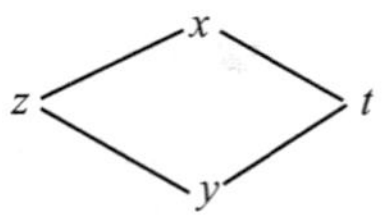

$$\frac{\mathrm{d}z}{\mathrm{d}t}=\frac{\partial z}{\partial x}\cdot\frac{\mathrm{d}x}{\mathrm{d}t}+\frac{\partial z}{\partial y}\cdot\frac{\mathrm{d}y}{\mathrm{d}t}$$
$$=\mathrm{e}^{x-2y}\cdot\cos t+\mathrm{e}^{x-2y}\cdot(-6t^2)$$
$$=\mathrm{e}^{\sin t-2t^3}(\cos t-6t^2).$$

说明 求函数 $z=f(u,\ v)$，$u=\varphi(x,\ y)$，$v=\psi(x,\ y)$ 通过复合运算构成的复合函数 $z=f[\varphi(x,\ y),\ \psi(x,\ y)]$ 的偏导数时，一般使用代入法和公式法. 在利用公式法求偏导数时，要把握复合函数的复合关系以及哪些是中间变量，哪些是自变量，利用函数结构的链式图，正确地写出复合函数的求导公式. 根据函数结构图写出复合函数求导公式的过程归纳成口诀为：**分线相加，连线相乘，分清变量，逐层求导**.

例 25 设 $z=(x^2+y^2)^{xy}$，求 $\frac{\partial z}{\partial x}$，$\frac{\partial z}{\partial y}$.

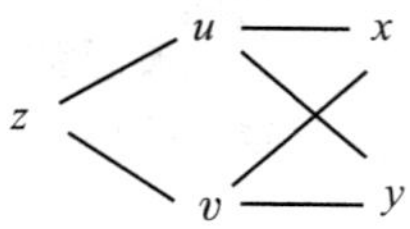

解 令 $u=x^2+y^2$，$v=xy$，由复合函数求导法则得

$$\frac{\partial z}{\partial x}=\frac{\partial z}{\partial u}\frac{\partial u}{\partial x}+\frac{\partial z}{\partial v}\frac{\partial v}{\partial x}=vu^{v-1}2x+yu^{v}\ln u$$
$$=2x^2y(x^2+y^2)^{xy-1}+y(x^2+y^2)^{xy}\ln(x^2+y^2),$$

利用函数的轮换对称性，得

$$\frac{\partial z}{\partial y}=2xy^2(x^2+y^2)^{xy-1}+x(x^2+y^2)^{xy}\ln(x^2+y^2).$$

例 26 设 $z=f(x^2-y^2,\ \mathrm{e}^{xy})$，求 $\frac{\partial z}{\partial x}$，$\frac{\partial z}{\partial y}$.

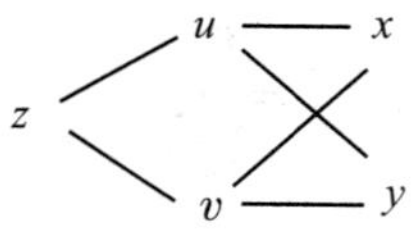

解 令 $u=x^2-y^2$，$v=\mathrm{e}^{xy}$，

由复合函数求导法则得

$$\frac{\partial z}{\partial x}=\frac{\partial z}{\partial u}\cdot\frac{\partial u}{\partial x}+\frac{\partial z}{\partial v}\cdot\frac{\partial v}{\partial x}=f'_u\cdot 2x+f'_v\cdot\mathrm{e}^{xy}\cdot y=2x\cdot f'_u+y\mathrm{e}^{xy}f'_v,$$

$$\frac{\partial z}{\partial y}=\frac{\partial z}{\partial u}\cdot\frac{\partial u}{\partial y}+\frac{\partial z}{\partial v}\cdot\frac{\partial v}{\partial y}=f'_u\cdot(-2y)+f'_v\cdot\mathrm{e}^{xy}\cdot x=-2xf'_u+x\mathrm{e}^{xy}f'_v.$$

例 27 设 $z=f(x^2+y^2)$，证明 $y\frac{\partial z}{\partial x}-x\frac{\partial z}{\partial y}=0$.

证明 设 $z=f(u)$，$u=x^2+y^2$，则

$$\frac{\partial z}{\partial x}=\frac{\partial z}{\partial u}\frac{\partial u}{\partial x}=2xf'_u,\quad \frac{\partial z}{\partial y}=\frac{\partial z}{\partial u}\frac{\partial u}{\partial y}=2yf'_u,\text{ 所以}$$

$$y\frac{\partial z}{\partial x}-x\frac{\partial z}{\partial y}=2xyf'_u-2xyf'_u=0.$$

例 28 设方程 $z^x=y^z$，确定函数 $z=z(x, y)$，求$\frac{\partial z}{\partial x}$，$\frac{\partial z}{\partial y}$.

解 解法一(公式法)：令 $F(x, y, z)=z^x-y^z$，则

$$F'_x=z^x\ln z,\quad F'_y=-zy^{z-1},\quad F'_z=xz^{x-1}-y^z\ln y,$$

所以
$$\frac{\partial z}{\partial x}=-\frac{F'_x}{F'_z}=\frac{z^x\ln z}{y^z\ln y-xz^{x-1}}=\frac{z\ln z}{z\ln y-x},$$

$$\frac{\partial z}{\partial y}=-\frac{F'_y}{F'_z}=\frac{zy^{z-1}}{xz^{x-1}-y^z\ln y}=\frac{z^2}{y(x-z\ln y)}.$$

解法二(求导法)：方程两边对 x 求导得

$$z^x\ln z+xz^{x-1}\frac{\partial z}{\partial x}=y^z\ln y\frac{\partial z}{\partial x},$$

所以
$$\frac{\partial z}{\partial x}=\frac{z\ln z}{z\ln y-x}.$$

方程两边对 y 求偏导得

$$xz^{x-1}\frac{\partial z}{\partial y}=zy^{z-1}+y^z\ln y\frac{\partial z}{\partial y},$$

所以
$$\frac{\partial z}{\partial y}=\frac{z^2}{y(x-z\ln y)}.$$

方法三(全微分法)：方程两边求全微分得 $\mathrm{d}(z^x)=\mathrm{d}(y^z)$，

即
$$z^x\ln z\mathrm{d}x+xz^{x-1}\mathrm{d}z=zy^{z-1}\mathrm{d}y+y^z\ln y\mathrm{d}z,$$

$$\mathrm{d}z=\frac{-z^x\ln z}{xz^{x-1}-y^z\ln y}\mathrm{d}x+\frac{zy^{z-1}}{xz^{x-1}-y^z\ln y}\mathrm{d}y,$$

所以
$$\frac{\partial z}{\partial x}=\frac{z\ln z}{z\ln y-x},\quad \frac{\partial z}{\partial y}=\frac{z^2}{y(x-z\ln y)}.$$

说明 求由方程 $F(x, y, z)=0$ 确定的隐函数 $z=z(x, y)$ 的偏导数方法一般有：公式法、求导法和全微分法. 如果应用求导法求解，应注意把 z 看成 x，y 的函数.

(三) 多元函数偏导数的应用

例 29 设函数 $z=x^3-3x^2-3y^2$，

(1) 求函数的极值；　　(2) 求函数在区域 D：$x^2+y^2\leqslant 16$ 上的最大值.

解 (1) 先求函数 $z=x^3-3x^2-3y^2$ 的驻点.

由$\begin{cases}\dfrac{\partial z}{\partial x}=3x^2-6x=0,\\[2mm] \dfrac{\partial z}{\partial y}=-6y=0,\end{cases}$　　解得驻点(0, 0)，(2, 0).

因为$\frac{\partial^2 z}{\partial x^2}=6x-6$，$\frac{\partial^2 z}{\partial x\,\partial y}=0$，$\frac{\partial^2 z}{\partial y^2}=-6$，故在点(0，0)处$A=-6$，$B=0$，$C=-6$，且$B^2-AC=-36<0$，$A<0$，点(0，0)为函数的极大值点，极大值为$z(0,\ 0)=0$；

在点(2，0)处$A=6$，$B=0$，$C=-6$，且$B^2-AC=36>0$，点(2，0)不是极值点.

所以，函数只有极大值$z(0,\ 0)=0$.

(2) 求函数$z=x^3-3x^2-3y^2$在边界上，即在圆周$x^2+y^2=16$上的最大值.

将$x^2+y^2=16$，即$y^2=16-x^2$代入函数中得$z=x^3-48(-4\leqslant x\leqslant 4)$. 对于函数$z=x^3-48$有$\frac{\mathrm{d}z}{\mathrm{d}x}=3x^2\geqslant 0$，所以$z=x^3-48$在$(-4\leqslant x\leqslant 4)$上的最大值为$z\big|_{x=4}=16$.

比较函数极大值与边界$(x^2+y^2=16)$上的最大值，可得函数在D：$x^2+y^2\leqslant 16$上的最大值为$z_{\max}=16$.

说明 求函数最值的程序是：

① 求出函数"可疑"的极值点的函数值；

② 求出函数在边界上的值；

③ 将上面所得的所有函数值进行比较，最大(小)者为最大(小)值.

例 30 求多项式$p(x)=x^2+ax+b$，使得积分$\int_{-1}^{1}p^2(x)\mathrm{d}x$取最小值.

解 令$f(a,\ b)=\int_{-1}^{1}p^2(x)\mathrm{d}x$，则

$$\begin{aligned}f(a,\ b)&=\int_{-1}^{1}(x^2+ax+b)^2\mathrm{d}x\\&=\int_{-1}^{1}(x^4+2ax^3+a^2x^2+2bx^2+2abx+b^2)\mathrm{d}x\\&=\frac{2}{5}+\frac{2}{3}a^2+\frac{4}{3}b+2b^2,\end{aligned}$$

问题转化为a，b取何值使得二元函数$f(a,\ b)$取最小值.

由方程组$\begin{cases}f'_a(a,\ b)=\frac{4}{3}a=0,\\f'_b(a,\ b)=\frac{4}{3}+4b=0,\end{cases}$解得驻点为$\left(0,\ -\frac{1}{3}\right)$，再求二阶偏导数.

$$A=f''_{aa}(a,\ b)=\frac{4}{3},\quad B=f''_{ab}(a,\ b)=0,\quad C=f''_{bb}(a,\ b)=4,$$

由$\Delta=B^2-AC<0$，$A=\frac{4}{3}>0$知，当$a=0$，$b=-\frac{1}{3}$时，$f(a,\ b)$取最小值，即$p(x)=x^2-\frac{1}{3}$，积分$\int_{-1}^{1}p^2(x)\mathrm{d}x$取最小值.

例 31 在半径为a的半球内，内接一个长方体，问：长、宽、高各是多少时，其体积为最大？

解 设球面方程为 $x^2+y^2+z^2=a^2$，(x, y, z) 是它的内接长方体在第一卦限内的一个顶点，则长方体的长、宽、高分别为 $2x$，$2y$，z，体积为 $V=4xyz$.

问题是在条件 $x^2+y^2+z^2=a^2$ 下，求函数 $V=4xyz$ 的最大值.

构造拉格朗日函数 $F(x, y, z, \lambda)=4xyz+\lambda(x^2+y^2+z^2-a^2)$，

解方程组 $\begin{cases} F'_x=4yz+2\lambda x=0, \\ F'_y=4xz+2\lambda y=0, \\ F'_z=4xy+2\lambda z=0, \\ F'_\lambda=x^2+y^2+z^2-a^2=0, \end{cases}$

由前三式得 $x=y=z=-\dfrac{\lambda}{2}$，代入第 4 个方程中，得 $x=y=z=\dfrac{a}{\sqrt{3}}$，即有唯一驻点$\left(\dfrac{a}{\sqrt{3}}, \dfrac{a}{\sqrt{3}}, \dfrac{a}{\sqrt{3}}\right)$. 根据实际问题判断，这种长方体的体积存在最大值，所以当长方体的长、宽、高分别为$\dfrac{2a}{\sqrt{3}}$，$\dfrac{2a}{\sqrt{3}}$，$\dfrac{a}{\sqrt{3}}$时，其体积最大.

说明 根据问题的实际意义，若确实存在最大值或最小值；而在函数 $z=f(x, y)$ 的定义域 D 内，函数仅有一个驻点，这就可以断定，该驻点就是函数在 D 内的最大值点或最小值点.

例 32 要将薄铁板做成一个容积为 $32\mathrm{m}^3$ 的无盖长方体铁皮容器，问：长、宽、高如何设计才能使用料最省？

解 设盒子的长为 x，宽为 y，高为 z.

依题设 $xyz=32$，则 $z=\dfrac{32}{xy}$，于是容器的表面积

$$S=xy+2yz+2zx=xy+\frac{64}{x}+\frac{64}{y} \quad (x>0, \ y>0).$$

这是求二元函数的极值问题. 由

$$\begin{cases} \dfrac{\partial S}{\partial x}=y-\dfrac{64}{x^2}=0, \\ \dfrac{\partial S}{\partial y}=x-\dfrac{64}{y^2}=0, \end{cases}$$

可解得 $x=4$，$y=4$. 将 $x=y=4$ 代入 $z=\dfrac{32}{xy}$，得 $z=2$.

由实际问题可知，容器的表面积一定存在最小值，而在函数的定义域 $D=\{(x, y) \mid x>0, \ y>0\}$ 内有唯一的驻点$(4, 4)$，故当长为 4 m、宽为 4 m、高为 2 m 时，S 取最小值，即当长、宽、高的比为 2∶2∶1 时用料最省.

(四) 二重积分的计算

1. 在直角坐标系下计算二重积分

二重积分可化为二次积分来计算，解题步骤如下：

(1) 画出积分区域 D 的草图；

(2) 选择积分次序，并确定相应积分的上限和下限：

1) 根据 D 的形状选择积分次序，以将 D 不分块或少分块(必须分块时) 为好；

2) 根据被积函数 $f(x,\ y)$ 选择积分次序，以积分简便或能够进行积分为原则；

(3) 计算二次积分.

例 33 设 D：$x\geqslant 0$，$y\geqslant 0$，$x^2+y^2\leqslant 4$，则 $\iint\limits_D d\sigma=$________.

解 如图 4-2，按二重积分的几何意义，$\iint\limits_D d\sigma=D$ 的面积 $=\dfrac{\pi\cdot 2^2}{4}=\pi$，所以填 π.

例 34 比较下列积分值的大小

(1) $\iint\limits_D (x+y)^2 d\sigma$ 与 $\iint\limits_D (x+y)^3 d\sigma$，$D$ 是由 x 轴、y 轴与直线 $x+y=1$ 围成的区域；

(2) $\iint\limits_D \ln(x+y) d\sigma$ 与 $\iint\limits_D [\ln(x+y)]^2 d\sigma$，$D$ 是矩形域 $3\leqslant x\leqslant 5$，$0\leqslant y\leqslant 1$.

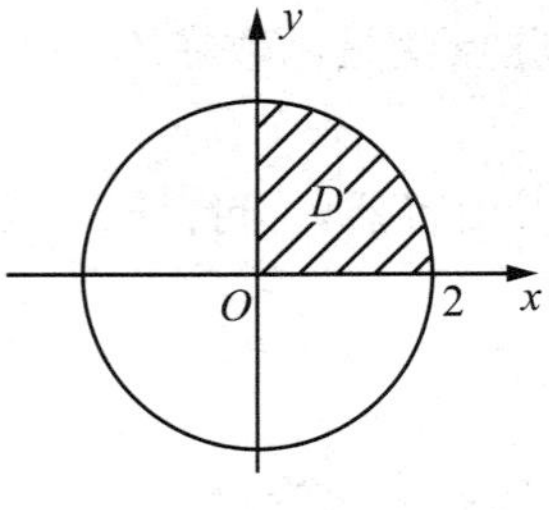

图 4-2

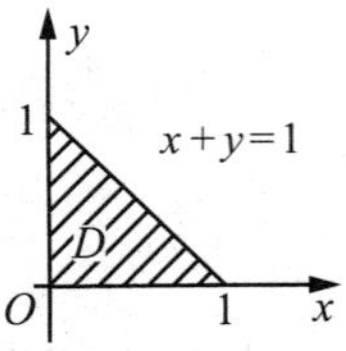

图 4-3

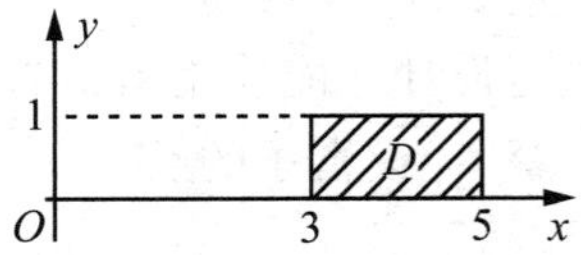

图 4-4

解 (1) 如图 4-3，在 D：$0\leqslant x+y\leqslant 1$ 上，有 $(x+y)^2\geqslant(x+y)^3$，根据二重积分的性质，得 $\iint\limits_D (x+y)^2 d\sigma\geqslant\iint\limits_D (x+y)^3 d\sigma$.

(2) 如图 4-4，因为 D 是矩形域 $3\leqslant x\leqslant 5$，$0\leqslant y\leqslant 1$，在 D：$3\leqslant x+y\leqslant 6$ 上，所以

$1<\ln(x+y)\leqslant \ln 6$，即在 D 上 $\ln(x+y)\leqslant[\ln(x+y)]^2$，根据二重积分的性质，得

$$\iint\limits_D \ln(x+y) d\sigma\leqslant\iint\limits_D [\ln(x+y)]^2 d\sigma.$$

例 35 计算 $I=\iint\limits_D e^{x+y} dx dy$，其中 D 是由直线 $x=0$，$x=\pi$，$y=0$，$y=\pi$ 围成的区域.

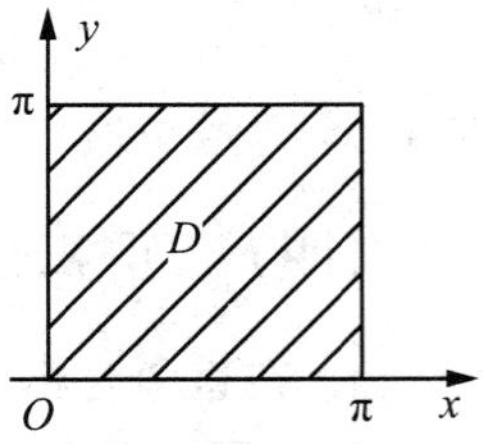

图 4-5

解 D 是矩形区域(图 4-5)，且被积函数 $f(x,\ y)=f_1(x)f_2(y)=e^x e^y$，故

$$I=\left(\int_0^{\pi}e^x\mathrm{d}x\right)\left(\int_0^{\pi}e^y\mathrm{d}y\right)=2\left(\int_0^{\pi}e^x\mathrm{d}x\right)$$
$$=2\left(e^x\Big|_0^{\pi}\right)=2(e^{\pi}-1).$$

例 36 交换积分

$$I=\int_1^2\mathrm{d}x\int_{\frac{1}{x}}^{\sqrt{x}}f(x,\ y)\mathrm{d}y$$

的积分次序.

分析 交换积分次序的思路：

先由二次积分得到区域 D 是由哪些曲线围成，再画出区域 D 的草图，最后由区域 D 的图形按新的积分次序写出二次积分.

解 所给二次积分的积分区域由下列曲线围成：

两条直线：$x=1$，$x=2$；两条曲线：$y=\dfrac{1}{x}$，$y=\sqrt{x}$.

画出区域 D 的草图(图 4-6).

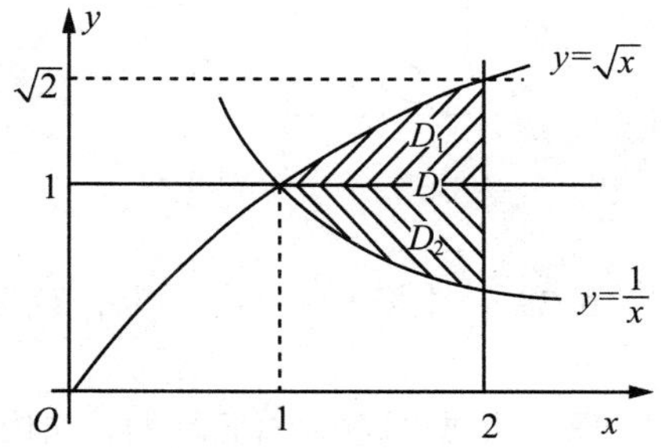

图 4-6

若先对 x 积分，后对 y 积分，需将 D 看作 Y 型区域，由图 4-6 可知，要用直线 $y=1$ 将 D 分成两个部分区域 D_1 和 D_2，

$$D_1:\begin{cases}\dfrac{1}{2}\leqslant y\leqslant 1,\\ \dfrac{1}{y}\leqslant x\leqslant 2,\end{cases}\qquad D_2:\begin{cases}1\leqslant y\leqslant\sqrt{2},\\ y^2\leqslant x\leqslant 2,\end{cases}$$

于是 $I=\int_{\frac{1}{2}}^{1}\mathrm{d}y\int_{\frac{1}{y}}^{2}f(x,\ y)\mathrm{d}x+\int_1^{\sqrt{2}}\mathrm{d}y\int_{y^2}^{2}f(x,\ y)\mathrm{d}x$.

例 37 计算 $I=\iint\limits_D y\mathrm{d}\sigma$，其中 D 是由直线 $y=2-x$ 和曲线 $y^2=x$ 所围成的区域.

解 如图 4-7 所示.

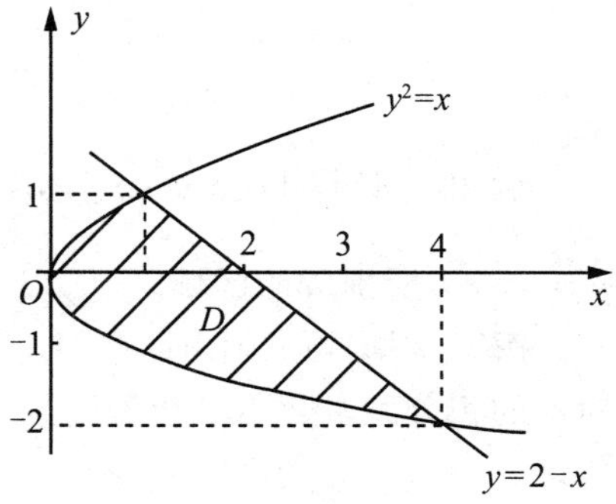

图 4-7

由区域 D 的形状选择积分次序，以不分块为原则，应将看成 Y 型区域，先对 x 积分，后对 y 积分，区域 D：

$$\begin{cases}-2\leqslant y\leqslant 1,\\ y^2\leqslant x\leqslant 2-y,\end{cases}$$

所以 $I=\int_{-2}^{1}\mathrm{d}y\int_{y^2}^{2-y}y\mathrm{d}x=\int_{-2}^{1}y\cdot x\Big|_{y^2}^{2-y}\mathrm{d}y=\left(y^2-\dfrac{1}{3}y^3-\dfrac{1}{4}y^4\right)\Big|_{-2}^{1}=-\dfrac{9}{4}$.

例 38 计算二次积分 $I=\int_0^1\mathrm{d}x\int_x^{\sqrt[3]{x}}e^{\frac{y^2}{2}}\mathrm{d}y$.

解 被积函数是 $e^{\frac{y^2}{2}}$，对于 y 而言，它的原函数不能用初等函数表示，需改变积分次序才能进行.

区域 D：$\begin{cases} y^3 \leqslant x \leqslant y, \\ 0 \leqslant y \leqslant 1, \end{cases}$ 如图 4-8 所示.

$$I = \int_0^1 \mathrm{d}x \int_x^{\sqrt[3]{x}} \mathrm{e}^{\frac{y^2}{2}} \mathrm{d}y = \int_0^1 \mathrm{e}^{\frac{y^2}{2}} \mathrm{d}y \int_{y^3}^{y} \mathrm{d}x = \frac{1}{2}\int_0^1 \mathrm{e}^{\frac{y^2}{2}} (1-y^2)\mathrm{d}y^2,$$

令 $u = \dfrac{y^2}{2}$，由上式得

$$I = \int_0^{\frac{1}{2}} \mathrm{e}^u (1-2u)\mathrm{d}u = \int_0^{\frac{1}{2}} \mathrm{e}^u \mathrm{d}u - 2\int_0^{\frac{1}{2}} u\mathrm{e}^u \mathrm{d}u = \mathrm{e}^{\frac{1}{2}} - 1 - 2(u\mathrm{e}^u - \mathrm{e}^u)\Big|_0^{\frac{1}{2}} = 2\mathrm{e}^{\frac{1}{2}} - 3.$$

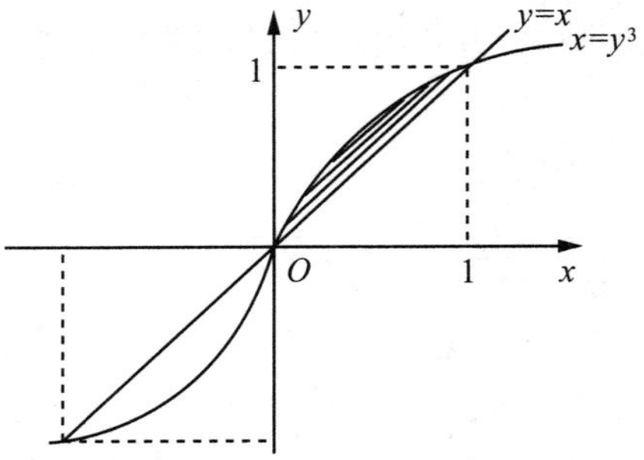

图 4-8

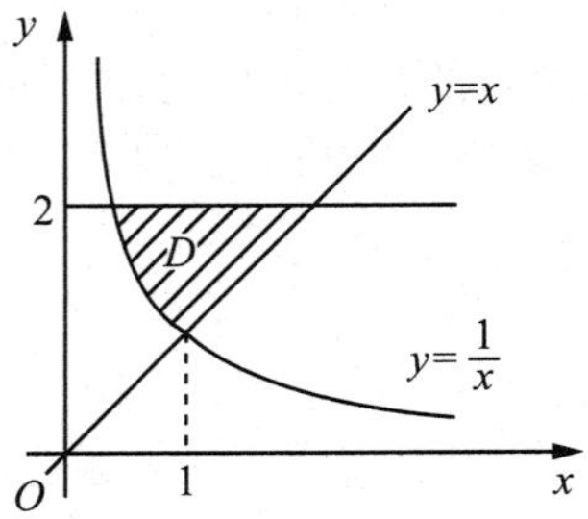

图 4-9

例 39 计算 $\iint\limits_D \dfrac{x^2}{y}\mathrm{d}\sigma$，其中 D 是由 $y=2$，$y=x$ 和曲线 $xy=1$ 所围成的区域.

解 根据题意画出区域 D，如图 4-9，按 Y 型区域计算 $1 \leqslant y \leqslant 2$，$\dfrac{1}{y} \leqslant x \leqslant y$，

$$\iint\limits_D \frac{x^2}{y}\mathrm{d}\sigma = \int_1^2 \mathrm{d}y \int_{\frac{1}{y}}^{y} \frac{x^2}{y}\mathrm{d}x = \int_1^2 \left[\frac{x^3}{3y}\right]_{\frac{1}{y}}^{y} \mathrm{d}y = \frac{1}{3}\int_1^2 \left(y^2 - \frac{1}{y^4}\right)\mathrm{d}y$$

$$= \frac{1}{3}\left(\frac{y^3}{3} + \frac{1}{3y^3}\right)\Bigg|_1^2 = \frac{49}{72}.$$

例 40 计算 $\iint\limits_D \cos y^2 \mathrm{d}x\mathrm{d}y$，其中 D 是由 $x=1$，$y=2$ 和 $y=x-1$ 所围成的区域.

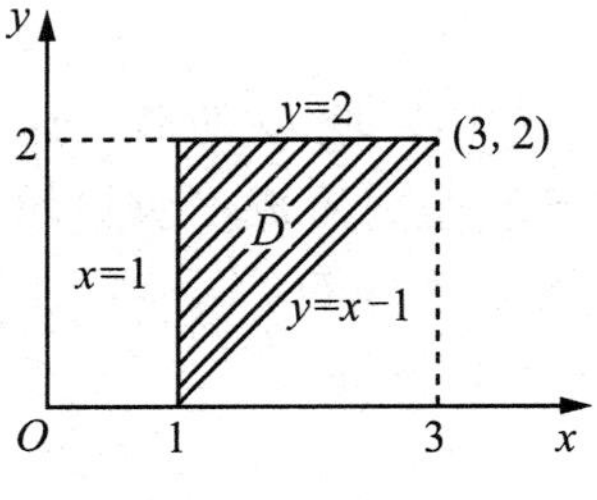

图 4-10

解 根据题意画出区域 D，如图 4-10 所示，因为 $\cos y^2$ 对 y 的积分原函数不是初等函数，所以此时应将 D 作为 Y 型区域，$0 \leqslant y \leqslant 2$，$1 \leqslant x \leqslant 1+y$.

$$\iint\limits_D \cos y^2 \mathrm{d}x\mathrm{d}y = \int_0^2 \mathrm{d}y \int_1^{1+y} \cos y^2 \mathrm{d}x = \int_0^2 [x\cos y^2]_1^{1+y} \mathrm{d}y$$

$$= \int_0^2 y\cos y^2 \mathrm{d}y = \frac{1}{2}\sin y^2 \Big|_0^2 = \frac{1}{2}\sin 4.$$

2. 在极坐标系下计算二重积分

在直角坐标系下计算二重积分困难时，若被积函数能表示为 x^2+y^2 或 $\dfrac{y}{x}$ 的函

数，且积分区域为圆域、部分圆域、环形域或部分环形域时，采用极坐标系下计算二重积分较为简单.

将直角坐标系下的二重积分化为极坐标系下的二重积分时，不仅要将被积函数用 $x=r\cos\theta$，$y=r\sin\theta$ 代入，而且要将面积元素 $d\sigma$ 换成 $r\,dr\,d\theta$，即

$$\iint_D f(x,y)\,dx\,dy=\iint_D f(r\cos\theta,r\sin\theta)r\,dr\,d\theta,$$

再根据极坐标系下，积分区域 D 的极坐标方程化为二次积分

$$\iint_D f(r\cos\theta,r\sin\theta)r\,dr\,d\theta=\int_\alpha^\beta d\theta\int_{r_1(\theta)}^{r_2(\theta)} f(r\cos\theta,r\sin\theta)r\,dr.$$

例 41 计算 $I=\iint_D\sqrt{x^2+y^2}\,dx\,dy$，$D$ 是圆环形闭区域 $a^2\leqslant x^2+y^2\leqslant b^2(b>a>0)$.

解 积分区域 D 如图 4-11 所示，它是以原点为圆心，以 $r=a$ 和 $r=b(b>a>0)$ 为半径的两个圆围成的环形域. 在极坐标系下，区域 $D=\{(r,\theta)\mid 0\leqslant\theta\leqslant 2\pi,a\leqslant r\leqslant b\}$，极点在 D 的外部，

$$I=\int_0^{2\pi}d\theta\int_a^b r^2\,dr=\int_0^{2\pi}\frac{1}{3}(b^3-a^3)\,d\theta=\frac{2\pi}{3}(b^3-a^3).$$

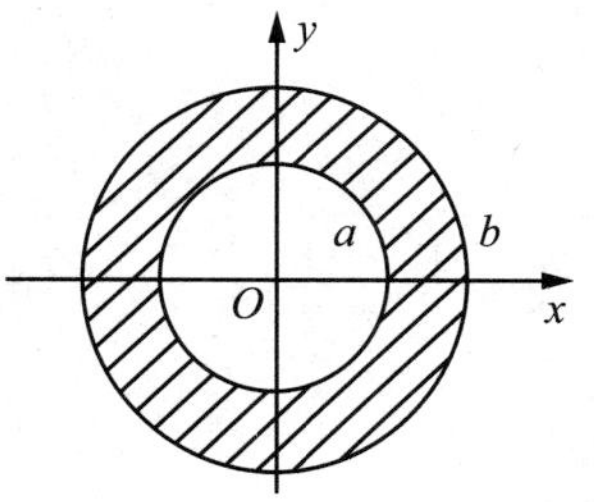

图 4-11

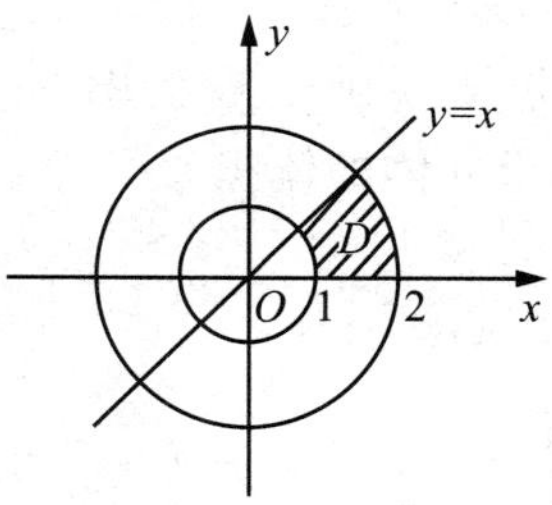

图 4-12

例 42 计算 $I=\iint_D\arctan\frac{y}{x}\,dx\,dy$，$D$ 是由 $x^2+y^2=4$，$x^2+y^2=1$，$y=x$，$y=0$ 所围成的图形在第一象限内的区域.

解 如图 4-12 所示，用极坐标计算，$x^2+y^2=4$，$x^2+y^2=1$ 的极坐标方程分别为 $r=2$，$r=1$.

$$D:\begin{cases}0\leqslant\theta\leqslant\frac{\pi}{4},\\ 1\leqslant r\leqslant 2.\end{cases}$$

又因为 $\tan\theta=\frac{y}{x}$，$\arctan\frac{y}{x}=\theta$，所以

$$I=\iint_D\arctan\frac{y}{x}\,dx\,dy=\int_0^{\frac{\pi}{4}}d\theta\int_1^2\theta r\,dr=\int_0^{\frac{\pi}{4}}\theta\,d\theta\int_1^2 r\,dr=\frac{3}{64}\pi^2.$$

例 43 计算 $I=\iint_D(|x|+|y|)\,d\sigma$，其中 D 是由 $x^2+y^2\leqslant 1$ 所围成的区域.

解　因为积分区域是由 $x^2+y^2\leqslant 1$ 所围成的圆域，所以，尽管被积函数是两个绝对值之和，但还是采用极坐标计算，又由于被积函数是偶函数，故设 D_1 是 D 在第一象限内的部分，如图 4-13 所示，则有 $D=4D_1$，即

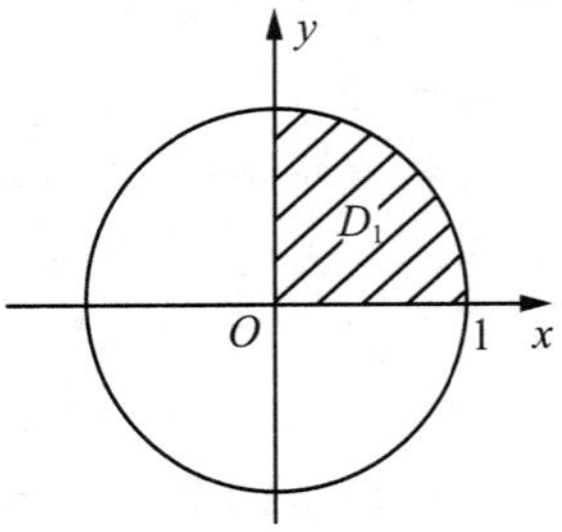

图 4-13

$$
\begin{aligned}
I&=\iint_D(|x|+|y|)\mathrm{d}\sigma\\
&=4\int_0^{\frac{\pi}{2}}\mathrm{d}\theta\int_0^1(r\cos\theta+r\sin\theta)r\,\mathrm{d}r\\
&=\frac{4}{3}\int_0^{\frac{\pi}{2}}(\cos\theta+\sin\theta)\mathrm{d}\theta=\frac{8}{3}.
\end{aligned}
$$

(五) 二重积分的应用

例 44　求由平面 $z=0$，$z=x$ 和柱面 $y^2=2-x$ 所围成的立体的体积.

解　用二重积分计算立体的体积，要确定立体的曲顶方程——被积函数：还要确定立体的底(曲顶在 xOy 平面上的投影区域)——积分区域.

由图 4-14(a) 看出，立体的曲顶方程是 $z=x$；立体的侧面是柱面 $y^2=2-x$. 由于平面(即曲顶)$z=x$ 通过 y 轴，故立体的底是由直线 $x=0$ 和曲线 $y^2=2-x$ 所围成. 为方便确定积分限，画出 D 的图形[图 4-14(b)].

于是，所求立体的体积

$$
V=\iint_D x\,\mathrm{d}x\,\mathrm{d}y=\int_{-\sqrt{2}}^{\sqrt{2}}\mathrm{d}y\int_0^{2-y^2}x\,\mathrm{d}x=\int_{-\sqrt{2}}^{\sqrt{2}}\left(\frac{x^2}{2}\right)\Bigg|_0^{2-y^2}\mathrm{d}y=\int_{-\sqrt{2}}^{\sqrt{2}}\frac{1}{2}(2-y^2)^2\mathrm{d}y=\frac{32}{15}\sqrt{2}.
$$

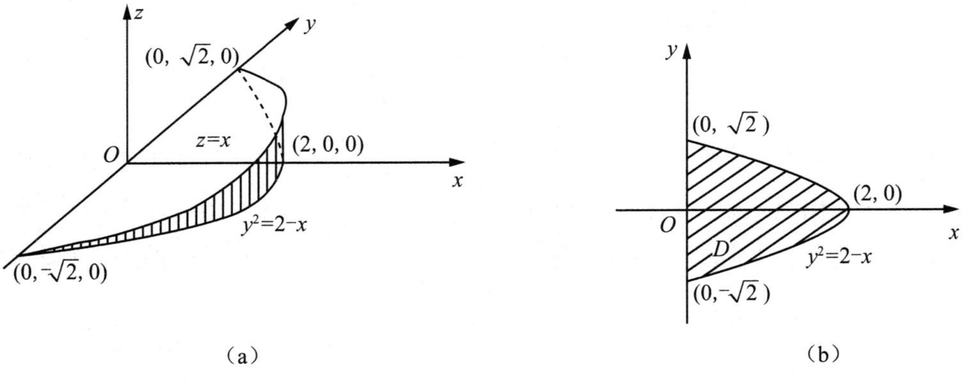

(a)　　　　(b)

图 4-14

例 45　求在 xOy 坐标面上由 $y=x^2$ 和 $x=y^2$ 所围成的区域 D 的面积.

解　解法一：由二重积分的性质知，平面区域 D 的面积为 $A=\iint_D\mathrm{d}\sigma$.

解方程组 $\begin{cases}y^2=x,\\ y=x^2,\end{cases}$ 得 $\begin{cases}x=0,\\ y=0,\end{cases}$ 或 $\begin{cases}x=1,\\ y=1.\end{cases}$

画出区域 D，如图 4-15，所求面积为

$$A=\iint_D d\sigma=\int_0^1 dx\int_{x^2}^{\sqrt{x}} dy=\int_0^1(\sqrt{x}-x^2)\,dx=\left(\frac{2}{3}x^{\frac{3}{2}}-\frac{1}{3}x^3\right)\Big|_0^1=\frac{1}{3}.$$

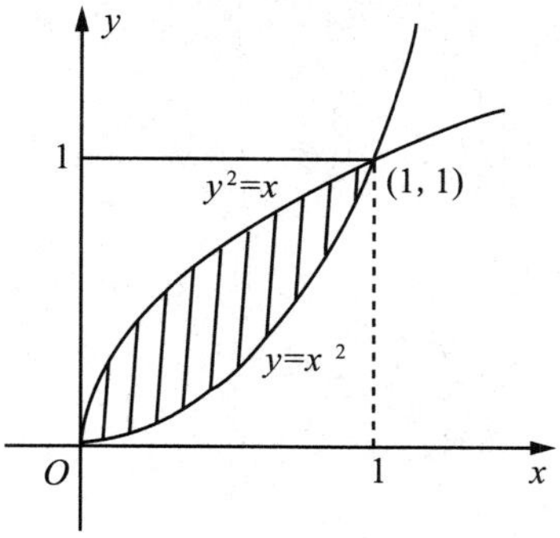

图 4-15

解法二：求平面图形的面积也可以直接用定积分计算.

取 x 为积分变量 $x\in[0,\ 1]$，所求面积为 $A=\int_0^1(\sqrt{x}-x^2)\,dx=\frac{1}{3}$.

例 46 设平面薄片所占的区域 D 是由直线 $y=x$，$x+y=2$ 及 x 轴围成，面密度为 $\rho=x^2+y^2$，求此薄片的质量 M.

解 如图 4-16 所示，D 表示为 $0\leqslant y\leqslant 1$，$y\leqslant x\leqslant 2-y$，故

$$M=\iint_D(x+y)d\sigma=\int_0^1 dy\int_y^{2-y}(x^2+y^2)dx=\int_0^1\left(\frac{x^3}{3}+xy^2\right)\Big|_y^{2-y}dy$$

$$=\int_0^1\left[\frac{1}{3}(2-y)^3+2y^2-\frac{7}{3}y^3\right]dy=\left[\frac{1}{3}\times\frac{(2-y)^4}{4}+\frac{2y^3}{3}-\frac{7y^4}{12}\right]_0^1=\frac{4}{3}.$$

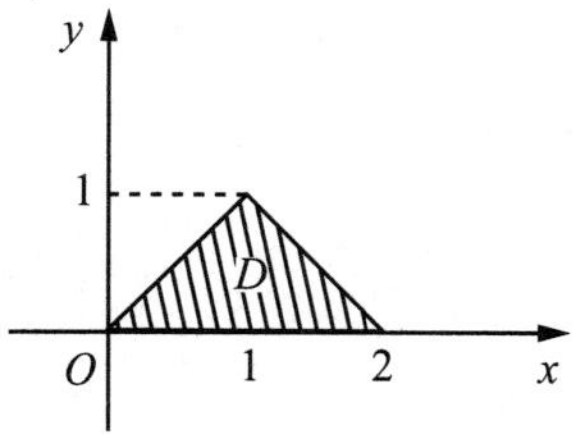

图 4-16

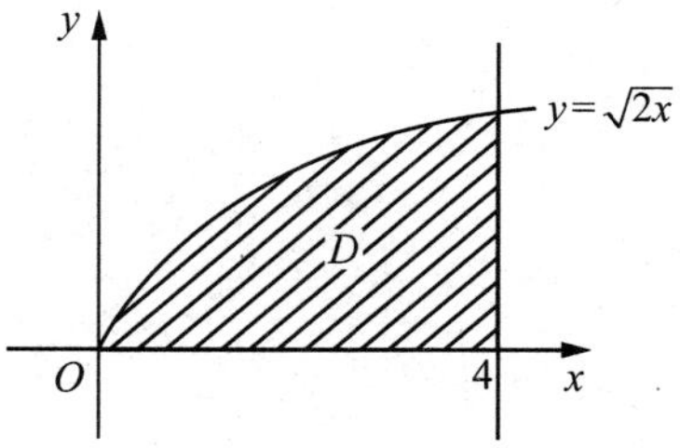

图 4-17

例 47 如图 4-17 所示设平面薄片所占的区域 D 由抛物线 $y=\sqrt{2x}$ 与直线 $x=4$ 和 x 轴所围成，它的面密度为 $\rho(x,\ y)=1$，求该薄片的重心.

解 若 $\rho(x,\ y)=1$，此时重心也是形心，即

$$\bar{x}=\frac{\iint_D x\,dx\,dy}{\iint_D dx\,dy},\quad \bar{y}=\frac{\iint_D y\,dx\,dy}{\iint_D dx\,dy}.$$

因为 $\iint\limits_D \mathrm{d}x\mathrm{d}y = \int_0^4 \mathrm{d}x \int_0^{\sqrt{2x}} \mathrm{d}y = \int_0^4 y \Big|_0^{\sqrt{2x}} \mathrm{d}x = \int_0^4 \sqrt{2x}\,\mathrm{d}x = \sqrt{2} \times \frac{2}{3} \times x^{\frac{3}{2}} \Big|_0^4 = \frac{16}{3}\sqrt{2}$,

$$\iint\limits_D x\mathrm{d}x\mathrm{d}y = \int_0^4 \mathrm{d}x \int_0^{\sqrt{2x}} x\mathrm{d}y = \int_0^4 xy \Big|_0^{\sqrt{2x}} \mathrm{d}x = \int_0^4 x \cdot \sqrt{2x}\,\mathrm{d}x = \sqrt{2} \times \frac{2}{5} \times x^{\frac{5}{2}} \Big|_0^4 = \frac{64}{5}\sqrt{2},$$

$$\iint\limits_D y\mathrm{d}x\mathrm{d}y = \int_0^4 \mathrm{d}x \int_0^{\sqrt{2x}} y\mathrm{d}y = \int_0^4 \left(\frac{y^2}{2}\right) \Big|_0^{\sqrt{2x}} \mathrm{d}x = \int_0^4 x\mathrm{d}x = 8,$$

所以 $\bar{x} = \dfrac{\iint\limits_D x\mathrm{d}x\mathrm{d}y}{\iint\limits_D \mathrm{d}x\mathrm{d}y} = \dfrac{\frac{64}{5}\sqrt{2}}{\frac{16}{3}\sqrt{2}} = \dfrac{12}{5}$，$\bar{y} = \dfrac{\iint\limits_D y\mathrm{d}x\mathrm{d}y}{\iint\limits_D \mathrm{d}x\mathrm{d}y} = \dfrac{8}{\frac{16}{3}\sqrt{2}} = \dfrac{3}{4}\sqrt{2}$.

三、典型案例分析

案例 1 做一个容积为 $\frac{9}{2}\mathrm{m}^3$ 的长方体箱子，箱子的盖及侧面造价为 8 元 /m^2，箱底的造价为 1 元 /m^2，试求造价最低的箱子的尺寸.

解 设箱子的长、宽、高分别为 x，y，z，则总造价为

$$C = 9xy + 16xz + 16yz\,(x > 0,\ y > 0,\ z > 0).$$

约束条件为

$$xyz = \frac{9}{2}.$$

构造拉格朗日函数

$$L(x, y, z, \lambda) = 9xy + 16xz + 16yz + \lambda\left(xyz - \frac{9}{2}\right),$$

解方程组

$$\begin{cases} \dfrac{\partial L}{\partial x} = 9y + 16z + \lambda yz = 0, \\ \dfrac{\partial L}{\partial y} = 9x + 16z + \lambda xz = 0, \\ \dfrac{\partial L}{\partial z} = 16x + 16y + \lambda xy = 0, \\ \dfrac{\partial L}{\partial \lambda} = xyz - \dfrac{9}{2} = 0, \end{cases}$$

将上述方程中的第一个方程乘 x，第二个方程乘 y，第三个方程乘 z，再两两相减，得

$$\begin{cases} 16xz - 16yz = 0, \\ 9xy - 16xz = 0, \end{cases}$$

从而 $x = y = \frac{16}{9}z$，代入第四个方程解得唯一驻点

$$x=y=2,\quad z=\frac{9}{8}.$$

由问题本身可知一定存在最小值，因此当箱子的长、宽均为 2m，高为$\frac{9}{8}$m 时，箱子的造价最低.

案例 2 工程作业总量计算问题.

为修建高速公路，要在一山坡中开辟出一条长 500m、宽 20m 的通道，以出发点一侧为原点，往另一侧方向为 x 轴($0\leqslant x\leqslant 20$)，往公路延伸的方向为 y 轴($0\leqslant y\leqslant 500$)，且山坡的高度为 $z=\sin\frac{\pi}{20}x+10\sin\frac{\pi}{500}y$，试计算所挖掉的土方量.

解 所需挖掉的土方量可用二重积分来计算，即

$$\begin{aligned}\iint\limits_D z\,d\sigma&=\int_0^{20}\int_0^{500}\left(\sin\frac{\pi}{20}x+10\sin\frac{\pi}{500}y\right)dx\,dy\\&=\int_0^{20}dx\int_0^{500}\left(\sin\frac{\pi}{20}x+10\sin\frac{\pi}{500}y\right)dy\\&=\int_0^{20}\left[y\cdot\sin\frac{\pi}{20}x-\frac{5\ 000}{\pi}\cos\frac{\pi}{500}y\right]_0^{500}dx\\&=\int_0^{20}\left[\left(500\sin\frac{\pi}{20}x+\frac{5\ 000}{\pi}\right)-\left(0-\frac{5\ 000}{\pi}\right)\right]dx\\&=\int_0^{20}\left(500\sin\frac{\pi}{20}x+\frac{1\ 000}{\pi}\right)dx\\&=\left[500\left(-\frac{20}{\pi}\cos\frac{\pi}{20}x\right)+\frac{1\ 000}{\pi}x\right]_0^{20}\\&=\left(\frac{1\ 000}{\pi}+\frac{2\ 000}{\pi}\right)-\left(-\frac{1\ 000}{\pi}+0\right)\\&=\frac{220\ 000}{\pi}\approx 70\ 028(\mathrm{m}^3).\end{aligned}$$

四、复习题四

A 组

1. 设已知两点 $M_1(2,\ 2,\ \sqrt{2})$ 和 $M_2(1,\ 3,\ 0)$，求向量的模 $|\overrightarrow{M_1M_2}|$.

2. 已知 $\boldsymbol{a}=(2,\ 1,\ -1)$，$\boldsymbol{b}=(1,\ 1,\ 1)$，求 $\boldsymbol{a}\cdot\boldsymbol{b}$，$\boldsymbol{a}\times\boldsymbol{b}$.

3. 求通过点 $M_1(3,\ -5,\ 1)$ 和 $M_2(4,\ 1,\ 2)$ 且垂直于平面 $x-8y+3z-1=0$ 的平面方程.

4. 求过点 $(2,\ -3,\ 1)$ 且与平面 $2x+3y+z+1=0$ 垂直的直线.

5. 确定下列方程在空间所表示的曲面.

(1) $z=3(x^2+y^2)$；(2) $\frac{x^2}{4}+\frac{y^2}{2}-\frac{z^2}{3}=-1$.

6. 试确定下列各组直线和平面间的关系.

(1) 直线 l：$\dfrac{x-3}{7}=\dfrac{y+2}{2}=\dfrac{z-1}{-1}$ 和平面 α：$x-2y+3z=5$；

(2) 直线 l：$\dfrac{x}{3}=\dfrac{y}{-2}=\dfrac{z}{7}$ 和平面 α：$6x-4y+14z=5$.

7. 将 zOx 坐标面上的圆 $x^2+z^2=5$ 绕 z 轴旋转一周，求所生成的旋转曲面的方程.

8. 求下列函数的定义域 D，并画出 D 的图形.

(1) $f(x, y)=\ln xy$；　　(2) $f(x, y)=\sqrt{x-\sqrt{y}}$；

(3) $z=\ln(x^2+y^2-4)+\sqrt{9-x^2-y^2}$.

9. 若 $f(x, y)=\dfrac{x^2-y^2}{2xy}$，求 $f(1, 1)$.

10. 已知 $f(u, v)=u^v$，求 $f(xy, x+y)$.

11. 求下列函数的极限.

(1) $\lim\limits_{\substack{x\to 1\\ y\to 2}}\dfrac{3xy+x^2y^2}{x+y}$；　　(2) $\lim\limits_{\substack{x\to 0\\ y\to 0}}\dfrac{\sin(xy)}{x}$.

12. 求下列函数的一阶偏导数.

(1) $z=\ln\tan\dfrac{x}{y}$；　　(2) $z=x\mathrm{e}^{xy}+\sin(x+y)$；

(3) $z=\arctan\dfrac{y}{x}$；　　(4) $z=\ln\sqrt{x^2+y^2}$.

13. 求下列函数的二阶偏导数.

(1) $z=x^3+y^4-4x^4y^3$；　　(2) $z=x\sin(x+y)$.

14. 设 $u=x+\dfrac{x-y}{y-z}$，证明：$\dfrac{\partial u}{\partial x}+\dfrac{\partial u}{\partial y}+\dfrac{\partial u}{\partial z}=1$.

15. 求下列函数的全微分.

(1) $z=\mathrm{e}^{x+y}\cos x\cos y$；　　(2) $z=xy+\dfrac{x}{y}$.

16. 求函数 $z=\dfrac{xy}{x^2-y^2}$，在点(2，1)处，当 $\Delta x=0.01$，$\Delta y=0.03$ 时的全增量及全微分.

17. 求函数 $z=x^2+y^2-2\ln x-18\ln y$　$(x>0, y>0)$ 的极值.

18. 求表面积为 b^2 而体积最大的长方体的长、宽、高之比，并求其体积.

19. 将二重积分 $\iint\limits_D f(x, y)\mathrm{d}\sigma$ 化为二次积分：

(1) D 是由直线 $y=x$ 及抛物线 $y^2=4x$ 所围成的区域；

(2) D 是由直线 $y=x$，$x=2$ 及双曲线 $y=\dfrac{1}{x}$　$(x>0)$ 所围成的区域；

(3)D 是由 x 轴及上半圆周 $x^2+y^2=r^2\quad(r\geqslant 0)$ 所围成的区域；

(4)$D=\{(x,\ y)\mid y\leqslant x,\ y\geqslant a,\ x\leqslant b,\ 0<a<b\}$；

(5)$D=\{(x,\ y)\mid x^2+y^2\leqslant 1,\ x+y\geqslant 1\}$.

20. 计算下列二重积分.

(1)$\iint\limits_D x\sin y\mathrm{d}\sigma$，其中 D 是由 $x=1$，$x=2$，$y=0$ 及 $y=\dfrac{\pi}{2}$ 所围成的区域；

(2)$\iint\limits_D xy\mathrm{d}\sigma$，其中 D 是由抛物线 $y^2=x$ 和 $y=x-2$ 所围成的区域；

(3)$\iint\limits_D x\sqrt{y}\,\mathrm{d}\sigma$，其中 D 是由抛物线 $y=\sqrt{x}$ 和 $y=x^2$ 所围成的区域；

(4)$\iint\limits_D x\mathrm{d}x\mathrm{d}y$，其中 D 是由 $y=x^2$，$y=x$ 所围成的区域.

(5)$\iint\limits_D \ln(1+x^2+y^2)\mathrm{d}x\mathrm{d}y$，其中 D 是由圆周 $x^2+y^2=1$ 及坐标轴围成的第一象限内的区域.

21. 一平面薄板占据的 xOy 平面上的区域是由 $x^2+4y^2=12$ 和 $x=4y^2$ 所围成的，面密度 $\rho(x,\ y)=5x$，求其平面薄板的质量.

B 组

1. 选择题.

(1) 设点 $M(x,\ y,\ z)$ 在第七卦限，则正确的结论是(　　).

A. $x>0$，$y<0$，$z>0$　　B. $x<0$，$y>0$，$z<0$

C. $x>0$，$y>0$，$z<0$　　D. $x<0$，$y<0$，$z<0$

(2) 若直线的方向向量和平面的法向量的数量积为零，则直线与平面(　　).

A. 平行　　B. 垂直　　C. 斜交　　D. 在平面上

(3) 过原点与平面 $x+2y+z=2$ 垂直的直线方程为(　　).

A. $x+2y+z=0$　　B. $\dfrac{x}{-1}=\dfrac{y}{2}=\dfrac{z}{-1}$

C. $x=\dfrac{y}{2}=z$　　D. $x=-y=z$

(4) 过点$(a,\ 0,\ 0)$且垂直于 x 轴的平面方程为(　　).

A. $z=a$　　B. $y=a$　　C. $z=y$　　D. $x=a$

(5) 直线$\dfrac{x-1}{-1}=\dfrac{y-2}{2}=\dfrac{z+1}{-2}$与下列哪个平面垂直(　　).

A. $4x+y-z+10=0$　　B. $x-2y+3z+5=0$

C. $2x-4y+4z-6=0$　　D. $x+y+z-9=0$

(6) 方程 $2x^2+3y^2=1$ 所表示的曲面是(　　).

A. 平面　　B. 旋转曲面　　C. 球面　　D. 柱面

(7) 直线 L：$\dfrac{x-2}{3}=\dfrac{y+2}{-1}=\dfrac{z-1}{4}$ 与平面 α：$6x-2y+8z-7=0$ 的位置关

系为(　　).

A. 平行但不共面　　B. 直线垂直于平面

C. 直线在平面上　　D. 两者斜交

(8) $\lim\limits_{\substack{x\to 2\\ y\to 0}}\dfrac{\sin xy}{y}$ 的值是(　　).

A. 2　　B. 0　　C. 1/2　　D. ∞

(9) $f'_x(x_0, y_0)=0$, $f'_y(x_0, y_0)=0$ 是二元可微函数 $z=f(x, y)$ 在点 (x_0, y_0) 取得极值的(　　).

A. 充要条件　　B. 必要条件

C. 充分条件　　D. 既不充分也不必要

(10) 二元函数 $f(x, y)$ 在点 (x_0, y_0) 处存在偏导数是 $f(x, y)$ 在该点可微分的(　　).

A. 必要而不充分条件　　B. 充分而不必要条件

C. 必要且充分条件　　D. 既不必要也不充分条件

(11) 设 $z=e^{x^2+y^2}$, $dz=$(　　).

A. $2e^{x^2+y^2}(x\,dx+y\,dy)$;　　B. $2e^{x^2+y^2}(x\,dy+y\,dx)$;

C. $e^{x^2+y^2}(x\,dx+y\,dy)$;　　D. $2e^{x^2+y^2}(dx^2+dy^2)$.

(12) 已知 $z=e^{xy}$, 则 $\dfrac{\partial z}{\partial x}=$(　　).

A. ye^{xy}　　B. xe^{xy}　　C. xye^{xy}　　D. e^{xy}

(13) 设 $z=f(x^2+y^2)$, 则 $y\dfrac{\partial z}{\partial x}-x\dfrac{\partial z}{\partial y}$ 等于(　　).

A. $x+y$　　B. 0　　C. x^2+y^2　　D. $f(x^2+y^2)$

(14) 设 D: $x^2+y^2\leqslant 1$, 则 $\iint\limits_D dx\,dy$ 等于(　　).

A. $\dfrac{x^3}{3}+c$　　B. $\dfrac{y^3}{3}+c$　　C. π　　D. 2π

(15) 设 D 是由曲线 $y=x^2$ 与 $y=1$ 所围的区域, 则 $\iint\limits_D \sin x\cos y\,dx\,dy=$(　　).

A. 0　　B. $\dfrac{1}{2}$　　C. $\dfrac{\pi}{2}$　　D. π

2. 填空题.

(1) 设 $\boldsymbol{a}$, $\boldsymbol{b}$ 为向量, 若 $|\boldsymbol{a}|=2$, $|\boldsymbol{b}|=3$, $\boldsymbol{a}$ 与 $\boldsymbol{b}$ 的夹角为 $\dfrac{\pi}{3}$, 则 $|\boldsymbol{a}+\boldsymbol{b}|=$______.

(2) 已知 $\boldsymbol{a}=3\boldsymbol{i}+\boldsymbol{j}-2\boldsymbol{k}$, $\boldsymbol{b}=-\boldsymbol{i}+\boldsymbol{j}-\boldsymbol{k}$, 则 $\boldsymbol{a}\times\boldsymbol{b}=$__________.

(3) 通过 $(0, 0, 0)$, $(1, 0, 1)$ 和 $(2, 1, 0)$ 三点的平面方程是__________.

(4) 方程 $3x^2-4y^2=25$ 表示空间的______曲面.

(5) 过点 $(-2, 1, -1)$ 且垂直于平面 α：$x+2y-z+5=0$ 的直线方程是______.

(6) 直线 $x=2y=4z$ 与平面 $4x+2y+z-1=0$ 的位置关系______.

(7) 球面 $x^2+y^2+z^2-4x+4y-6z+16=0$ 的半径为____.

(8) 函数 $z=x^2-3xy+y^2-3x+7y+5$，则 $\dfrac{\partial z}{\partial x}=$____________.

(9) 函数 $z=\sqrt{y-x^2+1}$ 的定义域为__________.

(10) 设 $z=2xy$，则 $\mathrm{d}z\Big|_{(1,\ -1)}=$____________.

(11) 已知函数 $z=x^2\ln y$，则 $\mathrm{d}z\Big|_{(1,\ \mathrm{e})}$__________.

(12) 函数 $z=(1+\mathrm{e}^x)y$，则 $\dfrac{\partial^2 z}{\partial y^2}=$__________.

(13) 设 $f(x, y, z)=x^y y^z$，则 $\dfrac{\partial f}{\partial y}=$____________.

(14) $\iint\limits_D \mathrm{d}\delta=$________，$D$ 是以原点为圆心，半径为 5 的圆形区域.

(15) 设 D 是由曲线 $x+y=1$，$x-y=1$ 及 $x=0$ 所围的区域，则 $\iint\limits_D \mathrm{d}x\mathrm{d}y=$________.

(16) 设 $I=\int_0^1 \mathrm{d}x\int_{x^2}^{x} f(x, y)\mathrm{d}y$，交换积分顺序后，则 $I=$______.

(17) $\int_0^1 \mathrm{d}y\int_y^1 \cos x^2\mathrm{d}x=$______________.

3. 计算下列函数的偏导数或全微分.

(1) 求 $z=\ln(1+x^2+y^2)$ 在点 $(1, 2)$ 处的一阶偏导数.

(2) $z=(1+x)^y$，求其一阶偏导数.

(3) 求 $z=(x^2+y^2)^{xy}$ 的一阶偏导数.

(4) 设 $u=x^2+y^2+z^2$，$z=x^2\sin y$，求 $\dfrac{\partial u}{\partial x}$，$\dfrac{\partial u}{\partial y}$.

(5) 设 $z=y^x$，求 $\dfrac{\partial^2 z}{\partial x\,\partial y}$.

(6) 求 $z=\arctan\dfrac{y}{x}$ 的二阶偏导数.

(7) 已知函数 $z=\ln\sqrt{x^2+y^2}$，求 $\dfrac{\partial^2 z}{\partial x^2}+\dfrac{\partial^2 z}{\partial y^2}$.

(8) 设 $z=\ln\sqrt{1+x^2+y^2}$，求 $\mathrm{d}z\Big|_{\substack{x=1\\y=2}}$.

(9) 求函数 $w=x+\sin\dfrac{y}{2}+\mathrm{e}^{y}$ 的全微分.

(10) 求二元函数 $z=x^3y+xy^3$ 的全微分.

4. 计算下列二重积分.

(1) $\iint\limits_D x^2y\mathrm{d}\sigma$，其中 D 是由 $y^2=x$ 和 $y=x$ 围成的区域.

(2) $\iint\limits_D y\mathrm{d}x\mathrm{d}y$，其中 D 为 $x=y^2+1$，直线 $x=0$，$y=0$，$y=1$ 所围成的区域.

(3) $\iint\limits_D \frac{y}{x}\mathrm{d}x\mathrm{d}y$，其中 D 是由 $y=2x$，$y=x$，$x=4$ 与 $x=2$ 所围成的区域.

(4) $\iint\limits_D \cos y^2\mathrm{d}x\mathrm{d}y$，其中 D 是由 $x=1$，$y=2$，$y=x-1$ 所围成的封闭区域.

(5) $\iint\limits_D \frac{x^2}{y}\mathrm{d}\sigma$，其中 D 是由 $y=2$，$y=x$ 和曲线 $xy=1$ 围成的区域.

(6) $\iint\limits_D \frac{y}{x}\mathrm{d}\sigma$，其中 D 是由圆周 $x^2+y^2\leqslant a^2$ $(a>0)$，$y=x$ 及 x 轴在第一象限所围成的区域.

5. 应用题.

(1) 某电器公司为便于储存一些小的电器部件，准备用薄木板做成一些外观体积为常数 V 的长方体存储箱，问存储箱各边的长度为多少时木板用料最省.

(2) 要将薄铁板做成一个容积为 $32\mathrm{m}^3$ 的无盖长方体铁皮容器，问长、宽、高如何设计才能使用料最省.

(3) 求多项式 $p(x)=x^2+ax+b$，使得积分 $\int_{-1}^{1}p^2(x)\mathrm{d}x$ 取最小值.

五、自测题四

（总分 100 分，时间 100 分钟）

1. 选择题(每小题 4 分，共 28 分)

(1) 函数 $f(x, y)=\frac{\sqrt{4x-y^2}}{\ln(1-x^2-y^2)}$ 的定义域是(　　).

A. $D=\{(x, y)\mid y^2\leqslant 4x$ 且 $x^2+y^2<1\}$

B. $D=\{(x, y)\mid y^2\leqslant 4x$ 且 $0<x^2+y^2<1\}$

C. $D=\{(x, y)\mid y^2<4x$ 且 $x^2+y^2\leqslant 1\}$

D. $D=\{(x, y)\mid y^2<4x$ 且 $0<x^2+y^2\leqslant 1\}$

(2) 设函数 $z=\frac{x+y}{x-y}$，则 $\frac{\partial z}{\partial y}=$(　　).

A. $\frac{2x}{(x-y)^2}$　　B. $\frac{-1}{(x-y)^2}$　　C. $\frac{1}{(x-y)}$　　D. $\frac{2y}{(x-y)^2}$

(3) 对于函数 $f(x, y)=x^2-y^2$，点(0, 0)(　　).

A. 不是驻点　　B. 是驻点而非极值点

C. 是极大值点　　D. 是极小值点

(4) 设 D 是矩形域 $a\leqslant x\leqslant b$，$c\leqslant y\leqslant d$，$\iint\limits_D d\sigma$ 等于(　　).

A. $a+b+c+d$　　B. $abcd$　　C. $(a-b)(d-c)$　　D. $(b-a)(d-c)$

(5) 设 D 是 $0\leqslant x\leqslant 1$，$0\leqslant y\leqslant 1$，长方形域，则$\iint\limits_D xy\,d\sigma$ 等于(　　).

A. 1　　B. $\frac{1}{2}$　　C. $\frac{1}{3}$　　D. $\frac{1}{4}$

(6) 设 $I=\iint\limits_D f(x, y)dxdy$，其中 D 是由曲线 $y^2=4x$ 与 $y=x$ 所围成的区域，则(　　).

A. $I=\int_0^4 dx\int_x^{2\sqrt{x}} f(x, y)dy$　　B. $I=\int_0^4 dx\int_0^x f(x, y)dy$

C. $I=\int_0^4 dy\int_0^{\frac{x^2}{4}} f(x, y)dx$　　D. $I=\int_0^4 dy\int_0^4 f(x, y)dx$

(7) 二次积分$\int_0^1 dx\int_0^{1-x} f(x, y)dy=$(　　).

A. $\int_0^1 dy\int_0^1 f(x, y)dx$　　B. $\int_0^1 dy\int_0^{1-x} f(x, y)dx$

C. $\int_0^{1-x} dy\int_0^1 f(x, y)dx$　　D. $\int_0^1 dy\int_0^{1-y} f(x, y)dx$

2. 填空题(每小题 4 分，共 20 分)

(1) 若函数 $z=x^2+2y^2+2xy$，则$\left.\frac{\partial z}{\partial x}\right|_{(1,1)}=$ ______，$\left.\frac{\partial z}{\partial y}\right|_{(1,1)}=$ ______.

(2) 设 $z=f[\cos(xy), e^x]$，且 f 可微，则 $dz=$ ______.

(3) D 为由 $y=0$，$y=1+x$，$y=1-x$ 所围成的平面区域，$\iint\limits_D y^2 d\sigma=$ ______.

(4) 设区域 D 由曲线 $y=1-x^2$，$y=0$ 围成，则$\iint\limits_D x\,d\sigma=$ ______.

(5) 二重积分 $I=\int_0^1 dy\int_0^y f(x, y)dx+\int_1^2 dy\int_0^{2-y} f(x, y)dx$ 交换次序所成的二重积分是 ______.

3. 求下列偏导数或全微分(每小题 8 分，共 24 分)

(1) 设 $z=x^3\sqrt{y}-\sqrt{x}y^3$，求$\frac{\partial z}{\partial x}$和$\frac{\partial z}{\partial y}$.

(2) 设 $z=3x^2-\ln(x-y)$，求$\frac{\partial^2 z}{\partial x\,\partial y}$.

(3) 求函数 $z=e^{\frac{y}{x}}$ 的全微分.

4. 求下列二重积分(每题 8 分， 共 16 分)

(1)$\iint\limits_{D}(x^2+y^2-y)\,\mathrm{d}x\mathrm{d}y$， 其中 D 由直线 $y=x$， $y=\dfrac{x}{2}$ 和 $y=2$ 所围成的区域；

(2)$\iint\limits_{D}xy\,\mathrm{d}\sigma$， 其中 D 由直线 $y=x$ 和抛物线 $y=x^2$ 所围成的区域.

5. 应用题(共 12 分)

某化工厂需造大量的表面涂以贵重质料的桶， 桶的形状为无盖的长方体， 容积为 256 m^3， 问：桶的长、宽、高各为多少时， 可使所用涂料最省.

【阅读材料】

关于怎样设计长方体盒子的问题

问题一： 要做一个容积为 V_0 的长方体盒子， 问怎样选择尺寸， 才能使所用材料最少？

1. 制造一个无盖的长方体盒子

长方体盒子的容积一定， 而所使用材料最少， 就是使盒子的表面积最小.

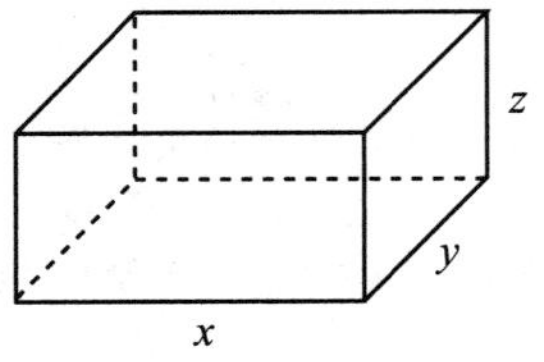

图 4-18

设盒子的长为 x、 宽为 y、 高为 z. (如图 4-18 所示)

依题设 $V_0=xyz$， 则 $z=\dfrac{V_0}{xy}$，

于是箱子的表面积

$$S=xy+2yz+2zx=xy+\frac{2V_0}{x}+\frac{2V_0}{y}\quad(x>0,\quad y>0).$$

这是求二元函数的极值问题. 由

$$\begin{cases}\dfrac{\partial S}{\partial x}=y-\dfrac{2V_0}{x^2}=0,\\[2mm]\dfrac{\partial S}{\partial x}=x-\dfrac{2V_0}{y^2}=0,\end{cases}$$

可解得 $x=\sqrt[3]{2V_0}$， $y=\sqrt[3]{2V_0}$.

由实际问题可知， 盒子的表面积一定存在最小值， 而在函数的定义域 $D=\{(x,y)\mid x>0,\ y>0\}$ 内有唯一的驻点($\sqrt[3]{2V_0}$， $\sqrt[3]{2V_0}$)， 故当长为 $\sqrt[3]{2V_0}$， 宽为 $\sqrt[3]{2V_0}$， 高为 $\dfrac{\sqrt[3]{2V_0}}{2}$ 时， S 取最小值， 即当长宽高的比为 2∶2∶1 时用料最省.

2. 制造一个有盖的长方体盒子

设这个盒子的长宽高分别为 x， y， z. 这仍是一个容积一定， 求表面积最小的问题. 可用上述代入法将其转化为无条件极值求解. 该问题还可以看作函数 $S=2(xy+yz+zx)$ 在约束条件 $\varphi(x,\ y,\ z)=xyz-V_0=0$ 下的条件极值问题， 利用拉格朗日乘数法求解.

构造拉格朗日函数

$$F(x, y, z, \lambda)=2(xy+yz+zx)+\lambda(xyz-V_0).$$

解方程组

$$\begin{cases} F'_x(x, y, z, \lambda)=2(y+z)+\lambda yz=0, \\ F'_y(x, y, z, \lambda)=2(x+z)+\lambda xz=0, \\ F'_z(x, y, z, \lambda)=2(x+y)+\lambda xy=0, \\ F'_\lambda(x, y, z, \lambda)=xyz-V_0=0, \end{cases}$$

得 $x=y=z=\sqrt[3]{V_0}$.

由实际问题知，这个唯一的驻点($\sqrt[3]{V_0}$，$\sqrt[3]{V_0}$，$\sqrt[3]{V_0}$)就是最小值点. 故当长宽高相等且为$\sqrt[3]{V_0}$时，所用材料最少，长宽高之比为 1∶1∶1.

问题二：用面积一定的长方形铁皮，制造一个长方体盒子，这个盒子的长宽高之比为多少时，盒子的容积最大？

1. 制造一个无盖的长方体盒子

这是用料面积 S_0 一定，求盒子容积最大值的问题.

设长方体的长、宽、高分别为 x，y，z.（如图 4-19 所示）

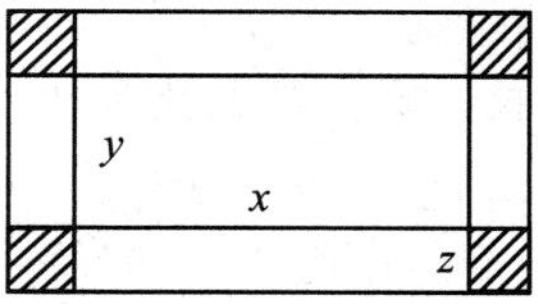

图 4-19

长方形铁皮的面积为 S_0. 则 $S_0=(x+2z)(y+2z)=xy+2xz+2yz+4z^2$，宽 $y=\dfrac{S_0}{x+2z}-2z$.

将图中阴影部分剪掉，做成无盖长方体盒子，则容积为

$$V=xyz=xz\left(\frac{S_0}{x+2z}-2z\right)(x>0, z>0).$$

解方程组

$$\begin{cases} \dfrac{\partial v}{\partial x}=\dfrac{2z^2S_0}{(x+2z)^2}-2z^2=0, \\ \dfrac{\partial v}{\partial z}=\dfrac{x^2S_0}{(x+2z)^2}-4xz=0, \end{cases}$$

得 $x=\dfrac{2\sqrt{S_0}}{3}$，$z=\dfrac{\sqrt{S_0}}{6}$，从而 $y=\dfrac{2\sqrt{S_0}}{3}$.

由实际问题知，此唯一驻点就是容积 V 的最大值点. 故当长宽高之比为 4∶4∶1 时，盒子的容积最大.

上述解法是将此问题化为无条件极值求解，求解过程烦琐，不易计算. 此类问题也可以作为条件极值，用拉格朗日乘数法求解. 下面的问题用拉格朗日乘数法求解.

2. 制造一个有盖的长方体盒子

设长方体的长、宽、高分别为 x，y，z(如图 4-20 所示)，则长方形铁皮的表面积为 $S_0=(x+2z)(2y+2z)=2xy+4yz+2xz+4z^2$.

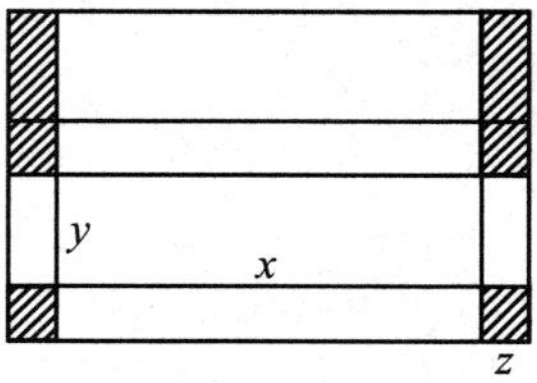

图 4-20

将图中阴影部分剪掉，做成长方体盒子，则盒子的容积

$V=xyz$. 由约束条件

$$\varphi(x, y, z)=2xy+4yz+2xz+4z^2-S_0=0,$$

构造拉格朗日函数

$$F(x, y, z, \lambda)=xyz+\lambda(2xy+4yz+2xz+4z^2-S_0).$$

解方程组

$$\begin{cases}F'_x=yz+\lambda(2y+2z)=0,\\ F'_y=xz+\lambda(2x+4z)=0,\\ F'_z=xy+\lambda(4y+2x+8z)=0,\\ F'_\lambda=2xy+4yz+2xz+4z^2-S_0=0,\end{cases}$$

得 $x=\dfrac{2\sqrt{S_0}}{3}$, $y=\dfrac{\sqrt{S_0}}{3}$, $z=\dfrac{\sqrt{S_0}}{6}$.

由实际问题得当长为$\dfrac{2\sqrt{S_0}}{3}$，宽为$\dfrac{\sqrt{S_0}}{3}$，高为$\dfrac{\sqrt{S_0}}{6}$时，盒子的容积最大，长、宽、高之比为 4∶2∶1.

第五章　常微分方程

寻求变量之间的函数关系，在实践中具有重要意义，但在很多情况下根据实际问题往往不能直接得到函数，却比较容易建立含有待定的这些函数与它们的导数(或微分)之间的关系式，数学上称之为微分方程．对微分方程进行研究，求出未知函数就是本章的任务．本章将对常微分方程的基本概念、基本解法和微分方程的应用等内容进行训练和指导．

一、学习要求

1．了解微分方程和微分方程的阶、解、通解、特解、初始条件等概念．

2．熟练掌握可分离变量的微分方程和一阶线性微分方程的解法．

3．会用微分方程解决一些简单的实际问题．

4．了解二阶线性微分方程解的结构．

5．熟练掌握二阶常系数线性齐次和非齐次微分方程的解法．

重点： 一阶线性微分方程的解法；二阶常系数线性齐次微分方程的解的结构及解法；用微分方程解决一些简单的实际问题．

难点： 一阶线性微分方程的常数变易法；微分方程的应用．

二、典型例题分析

(一) 微分方程的基本概念

例 1　写出曲线 $y=f(x)$ 满足条件 $f(x)+2\int_0^x f(t)\mathrm{d}t=x^2$ 的微分方程．

解　对所给方程两边分别求导，得：$y'+2y=2x$．

例 2　下列命题是否正确？

(1) 若 y_1 和 y_2 是二阶常系数线性微分方程的解，则 $y=C_1y_1+C_2y_2$ 是该方程的通解(其中 C_1，C_2 为任意常数)．

(2) $y''+3y'-2x=0$ 的特征方程为 $r^2+3r-2=0$．

解　(1) 不正确．因为只有 y_1 与 y_2 线性无关时，其线性组合 $C_1y_1+C_2y_2$ 才是所给二阶常系数线性微分方程的通解．

(2) 不正确．$y''+3y'-2x=0$ 为二阶常系数线性非齐次微分方程，其对应的齐次微分方程为 $r^2+3r=0$．

例 3　函数 $y=Cx+\frac{x^3}{6}$(其中 C 是任意常数)对微分方程 $\frac{\mathrm{d}^2y}{dx^2}=x$ 而言(　　)．

A. 是通解　　B. 是特解

C. 是解，既非通解也非特解　　D. 不是解

解　因原方程为二阶的，通解中应含有两个独立的任意常数，所以不选A；特解里不应有任意常数，所以不选B；将函数代入方程是满足的，所以不选D. 本题应选C.

例4　下列微分方程中，是二阶线性微分方程的为(　　).

A. $(y'')^2+y'+y=x$　　B. $(y')^2+2y=\cos x$

C. $y'y''=2y$　　D. $xy''-5y'+3x^2y=\ln^2 x$

解　微分方程的"阶"是指方程中未知函数的导数的最高阶数，"线性"是指未知函数及其导数均以线性(一次)形式出现在方程中. 由于A，C中分别含有$(y'')^2$和$y'y''$项，都呈非线性形式，而B中$(y')^2$是一阶导数，方程为一阶方程，故只有选项D正确. 事实上，D中方程可化为二阶线性方程的标准形式为$y''-\frac{5}{x}y'+3xy=\frac{1}{x}\ln^2 x$.

(二) 一阶微分方程的解法

一阶微分方程的解法主要有两种：分离变量法，常数变易法. 常数变易法主要适用线性一阶微分方程，若方程能化为标准形式$y'+P(x)y=Q(x)$，也可直接利用公式$y=e^{-\int P(x)dx}\left(\int Q(x)e^{\int P(x)dx}dx+C\right)$求通解.

例5　求方程$(e^{x+y}-e^x)dx+(e^{x+y}+e^y)dy=0$的通解.

解　整理得
$$e^x(e^y-1)dx=-e^y(e^x+1)dy.$$
用分离变量法，得
$$\frac{e^y}{e^y-1}dy=-\frac{e^x}{e^x+1}dx,$$
两边求不定积分，得
$$\ln(e^y-1)=-\ln(e^x+1)+\ln C,$$
于是所求方程的通解为
$$e^y-1=\frac{C}{e^x+1},$$
即
$$e^y=\frac{C}{e^x+1}+1.$$

说明　对可分离变量的微分方程要注意：分离变量后取不定积分时，为了化简方便，任意常数也可以用$\ln C$表示.

例6　求微分方程$y'-2xy=e^{x^2}\cos x$的通解.

解　解法一：(常数变易法)

原方程对应的齐次方程$\frac{dy}{dx}-2xy=0$分离变量，得
$$\frac{dy}{dx}=2xy,\quad \frac{dy}{y}=2x\,dx.$$
两边积分，得
$$\int\frac{dy}{y}=\int 2x\,dx,\quad \ln y=x^2+\ln C,$$
$$\ln y=\ln e^{x^2}+\ln C=\ln(Ce^{x^2}),\quad y=Ce^{x^2}.$$

设 $y=C(x)e^{x^2}$ 代入原方程，得

$$C'(x)e^{x^2}=e^{x^2}\cos x，\quad C'(x)=\cos x，\quad C(x)=\int\cos x\mathrm{d}x=\sin x+C.$$

故原方程的通解为 $y=e^{x^2}(\sin x+C)$（C 为任意常数）.

解法二：（公式法）

这里 $P(x)=-2x$，$Q(x)=e^{x^2}\cos x$，代入通解公式得

$$\begin{aligned}y&=e^{-\int -2x\mathrm{d}x}\left(\int e^{x^2}\cos x\cdot e^{\int -2x\mathrm{d}x}\mathrm{d}x+C\right)\\&=e^{x^2}\left(\int e^{x^2}\cos x\cdot e^{-x^2}\mathrm{d}x+C\right)\\&=e^{x^2}\left(\int\cos x\mathrm{d}x+C\right)\\&=e^{x^2}(\sin x+C)\text{（}C\text{ 为任意常数）}.\end{aligned}$$

例 7　求微分方程 $y'+\dfrac{2-3x^2}{x^3}y=1$，$y|_{x=1}=0$ 的特解.

解　因为 $P(x)=\dfrac{2-3x^2}{x^3}$，$Q(x)=1$ 所以原方程的通解为

$$\begin{aligned}y&=e^{-\int\frac{2-3x^2}{x^3}\mathrm{d}x}\left(\int e^{\int\frac{2-3x^2}{x^3}\mathrm{d}x}\mathrm{d}x+C\right)=e^{-\int\left(\frac{2}{x^3}-\frac{3}{x}\right)\mathrm{d}x}\left[\int e^{\int\left(\frac{2}{x^3}-\frac{3}{x}\right)\mathrm{d}x}\mathrm{d}x+C\right]\\&=e^{\frac{1}{x^2}+3\ln x}\left(\int e^{-\frac{1}{x^2}-3\ln x}\mathrm{d}x+C\right)=x^3e^{\frac{1}{x^2}}\left[\int e^{-\frac{1}{x^2}}\mathrm{d}\left(-\frac{1}{2x^2}\right)+C\right]\\&=x^3e^{\frac{1}{x^2}}\left(\frac{1}{2}e^{-\frac{1}{x^2}}+C\right)=x^3\left(Ce^{\frac{1}{x^2}}+\frac{1}{2}\right).\end{aligned}$$

把条件 $y\Big|_{x=1}=0$ 代入方程的通解中，得 $C=\dfrac{1}{2e}$，所以原方程的特解为

$$y=x^3\left(\frac{1}{2e}e^{\frac{1}{x^2}}+\frac{1}{2}\right)=\frac{1}{2}x^3(e^{\frac{1}{x^2}-1}+1).$$

例 8　求 $(y^2-6x)y'+2y=0$ 的通解（提示：把 x 当成 y 的函数）.

解　用常数变易法：

分离变量，得　$$\frac{\mathrm{d}y}{\mathrm{d}x}=\frac{2y}{6x-y^2},$$

取倒数，有　$$\frac{\mathrm{d}x}{\mathrm{d}y}=\frac{6x-y^2}{2y}=3\frac{x}{y}-\frac{1}{2}y,$$

是 x 关于 y 的一阶线性微分方程，求此方程的通解.

对应的齐次方程为 $\dfrac{\mathrm{d}x}{\mathrm{d}y}=3\dfrac{x}{y}$，分离变量，得 $\dfrac{\mathrm{d}x}{x}=3\dfrac{\mathrm{d}y}{y}$.

两边积分，得 $\ln x=3\ln y+\ln C$，即 $x=Cy^3$.

设方程的解为 $x=C(y)y^3$，代入原方程，有

$$C'(y)y^3=-\frac{1}{2}y，\quad 即\ C'(y)=-\frac{1}{2y^2},$$

积分得
$$C(y)=\frac{1}{2y}+C.$$
所以方程的通解为
$$x=\frac{1}{2}y^2+Cy^3.$$

例 9 设 $f(x)$ 为连续函数，由 $\int_0^x tf(t)\mathrm{d}t=x^2+f(x)$ 所确定，求 $f(x)$.

解 由已知 $f(x)$ 为连续函数，将所给关系式两边对 x 求导，可得
$$xf(x)=2x+f'(x).$$

记 $y=f(x)$ 则上式可化为 $y'-xy=-2x$，为一阶线性微分方程，其中 $p(x)=-x$，$Q(x)=-2x$，从而
$$\begin{aligned}y&=\mathrm{e}^{-\int P(x)\mathrm{d}x}\left(\int Q(x)\mathrm{e}^{\int P(x)\mathrm{d}x}\mathrm{d}x+C\right)\\&=\mathrm{e}^{-\int -x\mathrm{d}x}\left(\int -2x\mathrm{e}^{-\int x\mathrm{d}x}\mathrm{d}x+C\right)\\&=\mathrm{e}^{\frac{1}{2}x^2}\left(\int -2x\mathrm{e}^{-\frac{1}{2}x^2}\mathrm{d}x+C\right)\\&=\mathrm{e}^{\frac{1}{2}x^2}(2\mathrm{e}^{-\frac{1}{2}x^2}+C)=2+C\mathrm{e}^{\frac{1}{2}x^2}.\end{aligned}$$

由所给关系可知，当 $x=0$ 时，有
$$\int_0^0 tf(t)\mathrm{d}t=0^2+f(0),$$

从而 $f(0)=0$ 即 $y\big|_{x=0}=0$，代入前面求得的通解
$$0=y\big|_{x=0}=2+C\cdot\mathrm{e}^0,$$
得 $C=-2$，故 $y=2-2\mathrm{e}^{\frac{1}{2}x^2}$ 为所求的解.

说明 (1) 对于含有可变上(下)限积分的关系式，往往可以利用微分法，使其化为微分方程的形式，然后求解.

(2) 前面关系式 $\int_0^x tf(t)\mathrm{d}t=x^2+f(x)$ 隐含了条件 $f(0)=0$，这是微分方程的初始条件，做题时应注意从题中找出隐含条件.

(三) 一阶微分方程的应用

用微分方程求解实际问题的关键是建立实际问题的数学模型——微分方程. 这首先要根据实际问题所提供的条件，选择和确定模型的变量. 再根据有关学科，如物理、化学、生物、几何、经济等学科理论，找到这些变量所遵循的定律，用微分方程将其表示出来. 为此，必须了解相关学科的一些基本概念、原理和定律；要会用导数或微分表示几何量和物理量，如在几何中曲线切线的斜率 $k=\frac{\mathrm{d}y}{\mathrm{d}x}$(纵坐标对横坐标的导数)，物理中变速直线运动的速度 $v=\frac{\mathrm{d}s}{\mathrm{d}t}$，加速度 $a=\frac{\mathrm{d}v}{\mathrm{d}t}=\frac{\mathrm{d}^2s}{\mathrm{d}t^2}$，角速度 $w=$

$\frac{d\theta}{dt}$，电流 $i=\frac{dq}{dt}$ 等.

例 10 已知某曲线经过点(1，1)，它的切线在纵轴上的截距等于切点的横坐标，求它的方程.

解 设所求曲线方程为 $y=f(x)$，$P(x,\ y)$ 为其上任一点，则过 P 点的曲线的切线方程为 $Y-y=y'(X-x)$.

由假设，当 $X=0$ 时 $Y=x$，从而上式成为 $\frac{dy}{dx}-\frac{1}{x}y=-1$. 因此求曲线 $y=y(x)$ 的问题，转化为求解微分方程的特解问题：$\begin{cases} y'-\frac{1}{x}y=-1, \\ y\Big|_{x=1}=1. \end{cases}$

由公式 $y=e^{-\int P(x)dx}\left(\int Q(x)e^{\int P(x)dx}dx+C\right)$，得

$$y=e^{\int \frac{1}{x}dx}\left(\int(-1)e^{-\int \frac{1}{x}dx}dx+C\right)=-x\ln x+Cx.$$

代入 $y\Big|_{x=1}=1$ 得 $C=1$，故所求曲线方程为 $y=x(1-\ln x)$.

例 11 某林区现有木材 10 万 m^3，如果在每一瞬时木材的变化率与当时木材数成正比，假设 10 年内这林区能有木材 20 万 m^3，试确定木材数 p 与时间 t 的关系.

解 由题意得微分方程 $\frac{dp}{dt}=kp$，初始条件 $p\Big|_{t=0}=10$，$p\Big|_{t=10}=20$.

解微分方程得 $p=Ce^{kt}$，将 $p\Big|_{t=0}=10$，$p\Big|_{t=10}=20$，代入得 $C=10$，$k=\frac{\ln 2}{10}$.

所以所求木材数 p 与时间 t 的关系式为 $p=10e^{\frac{\ln 2}{10}t}$，即 $p=10\times 2^{\frac{t}{10}}$(万 m^3).

(四) 二阶常系数线性微分方程的解法

例 12 下列方程中，通解为 $y=C_1e^x+C_2xe^x$ 的微分方程是(　　).

A. $y''-2y'+y=0$　　　　B. $y''+2y'+y=1$

C. $y'+y=0$　　　　D. $y'=y$

解 由通解 $y=C_1e^x+C_2xe^x=(C_1+C_2x)e^x$ 可知，它是二阶常系数齐次线性微分方程的通解，方程的特征根为重根 $r_1=r_2=1$，对应的特征方程为 $r^2-2r+1=0$，其所对应的二阶常系数齐次线性微分方程为 $y''-2y'+y=0$. 所以选 A.

例 13 求微分方程 $y''-2ay'+y=0$ 的通解.

解 原方程对应的特征方程为

$$r^2-2ar+1=0,\qquad r_{1,2}=\frac{2a\pm\sqrt{4a^2-4}}{2}=a\pm\sqrt{a^2-1}.$$

(1) 当 $|a|>1$，即 $a>1$ 或 $a<-1$ 时，特征方程有两个不相等的实根

$$r_1=a+\sqrt{a^2-1},\quad r_2=a-\sqrt{a^2-1}.$$

故原方程的通解为

$$y=C_1e^{(a+\sqrt{a^2-1})x}+C_2e^{(a-\sqrt{a^2-1})x}.$$

(2) 当$|a|=1$，即$a=1$或$a=-1$时，特征方程有两个相等的实根$r_1=r_2=a$，故原方程的通解为$y=(C_1+C_2x)e^{ax}$.

(3) 当$|a|<1$，即$-1<a<1$时，特征方程有两个共轭复根$r_{1,2}=a\pm i\sqrt{1-a^2}$，故原方程的通解为

$$y=e^{ax}(C_1\cos\sqrt{1-a^2}\,x+C_2\sin\sqrt{1-a^2}\,x)$$

例 14 求下列微分方程的通解或特解.

(1)$y''-2y'=0$；　　(2)$y''+6y'+10y=0$；

(3)$y''-6y'+9y=0$，$y'\big|_{x=0}=2$，$y\big|_{x=}0=0$；

(4)$y''+3y'+2y=0$，$y'\big|_{x=0}=1$，$y\big|_{x=0}=1$.

解 (1) 该方程的特征方程为$r^2-2r=0$，即$r(r-2)=0$，其特征根为$r_1=0$，$r_2=2$. 故微分方程的通解为

$$y=C_1+C_2e^{2x}.$$

(2) 该方程的特征方程为$r^2+6r+10=0$，其特征根为$r_{1,2}=-3\pm 2i$. 故微分方程的通解为

$$y=e^{-3x}(C_1\cos 2x+C_2\sin 2x).$$

(3) 该方程的特征方程为$r^2-6r+9=0$，即$(r-3)^2=0$，其特征根为$r_1=r_2=3$. 故方程的通解为

$$y=(C_1+C_2x)e^{3x}.$$

将$y\big|_{x=0}=0$代入通解中，得$C_1=0$. 又$y'=C_2e^{3x}+3(C_1+C_2x)e^{3x}$，将$y\big|_{x=0}=2$代入上式中，得$C_2=2$. 故方程的特解为

$$y=2xe^{3x}.$$

(4) 该方程的特征方程为$r^2+3r+2=0$，即$(r+2)(r+1)=0$，其特征根为$r_1=-2$，$r_2=-1$. 故方程的通解为$y=C_1e^{-2x}+C_2e^{-x}$.

又$y'=-2C_1e^{-2x}-C_2e^{-x}$，将$y'\big|_{x=0}=1$，$y\big|_{x=0}=0$代入$y$及$y'$中，得

$$\begin{cases}C_1+C_2=1,\\-2C_1-C_2=1,\end{cases}\text{解得}\begin{cases}C_1=-2,\\C_2=3.\end{cases}$$

故方程的特解为$y=-2e^{-2x}+3e^{-x}$.

例 15 求下列微分方程的通解.

(1)$y''+6y'+9y=5xe^{-3x}$；　　(2)$y''+3y'-4y=5e^{x}$.

解 (1) 特征方程为$r^2-6r+9=0$，即$(r+3)^2=0$，其特征根为$r_{1,2}=-3$，所以对应齐次方程的通解为

$$Y=(C_1+C_2x)e^{-3x}.$$

因为 $f(x)=5xe^{-3x}$，$m=1$，$\lambda=-3$. 而 $\lambda=-3$ 是特征重根，故设特解为

$$y^*=Ax^3e^{-3x}.$$

求 y^* 的导数，得

$$y^{*\prime}=3Ax^2e^{-3x}-3Ax^3e^{-3x}，\quad y^{*\prime\prime}=6Axe^{-3x}-18Ax^2e^{-}3x+9Ax^3e^{-3x}.$$

将 y^*，$y^{*\prime}$，$y^{*\prime\prime}$ 代入原方程，得

$$6Axe^{-3x}=5xe^{-3x}.$$

比较两端同次幂的系数，得 $A=\frac{5}{6}$，由此求得一个特解为 $y^*=\frac{5}{6}x^3e^{-3x}$.

所以原方程的通解为

$$y=(C_1+C_2x+\frac{5}{6}x^3)e^{-3x}.$$

(2) 特征方程为 $r^2+3r-4=0$，即 $(r+4)(r-1)=0$，其特征根为 $r_1=-4$，$r_2=1$，其对应的齐次方程的通解为

$$Y=C_1e^{-4x}+C_2e^x.$$

因为 $f(x)=5e^x$，$m=0$，$\lambda=1$. 而 $\lambda=1$ 是特征单根，故设特解为

$$y^*=Axe^x.$$

求 y^* 的导数，得

$$y^{*\prime}=Ae^x+Axe^x，\quad y^{*\prime\prime}=2Ae^x+Axe^x.$$

将 y^*，$y^{*\prime}$，$y^{*\prime\prime}$ 代入原方程，得 $5Ae^x=5e^x$.

比较两端同次幂的系数，得 $A=1$，由此求得一个特解为 $y^*=xe^x$.

所以原方程的通解为

$$y=C_1e^{-4x}+C_2e^x+xe^x.$$

三、典型案例分析

案例 1 如图 5-1 所示的 RC 电路，已知在开关 K 合上前电容 C 上没有电荷，电容 C 两端的电场为零，电源的电动势为 E. 把开关 K 合上，电源对电容 C 充电，电容 C 上的电压 U_C 逐渐升高，求电压 U_C 随时间 t 变化的规律.

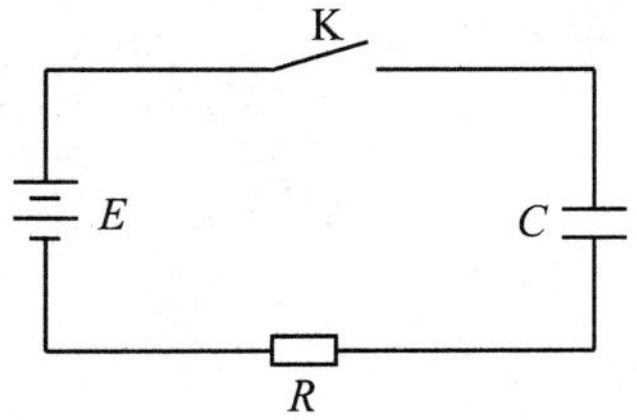

图 5-1

分析 首先建立微分方程。根据基尔霍夫电压定律可知，电容 C 上的电压 U_C 与电阻 R 上的电压 U_R 之和等于电源电动势 E，即 $U_C+U_R=E$. 电容充电时，电容上电量 Q 逐渐增加，根据电容性质，Q 与 U_C 有关系式 $Q=CU_C$. 于是，$i=\frac{dQ}{dt}=\frac{d}{dt}(CU_C)=C\frac{dU_C}{dt}$，代入 $U_C+Ri=E$ 中，得到 $U_C(t)$ 所满足的微分方程为 $RC\frac{dU_C}{dt}+U_C=E$. 然后，求此微分方程的通解与特解，便可得出电容器的充电规律.

解 $U_C(t)$ 满足微分方程：

$$RC\frac{\mathrm{d}U_C}{\mathrm{d}t}+U_C=E,$$

整理得

$$\frac{\mathrm{d}U_C}{\mathrm{d}t}+\frac{U_C}{RC}=\frac{E}{RC},$$

其通解为

$$U_C=E+C_0\mathrm{e}^{-\frac{t}{RC}}.$$

代入初始条件 $t=0$ 时，$U_C=0$，得到特解

$$U_C=E(1-\mathrm{e}^{-\frac{t}{RC}}),$$

即为电容器的充电规律.

案例 2［落体问题］ 设跳伞员从跳伞塔下落后，所受空气的阻力与速度成正比. 设跳伞员和降落伞以及所带物品总质量为 m，下落速度为 v，规定 $t=0$ 时 $v=0$，求下落过程中速度与时间的函数关系.

分析 本题求 $v=v(t)$. 跳伞员跳伞时重力的大小为 mg（g 是重力加速度），方向与速度的方向一致. 下落过程中所受空气阻力 f 与速度 v 成正比（设 k 为比例系数），故阻力 $f=kv$，方向与 v 的方向相反. 从而跳伞员在下落过程中所受的外力为 $F=mg-kv$. 根据牛顿第二定律 $F=ma$（a 为加速度且 $a=\frac{\mathrm{d}v}{\mathrm{d}t}$），就可以建立速度 $v(t)$ 的微分方程

解 跳伞员在下落过程中的速度 $v(t)$ 所满足的微分方程是.

$$m\frac{\mathrm{d}v}{\mathrm{d}t}=mg-kv,\quad 初始条件是\ v|_{t=0}=0.$$

这是一个可分离变量的微分方程，分离变量得

$$\frac{\mathrm{d}v}{mg-kv}=\frac{1}{m}\mathrm{d}t,$$

积分得

$$-\frac{1}{k}\ln(mg-kv)=\frac{t}{m}+\ln C_1,$$

则有

$$v=\frac{mg}{k}+C\mathrm{e}^{-\frac{k}{m}t}.$$

将初始条件 $v\Big|_{t=0}=0$ 代入上式，得 $C=-\frac{mg}{k}$.

于是所求的速度 v 与时间 t 的函数关系为 $v=\frac{mg}{k}(1-\mathrm{e}^{-\frac{k}{m}t})$.

案例 3［刑事侦查中死亡时间的鉴定］ 牛顿冷却定律指出：物体在空气中冷却的速度与物体温度和空气温度之差成正比，现将牛顿冷却定律应用于刑事侦查中死亡时间的鉴定.

受害者的尸体于晚上 7:30 被发现，法医于晚上 8:20 赶到现场，测得尸体的温度为 32.6℃，一小时后，当尸体即将被抬走时，法医又测量了一次体温为 31.4℃，当时室温为 21.1℃，此案的最大嫌疑犯是张某，但张某声称自己是无罪的，并有证人说："张某下午一直在办公室上班，5:00 打了一个电话就离开了。"从张某的办公室到凶案现场步行需要 5 分钟。

问题一：张某不在现场的证言能否将他排除在嫌疑犯之外?

问题二：张某的律师发现受害者在死亡当天下午去医院看过病，病例记录发烧 38.3℃，假设受害者死时体温为 38.3℃(体内未发现降温药)，问张某能否排除嫌疑?

分析 设物体在时刻 t 的温度为 $u=u(t)$，空气温度为 u_a，由于热量从温度高的物体传向温度低的物体，所以温度的变化速度为 $\dfrac{du}{dt}$(恒为负值)，而温差为 $u-u_a$(恒为正值)，由牛顿冷却定律，物体在空气中冷却的速度与物体温度和空气温度之差成正比，于是建立微分方程：$\begin{cases}\dfrac{du}{dt}=-k(u-u_a),\ (k>0),\\ u(0)=u_0,\\ u(t_1)=u_1,\end{cases}$ 其中 k 为比例系数.

求解微分方程，此方程为可分离变量的微分方程.

分离变量，得 $\dfrac{du}{u-u_a}=-k\,dt$，

两边积分，得 $\ln(u-u_a)=-kt+\ln C$，
即微分方程的通解为 $u=u_a+Ce^{-kt}$.

将初始条件 $u(0)=u_0$ 代入通解，得 $C=u_0-u_a$，
于是微分方程的特解为 $u=u_a+(u_0-u_a)e^{-kt}$.

将 $u(t_1)=u_1$ 代入上式，得 $u_1=u_a+(u_0-u_a)e^{-kt_1}$，
求得 $e^{-kt_1}=\dfrac{u_1-u_a}{u_0-u_a}$，$k=\dfrac{1}{t_1}\ln\dfrac{u_1-u_a}{u_0-u_a}$，

所以物体冷却时温度随时间的变化规律是 $u=u_a+(u_0-u_a)e^{\frac{t}{t_1}\ln\frac{u_1-u_a}{u_0-u_a}}$.

问题一：假设在谋杀发生后，尸体的温度从 37℃ 开始下降，假定空气的温度恒为 $u_a=21.1$℃，晚上 8:20 作为初始时间 $t=0$，$u_0=32.6$℃，$t=1$，$u_1=31.4$℃，计算 $u=37$℃ 的时间 t.

解 $u=u_a+(u_0-u_a)e^{\frac{t}{t_1}\ln\frac{u_1-u_a}{u_0-u_a}}$，将已知条件代入，得

$37=21.1+(32.6-21.1)e^{t\ln\frac{31.4-21.1}{32.6-21.1}}$，$\dfrac{37-21.1}{32.6-21.1}=e^{\ln\left(\frac{31.4-21.1}{32.6-21.1}\right)^t}$，$1.3826=0.8956^t$

两边取对数，$\ln 1.3826=t\ln 0.8956$，得 $t=-2.94$.

由计算可知，谋杀发生在 8:20 前 2 小时 56 分，也就是 5:24。嫌疑人张某 5:00 离开办公室，从张某的办公室到凶案现场步行仅需要 5 分钟，有作案时间，故不能排除

嫌疑 .

问题二：受害者当天有发烧记录，并未服用退烧药，假设受害者死时体温为 38. 3℃，计算 $u=38.3$℃ 的时间 t.

解　将已知条件代入 $u=u_a+(u_0-u_a)e^{\frac{t}{t_1}\ln\frac{u_1-u_a}{u_0-u_a}}$，得

$38.3=21.1+(32.6-21.1)e^{t\ln\frac{31.4-21.1}{32.6-21.1}}$，计算得 $t=-3.65$.

谋杀发生在 8:20 前 3 小时 39 分，也就是 4:41，有证人证明张某 5:00 前一直在办公室，因此可以排除嫌疑 .

案例 4　试设计一个圆桥墩，要求所用材料最省.

分析　为了解决这个问题，需要建立数学模型，为此，补充模型假设如下：

假设 1　圆桥墩高为 H；

假设 2　墩顶受均布压力，合力为 P；

假设 3　材料每单位体积重量为 γ，每单位面积所允许的最大压力为 σ；

假设 4　为了合理使用材料，应使墩台每一横截面上单位面积承受的内压力都达到材料所允许的最大值 σ.

解　取墩顶中心为坐标原点，向下作 x 轴(如图 5-2 所示).

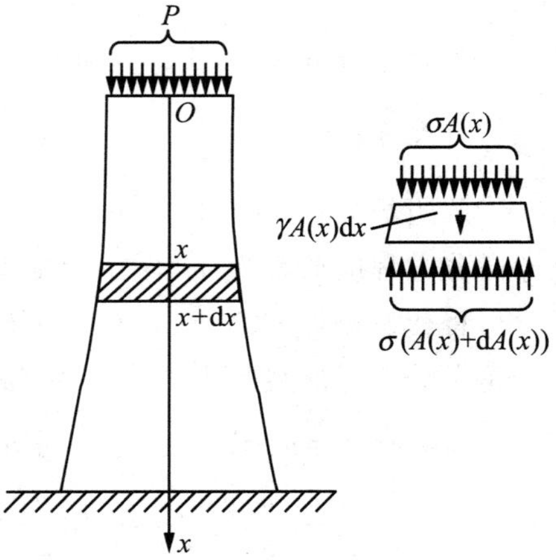

图 5-2

设圆墩横截面积为 $A=A(x)$，截取长 dx 的微段 $[x, x+dx]$，微段自重 $\gamma A(x)dx$，下方反作用力为 $\sigma[A(x)+dA(x)]$. 因微段处于受力平衡状态，所以

$$\sigma[A(x)+dA(x)]=\sigma A(x)+\gamma A(x)dx,$$

即
$$\sigma dA(x)=\gamma A(x)dx.$$

上式含自变量 x 和未知函数 $A(x)$ 的微分，它是一个微分方程，是可分离变量的微分方程.

分离变量得

$$\frac{dA}{A}=\frac{\gamma dx}{\sigma},$$

积分得
$$\ln A+C=\frac{\gamma}{\sigma}x.$$

注意到 $x=0$ 时，$A(x)=A_0=\frac{P}{\sigma}$，代入上式得 $C=-\ln A_0$，

所以
$$\ln\frac{A(x)}{A_0}=\frac{\gamma x}{\sigma}，即 A(x)=A_0e^{\frac{\gamma x}{\sigma}}.$$

也就是圆墩横截面半径 $R(x)=\left(\frac{P}{\pi\sigma}e^{\frac{\gamma x}{\sigma}}\right)^{\frac{1}{2}}$，圆墩顶部半径 $R_0=\sqrt{\frac{P}{\pi\sigma}}$，底部半径 $R(H)=\left(\frac{P}{\pi\sigma}e^{\frac{\gamma H}{\sigma}}\right)^{\frac{1}{2}}$，我们有了这些结论，就可以进行施工了.

四、复习题五

A 组

1. 填空题.

(1) 微分方程 $\frac{dy}{dx}=2$ 的通解是 ________；

(2) 微分方程 $y'=e^{2x-y}$ 满足初始条件 $y\Big|_{x=0}=0$ 的特解是 ________；

(3) 微分方程 $y'=\tan x\cdot\tan y$ 的通解是 ________；

(4) 一条曲线过原点，且它每一点处的切线斜率等于 $2x+y$，则该曲线方程是 ________；

(5) 若 $r_1=0$，$r_2=-1$ 是二阶常系数线性齐次微分方程的特征根，则该方程的特解是 ________；

(6) 设 $y_1=xe^x$，$y_2=e^x$ 是二阶常系数线性齐次微分方程 $y''+py'+qy=0$ 的两个解，则 $p=$ ________，$q=$ ________；

(7) 微分方程 $y''+4y'+3y=0$ 的通解为 $y=$ ________；

(8) $x+3x^2-y'=0$ 的通解为 $y=$ ________；

(9) $(xy^2+x)dx+(y+x^2y)dy=0$ 的通解为 $y=$ ________；

(10) 微分方程 $y'=e^{x-y}$ 的通解为 $y=$ ________.

2. 求下列微分方程的通解或给定条件下的特解.

(1) $\frac{dy}{dx}=\ln x^y$；

(2) $(xy^2+x)dx+(x^2y-y)dy=0$，$y\Big|_{x=0}=1$；

(3) $xy'+y=e^x$；

(4) $y'+y\cdot\tan x=\sec x$，$y\Big|_{x=\pi}=-1$.

3. 求下列二阶微分方程的通解或给定条件下的特解.

(1) $y''-y'-2y=0$；

(2) $y''+4y'+13y=0$；

(3) $y''+9y=0$，$y\Big|_{x=0}=2$，$y'\Big|_{x=0}=3$；

(4) $4y''-4y'+y=0$，$y\Big|_{x=0}=1$，$y'\Big|_{x=0}=2$.

4. 求微分方程 $y''-5y'+6y=xe^{2x}$ 的通解.

B 组

1. 填空题.

(1) 方程 $x(y')^2-2yy'+x=0$ 的阶数是 ________.

(2) 方程$\frac{dy}{dx}=2xy$的通解 ________.

(3) 微分方程$(1+e^x)dy=ye^x dx$的通解为 ________.

(4) 齐次线性微分方程$y''-2y'-3y=0$的通解为 ________.

(5) 微分方程$y''=e^x+\sin x$的通解是 ________.

(6) 齐次线性微分方程$y''-y'-2y=0$的通解为 ________.

(7) 微分方程$x\frac{dy}{dx}=2y$满足初值$y\Big|_{x=1}=2$的特解为 ________.

2. 选择题.

(1) 微分方程$y''+2y'+y=0$的通解为(　　).

A. $C_1+C_2e^{-x}$　　B. $C_1\cos x+C_2\sin x$

C. $(C_1+C_2x)e^{-x}$　　D. Ce^{-x}

(2) 方程$y'-\frac{1}{x}y=x$的通解为(　　).

A. Cx^2+x　　B. x^2+x+C

C. x^2+Cx　　D. Cx^2-x

(3) 下列方程为一阶线性微分方程的是(　　).

A. $\left(\frac{dy}{dx}\right)^2+\left(\frac{dy}{dx}\right)^3+xy=1+x^2$　　B. $y''+3y'-2y=e^{x^2}$

C. $\frac{d(xy)}{dx}=xy$　　D. $L\frac{d^2u}{dt^2}+R\frac{du}{dt}+\frac{u}{A}=f(t)$

(4) 下列方程为线性微分方程的是(　　).

A. $y''+(\ln x)y'+\cos xy=0$　　B. $y''-2y'+y^2=e^x$

C. $y'-xy=\ln x$　　D. $(y')^2-y'=3x+7$

3. 求下列一阶微分方程的通解.

(1) $(y-x\sin x)dx+xdy=0$;　　(2) $\frac{dy}{dx}=\frac{xy}{1+x^2}$;

(3) $\frac{dy}{dx}=2xy$;　　(4) $y\ln y dx=xdy$.

4. 求下列二阶微分方程的通解.

(1) $y''-2y'+y=x^2$;　　(2) $2y''+y'-y=2e^x$;　　(3) $y''-2y'+y=2e^x$;

(4) $y''-3y'+2y=xe^{2x}$;　　(5) $y''-y=e^x$;　　(6) $y''+3y'+2y=0$.

五、自测题五

1. 填空题. (每小题5分, 共25分)

(1) 微分方程$(y'')^3+xy^{(4)}=y^7\sin x$的阶数是 ________.

(2) 方程$y'+2y=0$的通解是 ________.

(3) $y''=2\sin x$ 的通解为 ________.

(4) 方程 $y''+2y'=0$ 的通解是 ________.

(5) 微分方程 $y''-5y'+6y=0$ 的通解是 ________.

2. 选择题.(每小题 5 分, 共 25 分)

(1) 下列微分方程中, (　　)是线性微分方程.

A. $y''x+2y'\ln x+y^2=0$　　B. $y''x^2-xy=e^y$

C. $y'''e^x+y\sin x=\ln x$　　D. $y'y-xy''=\cos x$

(2) 微分方程 $y'+\frac{y}{x}=0$ 满足 $y\Big|_{x=2}=1$ 的特解是(　　).

A. $y=\frac{4}{x^2}$　　B. $y=\frac{2}{x}$　　C. $y=e^{x-2}$　　D. $y=\log_2 x$

(3) 特征方程 $r^2-2r+2=0$ 所对应的齐次线性微分方程是(　　).

A. $y''-2y'+2=0$　　B. $y''-2y'-2=0$

C. $y''-2y'+2y=0$　　D. $y''+2y'+2y=0$

(4) 微分方程 $F[x,\ y^4,\ y',\ (y'')^2]=0$ 的通解中含有(　　)个独立任意常数.

A. 1　　B. 2　　C. 3　　D. 4

(5) 一曲线在其上任意一点处切线斜率为 $-\frac{2x}{y}$, 则曲线是(　　).

A. 直线　　B. 抛物线　　C. 双曲线　　D. 椭圆

3. 计算题.(每小题 6 分, 共 24 分)

(1) $(1+e^x)yy'=e^x$;　　(2) $y'+2xy=e^{-x^2}$;

(3) $y''-y'=x$;　　(4) $y''-4y'+5y=0$.

4. 求微分方程 $y''-12y'+36y=0$ 满足初始条件 $y\Big|_{x=0}=1$, $y'\Big|_{x=0}=0$ 的特解(8 分).

5. 设 $\int_0^x f(t)\mathrm{d}t=e^x-1-f(x)$, 求 $f(x)$(8 分).

6. 设曲线上任一点 $P(x,\ y)$ 的切线斜率等于 $-\left(1+\frac{y}{x}\right)$, 且通过点(2, 1), 求这个曲线方程(10 分).

【阅读材料】

赝品的鉴定

1. 问题提出

第二次世界大战比利时解放以后, 荷兰野战军保安机关开始搜捕纳粹同谋犯. 他们从一家曾向纳粹德国出卖过艺术品的公司中发现线索, 于 1945 年 5 月 29 日以通敌罪逮捕了一名三流画家范·梅格伦(H. A. VanMeegeren), 此人曾将 17 世纪荷兰著名画家简·弗米尔(JanVermeer)的油画《捉奸》等卖给纳粹德国戈林的中间人. 可是, 范·

梅格伦同年7月12日在牢里宣称：他从未把《捉奸》卖给戈林，而且他还说，这幅画和众所周知的油画《在埃牟斯的门徒》以及其他四幅冒充弗米尔的油画和两幅冒充德胡斯(17世纪荷兰画家)的油画，都是他自己的作品，这件事在当时震惊了全世界．为了证明自己的确伪造过名画，他在监狱里开始伪造弗米尔的油画《耶稣在门徒们中间》．当这项工作接近完成时，范·梅格伦获悉自己的通敌罪已被改为伪造文物罪，因此他拒绝将这幅画处理变陈，以免留下罪证．

为了审理这一案件，法庭组织了一个由著名化学家、物理学家和艺术史学家组成的国际专门小组查究这一事件．他们用X射线检验画布上是否曾经有过别的画．此外，他们还分析了油彩中的拌料(色粉)，检验油画中有没有历经岁月的迹象等．经过一番努力，科学家们终于在其中的几幅画中发现了现代颜料钴蓝的痕迹，在几幅画中检验出了20世纪初才发明的酚醛类人工树脂等．根据这些证据，范·梅格伦于1947年10月12日被宣判犯有伪造罪，被判刑一年．可是他在狱中只待了两个多月就因心脏病发作而病故，时间是1947年12月30日．

然而，事情到此并未结束，许多人还是不肯相信著名的《在埃牟斯的门徒》是范·梅格伦伪造的．事实上，在此之前，这幅画已经被文物鉴定家认定为真迹，并以17万美元的高价被伦布兰特学会买下．专家小组对于怀疑者的回答是：由于范·梅格伦曾因他在艺术界中没有地位而十分懊恼，他下决心绘制《在埃牟斯的门徒》，来证明他有高于三流画家的水平．当炮制出这样的杰作并轻而易举地出售以后，他的意志消退了，在炮制后来的赝品时就不那么用心了．这种解释并未使怀疑者感到满意，他们要求要么科学地、确定地证明《在埃牟斯的门徒》的确是一个伪造品，否则，就宁愿相信这是真迹．这一问题一直拖了20年，直到1967年，才被卡内基·梅伦大学的科学家们基本解决．

测定油画和其他岩石类材料的年龄的关键是20世纪初发现的放射性现象．

著名物理学家卢瑟夫在20世纪初发现：某些"放射性"元素的原子是不稳定的，并且在已知的一段时间内，有一定比例的原子会自然蜕变而形成新元素的原子．放射性物质在单位时间里的分解数与尚存放射性物质的原子数成正比．因此，如果用$N(t)$表示时间t时存在的原子数，用$\frac{\mathrm{d}N}{\mathrm{d}t}$表示单位时间内蜕变成其他物质的原子数，则有

$$\frac{\mathrm{d}N}{\mathrm{d}t}=-\lambda N.$$

常数λ是正的，称为该物质的衰变常数．λ越大，物质蜕变得越快，其量纲是时间的倒数．衡量物质蜕变速度的一个常用尺度是它的半衰期，即给定数量的放射性原子蜕变一半所需要的时间．为了求得半衰期T，假设$N(t_0)=N_0$，于是，得到初值问题

$$\begin{cases}\dfrac{\mathrm{d}N}{\mathrm{d}t}=-\lambda N,\\ N(t_0)=N_0,\end{cases}$$

其解为

$$N(t)=N_0 e^{-\lambda(t-t_0)},$$

如果令 $\frac{N}{N_0}=\frac{1}{2}$，则有 $\quad T=t-t_0=\frac{\ln 2}{\lambda}$.

许多物质的半衰期已被测定，如碳 14 的半衰期约为 5 730 年；铀 238 的半衰期约为 45 亿年、镭的半衰期约为 1 600 年等.

与本问题相关的其他知识还有下面几点.

(1) 艺术家们应用白铅作为颜料之一，已有 2 000 年以上的历史. 白铅中含有微量的放射铅 210，白铅是从铅矿中提炼出来的，而铅又属于放射性物质链——铀系，其演变简图如下：

铀 238($T=45$ 亿年) → 镭 226($T=1\ 600$ 年) → 铅 210($T=22$ 年)(放射性) → 钋 210($T=138$ 天) → 铅 206(无放射性).

(2) 地壳里几乎所有的岩石中均含有微量的铀. 一方面，铀系中的各种放射性物质均在不断衰减，而另一方面，铀的衰减又在不断地补充着它的后继元素. 从而，各种放射性物质(除铀以外) 在岩石中处于放射性平衡中. 根据世界各地抽样测量的资料，地壳中的铀在铀系中所占平均重量比约为百万分之 2.5(一般含量极微). 各地采集的岩石中铀的含量差异很大.

(3) 从铅矿中提炼出铅时，铅 210 与铅 206 一起被作为铅留下，而其余物质则有 90% ～ 95% 被留在矿渣里，从而打破了原有的放射性平衡.

2. 简化假定

本问题建模的目的是为了鉴定几幅不超过 300 年的古画，为了使模型尽可能简单，可作如下假设.

(1) 由于镭的半衰期为 1 600 年，时经 300 年左右，应用微分方程方法不难计算出白铅中的镭至少还保留着原先数量的 90%，为简单起见，不妨假定每克白铅中的镭在每分钟里的分解数目是一个常数.

(2) 钋的半衰期为 138 天容易测定，铅 210 的半衰期为 22 年，对要鉴别的 300 多年的颜料来说，每克白铅中每分钟钋的衰变数与铅 210 的衰变数可视为相等.

3. 建立模型

(1) 记提炼白铅的时刻为 $t=0$，当时每克白铅中铅 210 的分子数为 y_0，由于提炼前岩石中的铀系是处于放射性平衡的，故铀和铅在单位时间里的分解数相同. 由此容易推算出每克白铅中铅 210 每分钟分解数不能大于 30 000 个，否则铀的含量将超过 4%，而这是不可能的. 事实上，若 $\lambda_u U_0=\lambda y_0 \geqslant 30\ 000$ (λ_u 为铀的衰减率，λ 为铅 210 的分解率) 则

$U_0 \geqslant \frac{30\ 000\times 60\times 24\times 365}{\lambda_u}\approx 1.02\times 10^{20}$(个). (注：$\lambda_u=\frac{\ln 2}{T_u}$，$T_u=4.5\times 10^{10}$ 年)

这些铀约重 $\frac{1.02\times 10^{20}}{6.02\times 10^{23}}\times 238\approx 0.04$(克)，即每克白铅约含 0.04 克铀，含量为 4%.

(2) 设 t 时刻 1 克白铅中铅 210 的含量为 $y(t)$，而镭的单位时间分解数为 r(常数)，则 $y(t)$ 满足微分方程：

$$\frac{\mathrm{d}y}{\mathrm{d}t}=-\lambda y+r.$$

4. 模型求解

解微分方程 $$\frac{\mathrm{d}y}{\mathrm{d}t}=-\lambda y+r,$$

得 $$y(t)=\frac{r}{\lambda}[1-\mathrm{e}^{-\lambda(t-t_0)}]+y_0\mathrm{e}^{-\lambda(t-t_0)},$$

故 $$\lambda y_0=\lambda y(t)\mathrm{e}^{\lambda(t-t_0)}-r[\mathrm{e}^{\lambda(t-t_0)}-1].$$

油画中每克白铅所含铅 210 目前的分解数 $\lambda y(t)$ 及目前镭的分解数 r 均可用仪器测出. 若此画是真品，$t-t_0\approx 300$(年)，则可求出 λy_0 的近似值，再与当时的矿物比较，以鉴别真伪.

Carnegie-Mellon 大学的科学家们利用上述模型对部分有疑问的油画作了鉴定，测得数据如下(见表 5-1).

表 5-1

油画名称	钋 210 分解数(个 /min)	镭 226 分解数(个 /min)
(1) 在埃牟斯的门徒	8.5	0.8
(2) 濯足	12.6	0.26
(3) 看乐谱的女人	10.3	0.3
(4) 弹奏曼陀林的女人	8.2	0.17
(5) 花边织工	1.5	1.4
(6) 笑女	5.2	6.0

对《在埃牟斯的门徒》，可以算出 $\lambda y_0\approx 98\,050$[个 /(g · min)]，显然这是不可能的，它必定是一幅近代(指几十年内的) 伪造品. 类似可以判定(2) (3) (4) 也是赝品. 而(5) 和(6) 则不太可能是现代伪制品，因为其中的放射性物质已基本处于平衡状态，这样的平衡不可能发生在 19 世纪和 20 世纪的任何作品中.

5. 模型评价

利用放射性原理，还可以对其他文物的年代进行测定. 例如，对有机物(动、植物) 遗体，考古学上目前流行的测定方法是放射性碳 14 测定法，这种方法具有较高的精确度. 其基本原理是：由于大气层受到宇宙线的连续照射，空气中含有微量的中微子，它们和空气中的氮结合，形成放射性碳 14(C^{14}). 在大气中，碳 12 与碳 14 是处于放射性平衡状态下的. 有机物存活时，它们通过新陈代谢与外界进行物质交换，使体内的 C^{14} 也处于放射性平衡中. 一旦有机物死亡，新陈代谢终止，放射性平衡即遭破坏，碳 14 的含量将随时间而不断下降．因而，通过对比测定，可以估计出它们生存的年代．例如，1950 年在巴比伦的一个洞穴里发现一根刻有 Hammurabi 王朝字样的木炭，历史书上并未记载下这一朝代．经测定，其 C^{14} 衰减数为 4.09 个 /(g·min)，而在新砍伐烧成的木炭中，C^{14} 衰减数为 6.68 个 /(g·min)，C^{14} 的半衰期为 5 730 年，由此可以推算出该王朝存在于 3 900 ～ 4 000 年前(从 1950 年算起)．

第六章　无穷级数

无穷级数是高等数学中重要的内容，它是研究函数性质、表示函数以及进行数值计算的有力工具．我们将对数项级数的一些基本概念、性质和判定其敛散性的方法进行讨论，对幂级数的基本性质、收敛半径、收敛区间进行训练；并对傅里叶级数的应用给以指导．

一、学习要求

1．了解级数收敛的必要条件以及无穷级数的基本性质．

2．了解数项级数的收敛、发散及级数和的概念．

3．掌握正项级数的比较审敛法、比值审敛法和根值审敛法．

4．掌握交错级数的莱布尼茨判别法、级数绝对收敛与条件收敛的概念及其相互关系．

5．了解幂级数及其收敛半径的概念，会求幂级数的收敛半径和收敛区间．

6．了解幂级数在收敛区间内的基本性质．

7．了解函数展开为泰勒级数的充分必要条件．

8．掌握函数 e^x，$\sin x$，$\cos x$，$\ln(1-x)$，$(1+x)^\alpha$ 的麦克劳林展开式，会用它们将一些简单函数间接展开成幂级数．

9．了解傅里叶级数的概念以及函数展开成傅里叶级数的收敛定理，会将定义在 $[-\pi,\ \pi]$ 上的函数展开成傅里叶级数，会将定义在 $[0,\ \pi]$ 上的函数展开成正弦级数与余弦级数．

重点： 正项级数的判别法，交错级数的莱布尼茨判别法，幂级数的收敛半径与收敛区间的概念．

难点： 正项级数的审敛法，绝对收敛与条件收敛，幂级数展开，傅里叶级数展开．

二、典型例题分析

(一) 数项级数的概念与基本性质

例 1　判定级数 $\sum\limits_{n=1}^{\infty}\dfrac{1}{(5n-4)(5n+1)}$ 的收敛性．

解　所给级数的前 n 项的和

$$S_n=\frac{1}{1\times 6}+\frac{1}{6\times 11}+\frac{1}{11\times 16}+\cdots+\frac{1}{(5n-4)(5n+1)}$$

$$=\frac{1}{5}\left[\left(1-\frac{1}{6}\right)+\left(\frac{1}{6}-\frac{1}{11}\right)+\left(\frac{1}{11}-\frac{1}{16}\right)+\cdots+\left(\frac{1}{5n-4}-\frac{1}{5n+1}\right)\right]$$
$$=\frac{1}{5}\left(1-\frac{1}{5n+1}\right),$$

可知$\lim\limits_{n\to\infty} S_n=\lim\limits_{n\to\infty}\frac{1}{5}\left(1-\frac{1}{5n+1}\right)=\frac{1}{5}$，故所给级数收敛，且其和为$\frac{1}{5}$.

例 2　判别级数$\sum\limits_{n=1}^{\infty}(\sqrt{n+1}-\sqrt{n})$的敛散性.

解　所给级数的前 n 项的和

$$S_n=(\sqrt{2}-\sqrt{1})+(\sqrt{3}-\sqrt{2})+\cdots+(\sqrt{n+1}-\sqrt{n})=\sqrt{n+1}-1.$$

由于$\lim\limits_{n\to\infty} S_n=\lim\limits_{n\to\infty}(\sqrt{n+1}-1)=\infty$，故所给级数发散.

例 3　判别级数$\sum\limits_{n=1}^{\infty}\frac{1}{\left(1+\frac{1}{n}\right)^n}$的敛散性.

解　由于$\lim\limits_{n\to\infty}u_n=\lim\limits_{n\to\infty}\frac{1}{\left(1+\frac{1}{n}\right)^n}=\frac{1}{\mathrm{e}}\neq 0$，由级数收敛的必要条件知，级数$\sum\limits_{n=1}^{\infty}\frac{1}{\left(1+\frac{1}{n}\right)^n}$发散.

例 4　判定级数$\left(\frac{1}{2}+\frac{1}{3}\right)+\left(\frac{1}{2^2}+\frac{1}{3^2}\right)+\cdots+\left(\frac{1}{2^n}+\frac{1}{3^n}\right)+\cdots$的敛散性.

解　级数$\sum\limits_{n=1}^{\infty}\frac{1}{2^n}$与级数$\sum\limits_{n=1}^{\infty}\frac{1}{3^n}$皆为等比级数，其公比分别为$r=\frac{1}{2}$与$r=\frac{1}{3}$.

由等比数列性质知，级数$\sum\limits_{n=1}^{\infty}\frac{1}{2^n}$与级数$\sum\limits_{n=1}^{\infty}\frac{1}{3^n}$皆收敛，且

$$\sum_{n=1}^{\infty}\frac{1}{2^n}=\frac{1}{1-\frac{1}{2}}=2,\quad \sum_{n=1}^{\infty}\frac{1}{3^n}=\frac{1}{1-\frac{1}{3}}=\frac{3}{2}.$$

由级数性质可知，$\left(\frac{1}{2}+\frac{1}{3}\right)+\left(\frac{1}{2^2}+\frac{1}{3^2}\right)+\cdots+\left(\frac{1}{2^n}+\frac{1}{3^n}\right)+\cdots$收敛，其和为$\frac{7}{2}$.

(二) 正项级数敛散性的判定

判定正项级数敛散性的方法和步骤如下.

(1) 若$\lim\limits_{n\to\infty}u_n$易求，则首先判定$\lim\limits_{n\to\infty}u_n=0$是否成立. 若$\lim\limits_{n\to\infty}u_n\neq 0$，则级数$\sum\limits_{n=1}^{\infty}u_n$发散.

(2) 若$\lim\limits_{n\to\infty} u_n$不容易求得或$\lim\limits_{n\to\infty} u_n=0$，则以下列方式判断：

如果u_n是分式，且为n的多项式的商、根式、三角函数、反三角函数等，那么通常用比较审敛法判别其敛散性；如果u_n呈现分式，分子或分母中含有$n!$，a^n，n^n因子时，那么通常用比值审敛法判别其敛散性；如果u_n含有以n为指数的因子，或是形式为$[f(n)]^{g(n)}$的幂指函数，那么通常用根值审敛法判别其敛散性.

例 5 判别级数$\sum\limits_{n=1}^{\infty}\dfrac{\sin^2(n+1)}{n^2}$的敛散性.

解 由于$\dfrac{\sin^2(n+1)}{n^2}\leqslant\dfrac{1}{n^2}$，而由$p$-级数的结论知级数$\sum\limits_{n=1}^{\infty}\dfrac{1}{n^2}$收敛. 根据正项级数的比较审敛法知级数$\sum\limits_{n=1}^{\infty}\dfrac{\sin^2(n+1)}{n^2}$收敛.

例 6 判别下列级数的敛散性：

(1)$\sum\limits_{n=1}^{\infty}\dfrac{n}{1+n^2}$；(2)$\sum\limits_{n=1}^{\infty}\dfrac{1}{2n-1}$；(3)$\sum\limits_{n=1}^{\infty}\ln\left(1+\dfrac{1}{n^2}\right)$.

解 (1) 由于$\lim\limits_{n\to\infty}\left(\dfrac{n}{1+n^2}\Big/\dfrac{1}{n}\right)=1$，且调和级数$\sum\limits_{n=1}^{\infty}\dfrac{1}{n}$发散. 根据比较审敛法的极限形式知级数$\sum\limits_{n=1}^{\infty}\dfrac{n}{1+n^2}$与级数$\sum\limits_{n=1}^{\infty}\dfrac{1}{n}$同样发散.

(2)$\lim\limits_{n\to\infty}\dfrac{1/(2n-1)}{1/n}=\dfrac{1}{2}$，而$\sum\limits_{n=1}^{\infty}\dfrac{1}{n}$发散，故$\sum\limits_{n=1}^{\infty}\dfrac{1}{2n-1}$发散.

(3)$\lim\limits_{n\to\infty}\dfrac{\ln(1+1/n^2)}{1/n^2}=1$，而$\sum\limits_{n=1}^{\infty}\dfrac{1}{n^2}$收敛，故$\sum\limits_{n=1}^{\infty}\ln\left(1+\dfrac{1}{n^2}\right)$收敛.

例 7 判别级数$\sum\limits_{n=1}^{\infty}\dfrac{1}{1+a^n}(a>0)$的敛散性.

解 $0<a<1$时，$a^n\to0$，$u_n=\dfrac{1}{1+a^n}\to1$，发散；$a=1$时，$u_n=\dfrac{1}{2}$发散；$a>1$时，$\lim\limits_{n\to\infty}\left(\dfrac{1}{1+a^n}\Big/\dfrac{1}{a^n}\right)=\lim\limits_{n\to\infty}\dfrac{a^n}{a^n+1}=1$，而$\sum\limits_{n=1}^{\infty}\dfrac{1}{a^n}$(公比$<1$的几何级数)收敛，故原级数收敛.

说明 用比较审敛法判定正项级数的敛散性时，要牢记以下级数：

① 调和级数：$\sum\limits_{n=1}^{\infty}\dfrac{1}{n}$，发散.

② 几何级数：$\sum\limits_{n=0}^{\infty}aq^n$. $|q|<1$，收敛；$|q|\geqslant1$，发散.

③p-级数：$\sum\limits_{n=1}^{\infty}\dfrac{1}{n^p}$. $p>1$时，收敛；$p\leqslant1$时，发散.

采用比较判别法(或极限形式)时，应对正项级数的一般项u_n进行分析，作适当的放大或缩小，或者确定u_n的等价无穷小或同阶无穷小的具体形式，通常选择p-级数或几何级数做参照比较.

例 8 讨论下列级数的敛散性:

(1) $\sum_{n=1}^{\infty}\frac{1\times 3\times\cdots\times(2n-1)}{2\times 5\times\cdots\times(3n-1)}$; (2) $\sum_{n=1}^{\infty}\frac{n}{2^n}$;

(3) $\sum_{n=1}^{\infty} n^{\alpha}\beta^{n}(\beta\geqslant 0)$; (4) $\sum_{n=1}^{\infty}\frac{n^n}{a^n n!}(a>0,\ a\neq \mathrm{e})$.

解 (1) $\lim\limits_{n\to\infty}\frac{u_{n+1}}{u_n}=\lim\limits_{n\to\infty}\frac{1\times 3\times\cdots\times(2n+1)}{2\times 5\times\cdots\times(3n+2)}\Big/\frac{1\times 3\times\cdots\times(2n-1)}{2\times 5\times\cdots\times(3n-1)}$

$$=\lim_{n\to\infty}\frac{2n+1}{3n+2}=\frac{2}{3}<1.$$

根据比值审敛法知, 此级数收敛.

(2) $\lim\limits_{n\to\infty}\frac{u_{n+1}}{u_n}=\lim\limits_{n\to\infty}\left(\frac{n+1}{2^{n+1}}\Big/\frac{n}{2^n}\right)=\lim\limits_{n\to\infty}\frac{n+1}{2n}=\frac{1}{2}<1$, 故 $\sum_{n=1}^{\infty}\frac{n}{2^n}$ 收敛.

(3) $\lim\limits_{n\to\infty}\frac{u_{n+1}}{u_n}=\lim\limits_{n\to\infty}\frac{(n+1)^{\alpha}\beta^{n+1}}{n^{\alpha}\beta^{n}}=\lim\limits_{n\to\infty}\beta\left(1+\frac{1}{n}\right)^{\alpha}=\beta\begin{cases}\beta<1, & \text{收敛;}\\ \beta>1, & \text{发散.}\end{cases}$

$\beta=1$ 时, 级数变为 $$\sum_{n=1}^{\infty} n^{\alpha}=\sum_{n=1}^{\infty}\frac{1}{n^{-\alpha}},$$

由 p-级数的敛散性可知,

$p=-\alpha\leqslant 1$, 即 $\alpha\geqslant -1$ 时发散; $p=-\alpha>1$, 即 $\alpha<-1$ 时收敛.

(4) $\lim\limits_{n\to\infty}\frac{u_{n+1}}{u_n}=\lim\limits_{n\to\infty}\left(\frac{(n+1)^{n+1}}{a^{n+1}(n+1)!}\Big/\frac{n^n}{a^n n!}\right)=\lim\limits_{n\to\infty}\frac{(n+1)^n}{an^n}=\lim\limits_{n\to\infty}\frac{1}{a}(1+\frac{1}{n})^n=\frac{\mathrm{e}}{a}$.

根据比值审敛法知, 当 $a>\mathrm{e}$ 时, 此级数收敛; 当 $0<a<\mathrm{e}$ 时, 此级数发散.

说明 (比值审敛法) 设 $\sum_{n=1}^{\infty}u_n$ 为正项级数, 如果 $\lim\limits_{n\to\infty}\frac{u_{n+1}}{u_n}=\rho$, 那么: (1) 当 $\rho<1$ 时, 级数 $\sum_{n=1}^{\infty}u_n$ 收敛; (2) 当 $\rho>1$ 或 $\rho=\infty$ 时, 级数 $\sum_{n=1}^{\infty}u_n$ 发散; (3) 当 $\rho=1$ 时, 此审敛法失效, 即级数 $\sum_{n=1}^{\infty}u_n$ 可能收敛也可能发散.

对于已知发散的调和级数 $\sum_{n=1}^{\infty}\frac{1}{n}$ 和已知收敛的级数 $\sum_{n=1}^{\infty}\frac{1}{n^2}$, 分别考虑相邻项比值的极限, 得到 $\lim\limits_{n\to\infty}\frac{u_{n+1}}{u_n}=\lim\limits_{n\to\infty}\frac{\frac{1}{n+1}}{\frac{1}{n}}=1$, $\lim\limits_{n\to\infty}\frac{u_{n+1}}{u_n}=\lim\limits_{n\to\infty}\frac{\frac{1}{(n+1)^2}}{\frac{1}{n^2}}=1$, 可见当 $\lim\limits_{n\to\infty}\frac{u_{n+1}}{u_n}=1$ 时, 比值审敛法 失效, 应改用其他方法判断.

例 9 判别下列级数的敛散性:

(1) $\sum_{n=1}^{\infty}2^{n+(-1)^n}$; (2) $\sum_{n=1}^{\infty}(1-\frac{1}{n})^{n^2}$; (3) $\sum_{n=1}^{\infty}\frac{1}{[\ln(n+1)]^n}$; (4) $\sum_{n=1}^{\infty}\frac{3+(-1)^n}{2^n}$.

解 (1)$\lim\limits_{n\to\infty}\sqrt[n]{u_n}=\lim\limits_{n\to\infty}2^{1+\frac{(-1)^n}{n}}=2>1$，根据根值审敛法知原级数发散.

(2)$\lim\limits_{n\to\infty}\sqrt[n]{u_n}=\lim\limits_{n\to\infty}\sqrt[n]{\left(1-\frac{1}{n}\right)^{n^2}}=\lim\limits_{n\to\infty}\left(1-\frac{1}{n}\right)^n=\mathrm{e}^{-1}<1$，根据根值审敛法知原级数收敛.

(3)$\lim\limits_{n\to\infty}\sqrt[n]{u_n}=\lim\limits_{n\to\infty}\sqrt[n]{\frac{1}{[\ln(n+1)]^n}}=\lim\limits_{n\to\infty}\frac{1}{\ln(n+1)}=0<1$，根据根值审敛法知原级数收敛.

(4)$\lim\limits_{n\to\infty}\sqrt[n]{u_n}=\lim\limits_{n\to\infty}\left(\frac{3+(-1)^n}{2^n}\right)^{\frac{1}{n}}=\frac{1}{2}<1$，故由根值审敛法知原级数收敛.

说明 （根值审敛法）设$\sum\limits_{n=1}^{\infty}u_n$为正项级数，若$\lim\limits_{n\to\infty}\sqrt[n]{u_n}=\rho$，则：(1)当$\rho<1$时，级数$\sum\limits_{n=1}^{\infty}u_n$收敛；(2)当$\rho>1$或$\rho=+\infty$时，级数$\sum\limits_{n=1}^{\infty}u_n$发散；(3)当$\rho=1$时，此审敛法失效，即级数$\sum\limits_{n=1}^{\infty}u_n$可能收敛也可能发散．例如，级数$\sum\limits_{n=1}^{\infty}\frac{1}{n}$发散，而级数$\sum\limits_{n=1}^{\infty}\frac{1}{n^2}$收敛．因为$\lim\limits_{n\to\infty}\sqrt[n]{n}=\lim\limits_{n\to\infty}\mathrm{e}^{\frac{\ln n}{n}}=\mathrm{e}^{\lim\limits_{n\to+\infty}\frac{\ln n}{n}}\xlongequal{\text{洛必达法则}}\mathrm{e}^{\lim\limits_{n\to+\infty}\frac{1}{n}}=\mathrm{e}^0=1$，所以这两个级数均有$\rho=1$，此时根值审敛法失效，应改用其他方法判断.

(三) 任意项级数的敛散性判定

判定任意项级数敛散性的方法和步骤如下.

(1) 若$\lim\limits_{n\to\infty}u_n$易求，则首先判定$\lim\limits_{n\to\infty}u_n=0$是否成立．若$\lim\limits_{n\to\infty}u_n\neq0$，则级数$\sum\limits_{n=1}^{\infty}u_n$发散.

(2) 若$\lim\limits_{n\to\infty}u_n$不容易求得或$\lim\limits_{n\to\infty}u_n=0$，则以下列方式判断：

考察绝对值级数$\sum\limits_{n=1}^{\infty}|u_n|$，用正项级数的敛散性判断其是否收敛；若绝对值级数收敛，则原级数绝对收敛；若绝对值级数发散，再看原级数是否为交错级数，若是交错级数，再用莱布尼茨审敛法判断其敛散性.

(3) 若级数既不绝对收敛，也不条件收敛，则级数发散.

例 10 讨论下列交错级数的敛散性：

(1) $\sum\limits_{n=1}^{\infty}(-1)^n(\sqrt{n+1}-\sqrt{n})$； (2) $\sum\limits_{n=1}^{\infty}(-1)^n\frac{n}{n^2+100}$.

解 (1)$u_n=\sqrt{n+1}-\sqrt{n}=\frac{1}{\sqrt{n+1}+\sqrt{n}}$，$u_{n+1}=\frac{1}{\sqrt{n+2}+\sqrt{n+1}}$，满足$u_n>u_{n+1}$，且$\lim\limits_{n\to\infty}u_n=\lim\limits_{n\to\infty}\frac{1}{\sqrt{n+1}+\sqrt{n}}=0$，由莱布尼茨审敛法知此级数收敛.

(2) 令 $f(x)=\dfrac{x}{x^2+100}$， $f'(x)=\dfrac{100-x^2}{(x^2+100)^2}$. 当 $x>10$ 时， $f'(x)<0$， 单调减少， 即 $n>10$ 时， $u_n=\dfrac{n}{n^2+100}$ 单调递减且趋于零， 故此级数收敛.

例 11 判断级数 $\sum\limits_{n=1}^{\infty}(-1)^n\dfrac{\cos n\pi}{\sqrt{n\pi}}$ 的敛散性.

解 由 $\cos n\pi=(-1)^n$， 可知

$$\sum_{n=1}^{\infty}(-1)^n\frac{\cos n\pi}{\sqrt{n\pi}}=\sum_{n=1}^{\infty}(-1)^n(-1)^n\frac{1}{\sqrt{n\pi}}=\sum_{n=1}^{\infty}\frac{1}{\sqrt{n\pi}}=\frac{1}{\sqrt{\pi}}\sum_{n=1}^{\infty}\frac{1}{n^{1/2}},$$

原级数为 $p=\dfrac{1}{2}$ 的 p-级数乘常数 $\dfrac{1}{\sqrt{\pi}}$， 因此 $\sum\limits_{n=1}^{\infty}(-1)^n\dfrac{\cos n\pi}{\sqrt{n\pi}}$ 发散.

例 12 讨论下列级数的绝对收敛性与条件收敛性：

(1) $\sum\limits_{n=1}^{\infty}(-1)^n\dfrac{\ln n}{n}$；　　(2) $\sum\limits_{n=1}^{\infty}\dfrac{(-1)^{n(n+1)/2}}{2^n}$；

(3) $\sum\limits_{n=1}^{\infty}(-1)^n\dfrac{1}{n^p}$；　　(4) $\sum\limits_{n=3}^{\infty}(-1)^n\dfrac{1}{\ln n}$.

解 (1) $\left|(-1)^n\dfrac{\ln n}{n}\right|=\dfrac{\ln n}{n}>\dfrac{1}{n}$， 由比较审敛法知， $\sum\limits_{n=1}^{\infty}\left|(-1)^n\dfrac{\ln n}{n}\right|$ 发散.

令 $f(x)=\dfrac{\ln x}{x}$， $f'(x)=\dfrac{1-\ln x}{x^2}<0$(当 $x>\mathrm{e}$ 时)， $f(x)=\dfrac{\ln x}{x}$ 单调减少.

又 $\lim\limits_{n\to+\infty}\dfrac{\ln n}{n}=\lim\limits_{n\to+\infty}\dfrac{1}{n}=0$， 即 $\dfrac{\ln n}{n}$ 单调减少且趋于零， 从而级数收敛. 故原级数条件收敛.

(2) $\sum\limits_{n=1}^{\infty}|u_n|=\sum\limits_{n=1}^{\infty}\left|\dfrac{(-1)^{n(n+1)/2}}{2^n}\right|=\sum\limits_{n=1}^{\infty}\dfrac{1}{2^n}$ 收敛， 故原级数绝对收敛.

(3) 当 $p\leqslant 0$ 时， $(-1)^n\dfrac{1}{n^p}$ 不趋于零， 故级数发散；当 $p>0$ 时， $\dfrac{1}{n^p}$ 单调递减且趋于零， 故级数收敛；又 $\sum\limits_{n=1}^{\infty}|u_n|=\sum\limits_{n=1}^{\infty}\left|(-1)^n\dfrac{1}{n^p}\right|=\sum\limits_{n=1}^{\infty}\dfrac{1}{n^p}$， 当 $p>1$ 时收敛， $p\leqslant 1$ 时发散， 故原级数 $\begin{cases}\text{发散}, & p\leqslant 0,\\ \text{条件收敛}, & 0<p\leqslant 1,\\ \text{绝对收敛}, & p>1.\end{cases}$

(4) 级数 $\sum\limits_{n=3}^{\infty}\left|\dfrac{(-1)^n}{\ln n}\right|=\sum\limits_{n=3}^{\infty}\dfrac{1}{\ln n}$ 是正项级数， 因为 $\dfrac{1}{\ln n}>\dfrac{1}{n}$， 而级数 $\sum\limits_{n=3}^{\infty}\dfrac{1}{n}$ 发散， 由比较判别法知级数 $\sum\limits_{n=3}^{\infty}\dfrac{1}{\ln n}$ 发散. 又因为级数 $\sum\limits_{n=3}^{\infty}\dfrac{(-1)^n}{\ln n}$ 是交错级数， 且 $u_n\geqslant u_{n+1}$， $\lim\limits_{n\to\infty}u_n=\lim\limits_{n\to\infty}\dfrac{1}{\ln n}=0$， 根据交错级数的莱布尼茨审敛法， 知此级数收敛. 从而此级数为条件收敛.

例 13 判别下列级数的敛散性：

(1) $\sum\limits_{n=1}^{\infty}(-1)^n\dfrac{n!}{n^n}$； (2) $\sum\limits_{n=1}^{\infty}(-1)^{n-1}\dfrac{3^n}{n\cdot 2^n}$.

解 (1) 设 $u_n=(-1)^n\dfrac{n!}{n^n}$，则有

$$\lim_{n\to\infty}\left|\frac{u_{n+1}}{u_n}\right|=\lim_{n\to\infty}\left(\frac{(n+1)!}{(n+1)^{n+1}}\Big/\frac{n!}{n^n}\right)=\lim_{n\to\infty}\frac{n+2}{n+1}\left(\frac{n}{n+1}\right)^{n+1}$$
$$=\lim_{n\to\infty}\left(\frac{n}{n+1}\right)^n=\lim_{n\to\infty}\frac{1}{\left(1+\frac{1}{n}\right)^n}=\frac{1}{\mathrm{e}}<1.$$

由比值判别法知 $\dfrac{1}{\mathrm{e}}<1$，级数 $\sum\limits_{n=1}^{\infty}|u_n|$ 收敛，故原级数绝对收敛.

(2) 设 $u_n=(-1)^{n-1}\dfrac{3^n}{n\cdot 2^n}$，则有 $\lim\limits_{n\to\infty}|u_n|\neq 0$，因而 $\lim\limits_{n\to\infty}u_n\neq 0$，所以原级数发散.

(四) 幂级数的收敛半径、收敛区间的确定

求幂级数的收敛半径、收敛区间的方法和步骤如下：

(1) 对于标准型幂级数 $\sum\limits_{n=0}^{\infty}a_nx^n$，首先求极限 $\rho=\lim\limits_{n\to\infty}\left|\dfrac{a_{n+1}}{a_n}\right|$，则收敛半径 $R=\dfrac{1}{\rho}$($\rho=0$，$R=+\infty$；$\rho=+\infty$，$R=0$)，收敛区间为$(-R，R)$；

(2) 对于一般型级数 $\sum\limits_{n=0}^{\infty}a_n(x-x_0)^n$，仍按(1)中的方法求收敛半径 R，收敛区间为$(x_0-R，x_0+R)$，即以 x_0 为中心，R 为半径的开区间；

(3) 对于 $\sum\limits_{n=0}^{\infty}a_nx^{2n}$ 或 $\sum\limits_{n=0}^{\infty}a_nx^{2n+1}$ 等缺项幂级数，先取绝对值级数，再用正项级数的比值审敛法确定其收敛半径及收敛区间；或作变换将其化为标准幂级数进行讨论.

例 14 判断幂级数 $\sum\limits_{n=1}^{\infty}\dfrac{1}{1+3^n}(x-1)^n$ 在 $x=3$ 处的敛散性.

解 幂级数 $\sum\limits_{n=1}^{\infty}\dfrac{1}{1+3^n}(x-1)^n$ 在 $x=3$ 处为数项级数 $\sum\limits_{n=1}^{\infty}\dfrac{2^n}{1+3^n}$，由于 $\dfrac{2^n}{1+3^n}<\dfrac{2^n}{3^n}$，而 $\sum\limits_{n=1}^{\infty}\dfrac{2^n}{3^n}$ 为公比小于 1 的等比级数，所以级数 $\sum\limits_{n=1}^{\infty}\dfrac{2^n}{3^n}$ 收敛，因此，由比较判别法，$\sum\limits_{n=1}^{\infty}\dfrac{2^n}{1+3^n}$ 收敛，即幂级数 $\sum\limits_{n=1}^{\infty}\dfrac{1}{1+3^n}(x-1)^n$ 在 $x=3$ 处收敛.

例 15 求下列级数的收敛半径和收敛域：

(1) $\sum\limits_{n=0}^{\infty}x^n$； (2) $\sum\limits_{n=0}^{\infty}\dfrac{x^n}{n^n}$； (3) $\sum\limits_{n=1}^{\infty}\dfrac{(x-5)^n}{\sqrt{n}}$；

(4) $\sum\limits_{n=0}^{\infty} x^{n^2}$;　　　　(5) $\sum\limits_{n=0}^{\infty} \dfrac{(-1)^n x^{2n}}{(2n)!}$.

解　(1) 因为 $\lim\limits_{n\to\infty}\left|\dfrac{a_{n+1}}{a_n}\right|=1$，所以收敛半径 $R=1$，又 $x=\pm1$ 时，$\sum\limits_{n=0}^{\infty} x^n$ 均发散，故收敛域为 $(-1,\ 1)$.

(2) 因为 $\lim\limits_{n\to\infty}\left|\dfrac{a_{n+1}}{a_n}\right|=\lim\limits_{n\to\infty}\left|\dfrac{1/(n+1)^{n+1}}{1/n^n}\right|=\lim\limits_{n\to\infty}\dfrac{1}{n+1}\cdot\dfrac{1}{\left(1+\dfrac{1}{n}\right)^n}=0\cdot\dfrac{1}{\mathrm{e}}=0$，所以收敛半径 $R=+\infty$，故收敛域为 $(-\infty,\ +\infty)$.

(3) 令 $x-5=t$，级数变为 $\sum\limits_{n=1}^{\infty}\dfrac{t^n}{\sqrt{n}}$，因为 $\lim\limits_{n\to\infty}\left|\dfrac{a_{n+1}}{a_n}\right|=\lim\limits_{n\to\infty}\left|\dfrac{1/\sqrt{n+1}}{1/\sqrt{n}}\right|=1$，所以收敛半径 $R=1$. 收敛区间为 $|t|<1$，即 $4<x<6$.

当 $x=4$ 时，级数为 $\sum\limits_{n=1}^{\infty}\dfrac{(-1)^n}{\sqrt{n}}$，收敛；当 $x=6$ 时，级数为 $\sum\limits_{n=1}^{\infty}\dfrac{1}{\sqrt{n}}$，发散，因此原级数的收敛域为 $[4,\ 6)$.

(4) $\lim\limits_{n\to\infty}\left|\dfrac{u_{n+1}(x)}{u_n(x)}\right|=\lim\limits_{n\to\infty}\left|\dfrac{x^{(n+1)^2}}{x^{n^2}}\right|=\lim\limits_{n\to\infty}|x|^{2n+1}$

$$=\begin{cases}0, & |x|<1,\ \text{级数绝对收敛；}\\ 1, & |x|=1,\ u_n(x)=1\ \text{或}(-1)n^2\ \text{发散；}\\ \infty, & |x|>1,\ \text{发散.}\end{cases}$$

故收敛半径 $R=1$，收敛域为 $(-1,\ 1)$.

(5) 幂级数 $\sum\limits_{n=0}^{\infty}\dfrac{(-1)^n x^{2n}}{(2n)!}$ 缺少奇次幂的项，直接用比值判别法，有

$$\lim_{n\to\infty}\left|\frac{x^{2n+2}(2n)!}{(2n+2)!\ x^{2n}}\right|=\lim_{n\to\infty}\frac{|x|^2}{(2n+2)(2n+1)}=0,$$

收敛半径 $R=+\infty$，收敛域为 $(-\infty,\ +\infty)$.

(五) 求幂级数的和函数

1. 求幂级数的和函数时，要以一些常见函数的幂级数展开式为前提，通过幂级数的有关运算(恒等变形、加减运算、分析运算)，把已知级数化为易求和的幂级数(如等比级数).

2. 当求出转化后的幂级数的和函数后，再利用上述运算的逆运算，求出已知幂级数的和函数.

例 16　利用逐项求导或逐项积分，求下列级数的和函数：

(1) $\sum\limits_{n=1}^{\infty} nx^{n-1}$;　　(2) $\sum\limits_{n=2}^{\infty}\dfrac{x^n}{2n(n-1)}$;　　(3) $\sum\limits_{n=1}^{\infty}\dfrac{(-1)^{n-1}}{2n-1}x^{2n-1}$.

解　(1) 设 $a_n=n$，则 $\lim\limits_{n\to\infty}\left|\dfrac{a_{n+1}}{a_n}\right|=\lim\limits_{n\to\infty}\left|\dfrac{n+1}{n}\right|=1$，因而收敛半径 $R=1$，收敛

区间为(-1, 1).

当$x=-1$时，级数为$\sum_{n=1}^{\infty}(-1)^{n-1}n$，发散；当$x=1$时，级数为$\sum_{n=1}^{\infty}n$，发散，所以收敛域为(-1, 1).

由于幂级数的系数含有幂指数加1的因子，所以采用“先积后微”的方法．设

$$S(x)=\sum_{n=1}^{\infty}nx^{n-1},\quad \int_0^x S(x)\mathrm{d}x=\int_0^x\sum_{n=1}^{\infty}nx^{n-1}\mathrm{d}x=\sum_{n=1}^{\infty}x^n=\frac{x}{1-x},\quad |x|<1,$$

于是

$$S(x)=\left[\int_0^x S(x)\mathrm{d}x\right]'=\left(\frac{x}{1-x}\right)'=\frac{1}{(1-x)^2},\ \text{即}\sum_{n=1}^{\infty}nx^{n-1}=\frac{1}{(1-x)^2},\quad |x|<1.$$

(2) 设$a_n=\dfrac{1}{2n(n-1)}$，则$\lim\limits_{n\to\infty}\left|\dfrac{a_{n+1}}{a_n}\right|=\lim\limits_{n\to\infty}\left|\dfrac{\frac{1}{2(n+1)n}}{\frac{1}{2n(n-1)}}\right|=1$，因而收敛半径$R=1$，收敛区间为(-1, 1).

当$x=-1$时，级数为$\sum_{n=2}^{\infty}\dfrac{(-1)^n}{2n(n-1)}$，收敛；当$x=1$时，级数为$\sum_{n=2}^{\infty}\dfrac{1}{2n(n-1)}$，收敛，所以收敛域为[-1, 1].

由于幂级数的系数含有幂指数的因子，所以采用“先微后积”的方法．设

$$S(x)=\sum_{n=2}^{\infty}\frac{x^n}{2n(n-1)},$$

在(-1, 1)内，$S'(x)=\sum_{n=2}^{\infty}\dfrac{x^{n-1}}{2(n-1)}$，$S''(x)=\sum_{n=2}^{\infty}\dfrac{x^{n-2}}{2}=\dfrac{1}{2(1-x)}$，

上式两端从0到x积分，得

$$S'(x)=\int_0^x S''(x)\mathrm{d}x=\int_0^x\frac{1}{2(1-x)}\mathrm{d}x=-\frac{1}{2}\ln(1-x),$$

再积分，得$S(x)=\int_0^x S'(x)\mathrm{d}x=\dfrac{1}{2}[x+\ln(1-x)-x\ln(1-x)]$，

由和函数的连续性，得

$$S(1)=\lim_{x\to1^-}S(x)=\lim_{x\to1^-}\frac{1}{2}[x+\ln(1-x)-x\ln(1-x)]=\frac{1}{2}.$$

因此
$$\sum_{n=2}^{\infty}\frac{x^n}{2n(n-1)}=S(x)=\begin{cases}\dfrac{1}{2}[x+\ln(1-x)-x\ln(1-x)], & x\in[-1,\ 1),\\[2mm] \dfrac{1}{2}, & x=1.\end{cases}$$

(3) 设$a_n(x)=\dfrac{(-1)^{n-1}}{2n-1}x^{2n-1}$，则$\lim\limits_{n\to\infty}\left|\dfrac{a_{n+1}(x)}{a_n(x)}\right|=\lim\limits_{n\to\infty}\left|\dfrac{\frac{(-1)^n}{2n+1}x^{2n+1}}{\frac{(-1)^{n-1}}{2n-1}x^{2n-1}}\right|=|x|^2$，当$|x|<1$时，级数收敛；当$|x|>1$时，$\lim\limits_{n\to\infty}a_n(x)\neq0$，故级数发散。

当 $x=-1$ 时，级数为$\sum_{n=2}^{\infty}\frac{(-1)^n}{2n(n-1)}$，收敛；当 $x=1$ 时，级数为$\sum_{n=2}^{\infty}\frac{1}{2n(n-1)}$，收敛，所以收敛域为$[-1,1]$.

设和函数为 $S(x)$，则 $S(x)=\sum_{n=1}^{\infty}\frac{(-1)^{n-1}}{2n-1}x^{2n-1}$，且 $S(0)=0$.

在$(-1,1)$内，上式两端对 x 求导，得

$$S'(x)=\sum_{n=1}^{\infty}(-1)^{n-1}x^{2n-2}=\sum_{n=0}^{\infty}(-1)^n x^{2n}=\sum_{n=0}^{\infty}(-x^2)^n=\frac{1}{1+x^2},$$

于是 $S(x)=S(x)-S(0)=\int_0^x S'(x)\mathrm{d}x=\int_0^x\frac{1}{1+x^2}\mathrm{d}x=\arctan x$.

又由于幂级数在 $x=\pm1$ 处收敛，且 $\arctan x$ 在 $x=\pm1$ 处连续，故

$$S(x)=\arctan x,\quad x\in[-1,1].$$

(六) 函数展开成幂级数

1. 直接展开法

利用麦克劳林公式将函数 $f(x)$ 展开成 x 的幂级数，其一般步骤如下：

第一步　求出 $f(x)$ 的各阶导数 $f'(x)$，$f''(x)$，…，$f^{(n)}(x)$，…

第二步　计算函数及各阶导数在 $x=0$ 处的值 $f(0)$，$f'(0)$，$f''(0)$，…，$f^{(n)}(0)$，…

第三步　写出幂级数 $f(0)+\frac{f'(0)}{1!}x+\frac{f''(0)}{2!}x^2+\cdots+\frac{f^{(n)}(0)}{n!}x^n+\cdots$，并求出收敛区间$(-R,R)$.

第四步　讨论当 $x\in(-R,R)$ 时，余项

$$R_n(x)=\frac{f^{(n+1)}(\xi)}{(n+1)!}(x-x_0)^{n+1}\quad(\xi\text{ 在 }x_0\text{ 与 }x\text{ 之间})$$

的极限是否为0，若$\lim\limits_{n\to\infty}R_n(x)=0$，则函数 $f(x)$ 在区间$(-R,R)$内的幂级数展开式为

$$f(x)=f(0)+\frac{f'(0)}{1!}x+\frac{f''(0)}{2!}x^2+\cdots+\frac{f^{(n)}(0)}{n!}x^n+\cdots,\quad x\in(-R,R).$$

2. 间接展开法

间接展开法是从已知函数的展开式出发，利用幂级数的运算规则得到所求函数的展开式. 为了更好地利用已知函数的幂级数展开式来求未知函数的幂级数展开式，必须记住以下几个常用函数的展开式和相应的收敛区间：

(1) $e^x=1+x+\frac{x^2}{2!}+\frac{x^3}{3!}+\cdots+\frac{x^n}{n!}+\cdots\quad(-\infty<x<+\infty)$；

(2) $\sin x=x-\frac{x^3}{3!}+\frac{x^5}{5!}-\cdots+(-1)^{n-1}\frac{x^{2n-1}}{(2n-1)!}+\cdots\quad(-\infty<x<+\infty)$；

(3) $\cos x=1-\frac{x^2}{2!}+\frac{x^4}{4!}-\cdots+(-1)^n\frac{x^{2n}}{(2n)!}+\cdots\quad(-\infty<x<+\infty)$；

(4) $\frac{1}{1-x}=1+x+x^2+\cdots+x^n+\cdots \quad (-1<x<1)$；

(5) $\ln(1+x)=x-\frac{x^2}{2}+\frac{x^3}{3}+\cdots+(-1)^n\frac{x^{n+1}}{n+1}+\cdots \quad (-1<x\leqslant 1)$；

(6) $(1+x)^m=1+mx+\frac{m(m-1)}{2!}x^2+\cdots+\frac{m(m-1)\cdots(m-n+1)}{n!}x^n$
$+\cdots \quad (-1<x<1)$.

例 17 将函数 $f(x)=\sin^2 x$ 展开成 x 的幂级数.

解 因为 $\sin^2 x=\frac{1}{2}(1-\cos 2x)$，又由于 $\cos x$ 的幂级数展开式为

$$\cos x=1-\frac{x^2}{2!}+\frac{x^4}{4!}-\cdots+(-1)^n\frac{x^{2n}}{(2n)!}+\cdots$$

将其中的 x 换成 $2x$，即得

$$\cos 2x=1-\frac{(2x)^2}{2!}+\frac{(2x)^4}{4!}-\cdots+(-1)^n\frac{(2x)^{2n}}{(2n)!}+\cdots$$

因此

$$\begin{aligned}\sin^2 x&=\frac{1}{2}(1-\cos 2x)\\&=\frac{1}{2}\left[1-\left(1-\frac{(2x)^2}{2!}+\frac{(2x)^4}{4!}-\cdots+(-1)^n\frac{(2x)^{2n}}{(2n)!}+\cdots\right)\right]\\&=\sum_{n=1}^{\infty}(-1)^{n+1}\frac{2^{2n-1}}{(2n)!}x^{2n} \quad (-\infty<x<+\infty).\end{aligned}$$

例 18 将函数 $f(x)=\frac{1}{x^2+3x+2}$ 展开成 $(x-1)$ 的幂级数.

解 $f(x)=\frac{1}{x^2+3x+2}=\frac{1}{(x+1)(x+2)}=\frac{1}{x+1}-\frac{1}{x+2}$.

而

$$\begin{aligned}\frac{1}{x+1}&=\frac{1}{2+(x-1)}=\frac{1}{2}\times\frac{1}{1+\frac{x-1}{2}}\\&=\frac{1}{2}\left[1-\frac{x-1}{2}+\left(\frac{x-1}{2}\right)^2-\cdots+(-1)^n\left(\frac{x-1}{2}\right)^n+\cdots\right]\\&=\sum_{n=0}^{\infty}(-1)^n\frac{(x-1)^n}{2^{n+1}},\end{aligned}$$

其收敛域为 $\left|\frac{x-1}{2}\right|<1$，即 $|x-1|<2$.

同理

$$\begin{aligned}\frac{1}{x+2}&=\frac{1}{3+(x-1)}=\frac{1}{3}\times\frac{1}{1+\frac{x-1}{3}}\\&=\frac{1}{3}\left[1-\frac{x-1}{3}+\left(\frac{x-1}{3}\right)^2-\cdots+(-1)^n\left(\frac{x-1}{3}\right)^n+\cdots\right]\end{aligned}$$

$$=\sum_{n=0}^{\infty}(-1)^n \frac{(x-1)^n}{3^{n+1}},$$

其收敛域为$\left|\frac{x-1}{3}\right|<1$，　即$|x-1|<3$.

由幂级数的性质，可得

$$\frac{1}{x^2+3x+2}=\frac{1}{x+1}-\frac{1}{x+2}$$
$$=\sum_{n=0}^{\infty}(-1)^n \frac{(x-1)^n}{2^{n+1}}-\sum_{n=0}^{\infty}(-1)^n \frac{(x-1)^n}{3^{n+1}}$$
$$=\sum_{n=0}^{\infty}(-1)^n\left(\frac{1}{2^{n+1}}-\frac{1}{3^{n+1}}\right)(x-1)^n,$$

其收敛半径为$R=\min\{2,\ 3\}=2$，收敛域为$|x-1|<2$，即为$-1<x<3$.

(七) 傅里叶级数

1. 周期为 2π 的函数展开为傅里叶级数

(1) 验证函数是否满足收敛定理的条件；

(2) 由公式计算傅里叶系数：

$$a_0=\frac{1}{\pi}\int_{-\pi}^{\pi}f(x)\mathrm{d}x,\quad a_n=\frac{1}{\pi}\int_{-\pi}^{\pi}f(x)\cos nx\,\mathrm{d}x,\quad b_n=\frac{1}{\pi}\int_{-\pi}^{\pi}f(x)\sin nx\,\mathrm{d}x;$$

(3) 写出函数 $f(x)$ 的傅里叶级数$\frac{a_0}{2}+\sum_{n=1}^{\infty}(a_n\cos nx+b_n\sin nx)$.

2. 在$[-\pi,\ \pi]$上有定义，并且满足收敛定理的函数 $f(x)$ 展开成傅里叶级数

(1) 在$[-\pi,\ \pi)$或$(-\pi,\ \pi]$外补充函数$f(x)$的定义，使它延拓成周期为 2π 的周期函数；

(2) 将延拓后的函数展开成傅里叶级数，最后将定义域限制在$(-\pi,\ \pi)$内便得到$f(x)$的傅里叶级数展开式.

3. 定义在$[0,\ \pi]$上的函数 $f(x)$ 展开成傅里叶级数

(1) 对函数$f(x)$作偶延拓或奇延拓，即补充它在$[-\pi,\ 0)$上的定义，将函数$f(x)$延拓到$[-\pi,\ \pi]$，使其延拓的函数在区间$[-\pi,\ \pi]$是偶函数或奇函数；

(2) 再对函数进行周期延拓；

(3) 将延拓后的函数进行傅里叶展开，最后将定义域限制在$[0,\ \pi]$上就得到了$f(x)$的傅里叶级数.

例 19　设$f(x)$是周期为 2π 的函数，它在$[-\pi,\ \pi)$上的表达式为

$$f(x)=\begin{cases}0, & -\pi\leqslant x<0,\\ x, & 0\leqslant x<\pi.\end{cases}$$

将$f(x)$展开为傅里叶级数.

解　$f(x)$满足收敛定理的条件. 先计算傅里叶系数：

$$a_0=\frac{1}{\pi}\int_{-\pi}^{\pi}f(x)\mathrm{d}x=\frac{1}{\pi}\int_0^{\pi}x\,\mathrm{d}x=\frac{1}{\pi}\left[\frac{x^2}{2}\right]\Bigg|_0^{\pi}=\frac{\pi}{2};$$

$$a_n=\frac{1}{\pi}\int_{-\pi}^{\pi}f(x)\cos nx\,dx=\frac{1}{\pi}\int_0^{\pi}x\cos nx\,dx$$
$$=\frac{1}{\pi}\left[\frac{x}{n}\sin nx+\frac{1}{n^2}\cos nx\right]\Big|_0^{\pi}$$
$$=\frac{1}{n^2\pi}[\cos n\pi-1]=\begin{cases}0, & \text{当 } n \text{ 为偶数},\\ -\frac{2}{n^2\pi}, & \text{当 } n \text{ 为奇数};\end{cases}$$
$$b_n=\frac{1}{\pi}\int_{-\pi}^{\pi}f(x)\sin nx\,dx=\frac{1}{\pi}\int_0^{\pi}x\sin nx\,dx$$
$$=\frac{1}{\pi}\left[-\frac{x}{n}\cos nx+\frac{1}{n^2}\sin nx\right]\Big|_0^{\pi}$$
$$=\frac{1}{\pi}\left[-\frac{\pi}{n}\cos n\pi\right]\Big|_0^{\pi}=\frac{(-1)^{n+1}}{n};$$

$(n=1, 2, 3, \cdots)$ 所以，得到 $f(x)$ 的傅里叶级数为

$$f(x)=\frac{\pi}{4}-\frac{2}{\pi}\left[\cos x+\frac{1}{3^2}\cos 3x+\frac{1}{5^2}\cos 5x+\cdots+\frac{1}{(2n-1)^2}\cos(2n-1)x+\cdots\right]+\left[\sin x-\frac{1}{2}\sin 2x+\frac{1}{3}\sin 3x-\cdots+(-1)^{n-1}\sin nx+\cdots\right]$$

$[x\in(-\infty, +\infty), x\neq(2k-1)\pi, k\in\mathbf{Z}]$.

当 $x=(2k-1)\pi$，$k\in\mathbf{Z}$ 时，级数收敛于

$$\frac{f(-\pi+0)+f(\pi-0)}{2}=\frac{\pi}{2}.$$

图 6-1(a) 与(b) 分别是 $f(x)$ 与它的傅里叶级数的图像.

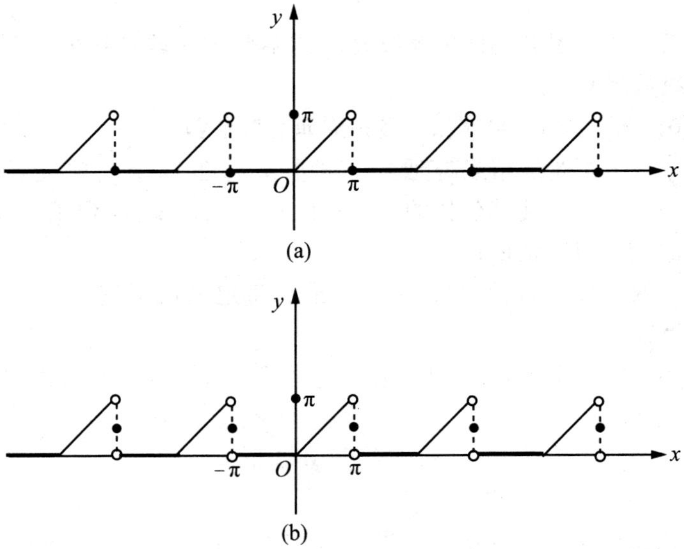

图 6-1

例 20 设 $f(x)$ 是周期为 2π 的函数，它在 $[-\pi, \pi)$ 上的表达式为

$$f(x)=\begin{cases}-1, & -\pi \leqslant x<0, \\ 1, & 0 \leqslant x<\pi .\end{cases}$$

将 $f(x)$ 展开为傅里叶级数.

解 $f(x)$ 满足收敛定理的条件，因为 $f(x)$ 是周期为 2π 的奇函数，所以其傅里叶级数为正弦级数，即其傅里叶系数为

$a_n=0 \quad (n=0, 1, 2, \cdots)$;

$$b_n=\frac{2}{\pi}\int_0^\pi f(x)\sin nx\,\mathrm{d}x=\frac{2}{\pi}\int_0^\pi \sin nx\,\mathrm{d}x=-\frac{2}{n\pi}\cos nx\Big|_0^\pi$$

$$=\frac{2}{n\pi}(1-\cos n\pi)=\begin{cases}\dfrac{4}{n\pi}, & n=1, 3, 5, \cdots \\ 0, & n=2, 4, 6, \cdots\end{cases}$$

所以，$f(x)$ 的傅里叶级数展开式为

$$f(x)=\frac{4}{\pi}\left[\sin x+\frac{1}{3}\sin 3x+\frac{1}{5}\sin 5x+\cdots+\frac{1}{2n-1}\sin(2n-1)x+\cdots\right]$$

$$[x \in(-\infty, +\infty), x \neq k\pi k \in \mathbf{Z}].$$

在间断点 $x=k\pi$ 处，级数收敛于

$$\frac{f(-\pi+0)+f(\pi-0)}{2}=\frac{-1+1}{2}=0.$$

$f(x)$ 及其傅里叶级数的图像如图 6-2(a)(b).

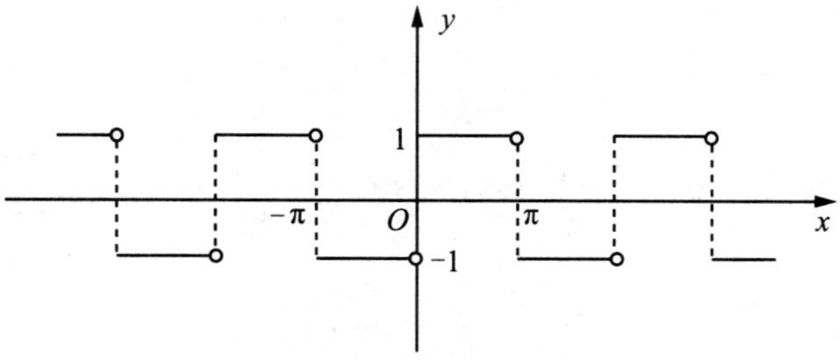

(a)

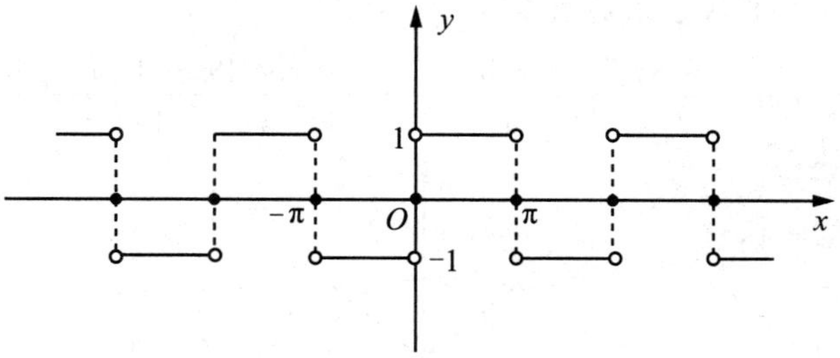

(b)

图 6-2

例 21 将函数 $f(x)=x\,(0 \leqslant x \leqslant \pi)$ 分别展开成正弦级数和余弦级数.

解　先求正弦级数，为此对函数 $f(x)$ 进行奇延拓(如图 6-3 所示)，按公式计算 $f(x)$ 的正弦级数的系数：

$$b_n=\frac{2}{\pi}\int_0^{\pi}f(x)\sin nx\mathrm{d}x=\frac{2}{\pi}\int_0^{\pi}x\sin nx\mathrm{d}x=-\frac{2}{n\pi}\int_0^{\pi}x\mathrm{d}(\cos nx)$$

$$=-\frac{2}{n\pi}\left(x\cos nx\Big|_0^{\pi}-\int_0^{\pi}\cos nx\mathrm{d}x\right)=-\frac{2}{n\pi}\left(\pi\cos n\pi-\frac{\sin nx}{n}\Big|_0^{\pi}\right)$$

$$=-\frac{2}{n}\cos n\pi=(-1)^{n+1}\frac{2}{n}.$$

从而得到 $f(x)$ 正弦级数展开式为

$$f(x)=2\left[\sin x-\frac{\sin 2x}{2}+\frac{\sin 3x}{3}-\cdots+(-1)^{n+1}\frac{\sin nx}{n}+\cdots\right]\quad(0<x<\pi).$$

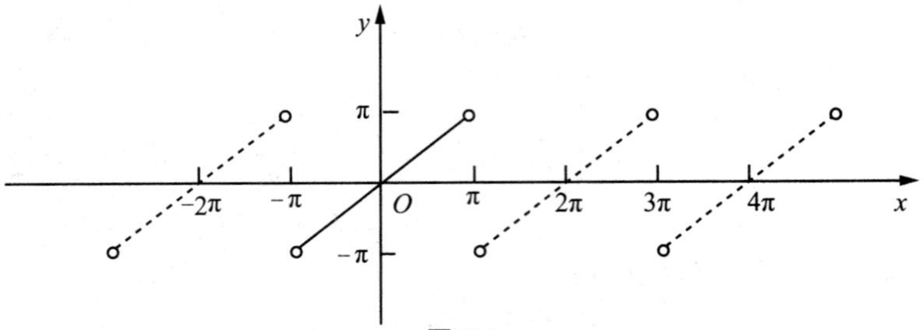

图 6-3

再求余弦级数，为此对 $f(x)$ 进行偶延拓(如图 6-4 所示)，按公式计算 $f(x)$ 的余弦级数的系数：

$$a_0=\frac{2}{\pi}\int_0^{\pi}x\mathrm{d}x=\frac{x^2}{\pi}\Big|_0^{\pi}=\pi;$$

$$a_n=\frac{2}{\pi}\int_0^{\pi}f(x)\cos nx\mathrm{d}x=\frac{2}{\pi}\int_0^{\pi}x\cos nx\mathrm{d}x=\frac{2}{n\pi}\int_0^{\pi}xd(\sin nx)$$

$$=\frac{2}{n\pi}\left(x\sin nx\Big|_0^{\pi}-\int_0^{\pi}\sin nx\mathrm{d}x\right)=\frac{2}{n^2\pi}(\cos n\pi-1)=\begin{cases}-\dfrac{4}{n^2\pi}, & n=1,\ 3,\ 5,\ \cdots\\ 0, & n=2,\ 4,\ 6,\ \cdots\end{cases}$$

从而得到 $f(x)$ 余弦级数展开式为

$$f(x)=\frac{\pi}{2}-\frac{4}{\pi}\left[\cos x+\frac{\cos 3x}{3^2}+\frac{\cos 5x}{5^2}+\cdots+\frac{\cos(2n-1)x}{(2n-1)^2}+\cdots\right]\quad(0\leqslant x\leqslant\pi).$$

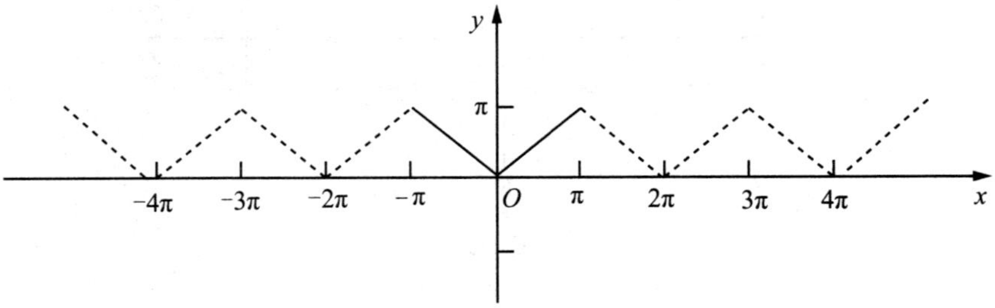

图 6-4

三、典型案例分析

案例 幂级数展开式应用——欧拉公式的形成与推导.

在复变量的理论中，我们定义指数函数 e^z（z 为复变量）为

$$e^z=1+\frac{z}{1!}+\frac{z^2}{2!}+\frac{z^3}{3!}+\cdots+\frac{z^n}{n!}+\cdots$$

（$|z|<+\infty$，即 z 属于整个复平面）

当 $z=x\mathrm{i}$ 时，上式成为

$$e^{x\mathrm{i}}=1+\frac{x\mathrm{i}}{1!}+\frac{(x\mathrm{i})^2}{2!}+\frac{(x\mathrm{i})^3}{3!}+\cdots+\frac{(x\mathrm{i})^n}{n!}+\cdots$$

注意到 $\mathrm{i}^2=-1$，$\mathrm{i}^3=-\mathrm{i}$，$\mathrm{i}^4=1$，$\mathrm{i}^5=\mathrm{i}$，…，从而

$$\begin{aligned}e^{x\mathrm{i}}&=\left(1-\frac{x^2}{2!}+\frac{x^4}{4!}-\frac{x^6}{6!}+\cdots\right)+\mathrm{i}\left(x-\frac{x^3}{3!}+\frac{x^5}{5!}-\frac{x^7}{7!}+\cdots\right)\\&=\cos x+\mathrm{i}\sin x,\end{aligned}$$

即有

$$e^{x\mathrm{i}}=\cos x+\mathrm{i}\sin x. \tag{1}$$

把上式 x 换成 $-x$，又有

$$e^{-x\mathrm{i}}=\cos x-\mathrm{i}\sin x. \tag{2}$$

将(1)(2)两式两边相加且同除以 2，得

$$\cos x=\frac{e^{x\mathrm{i}}+e^{-x\mathrm{i}}}{2}. \tag{3}$$

将(1)(2)两式两边相减且同除以 2i，得

$$\sin x=\frac{e^{x\mathrm{i}}-e^{-x\mathrm{i}}}{2\mathrm{i}}. \tag{4}$$

上述的(1)(2)两式都称为**欧拉公式**，它们建立了实三角函数和复指函数之间的联系.

在(1)式中，取 $x=\pi$，可得

$$e^{\mathrm{i}\pi}+1=0. \tag{5}$$

克莱茵(Klein，1849－1925，德国)认为，这是数学中最漂亮的公式之一. 有人把(5)式列为 10 个最优美的数学定理之首，它把数学中最重要的 5 个数

$$0,\ 1,\ \mathrm{i},\ \pi,\ e$$

用一个等式联系起来，显示了数学中的统一美，此式显示了数学各领域之间很强的联系且通过等式联结起来，它可以从几方面得到解释，如：

0：正负数的分界；

1：任一自然数与它的后继数之差；

i：$x^2+1=0$ 的根，属于代数；

π：圆周长与直径之比，属于几何；

e：$\left(1+\dfrac{1}{n}\right)^n$ 当 $n\to\infty$ 时的极限，属于分析.

四、复习题六

A 组

1. 判定下列级数的敛散性.

(1) $\sum_{n=1}^{\infty}\frac{1}{(n+2)(n+3)}$；

(2) $\sum_{n=1}^{\infty}2^n\sin\frac{\pi}{3^n}$；

(3) $\sum_{n=1}^{\infty}\left(\frac{2^n}{3^n}+\frac{3}{n}\right)$；

(4) $\sum_{n=1}^{\infty}\frac{1}{n}(\sqrt{n+1}-\sqrt{n-1})$；

(5) $\sum_{n=1}^{\infty}\frac{(2n)!}{7^n\cdot n!}$；

(6) $\sum_{n=1}^{\infty}\left(\sqrt{\frac{3n-1}{4n+1}}\right)^n$；

(7) $\sum_{n=1}^{\infty}\ln\frac{n}{n+1}$；

(8) $\sum_{n=1}^{\infty}\frac{(\ln 3)^n}{3^n}$.

2. 判别下列级数的敛散性，若收敛，说明是条件收敛还是绝对收敛.

(1) $\sum_{n=1}^{\infty}(-1)^n\left(\frac{2}{3}\right)^n$；

(2) $\sum_{n=1}^{\infty}\frac{\sin\frac{n\pi}{2}}{\sqrt{n^3}}$；

(3) $\sum_{n=1}^{\infty}(-1)^{n-1}\frac{1}{\sqrt{n}}$；

(4) $\sum_{n=1}^{\infty}\frac{\alpha^n}{n^3}$ （α 为常数）.

3. 求下列幂级数的收敛半径和收敛域.

(1) $\sum_{n=0}^{\infty}\frac{2n+1}{n!}x^n$；

(2) $\sum_{n=1}^{\infty}\frac{x^n}{n!}$；

(3) $\sum_{n=0}^{\infty}(-1)^n\frac{x^{2n+1}}{2n+1}$；

(4) $\sum_{n=1}^{\infty}\frac{1+n}{1+n^2}(x-2)^n$；

(5) $\sum_{n=1}^{\infty}\frac{x^n}{n}$；

(6) $\sum_{n=1}^{\infty}\frac{(x-1)^n}{3^n\cdot n}$.

4. 求下列幂级数的和函数.

(1) $\sum_{n=1}^{\infty}2nx^{2n-1}$；

(2) $\sum_{n=0}^{\infty}\frac{x^{n+1}}{(n+1)}$.

5. 将函数 $f(x)=\cos^2 x$ 展开成 x 的幂级数.

6. 设 $f(x)$ 是周期为 2π 的周期函数，它在 $[-\pi,\pi)$ 上的表达式为

$$f(x)=\begin{cases}2, & -\pi\leqslant x<0,\\ 0, & 0\leqslant x<\pi.\end{cases}$$

将 $f(x)$ 展开成傅里叶级数.

B 组

1. 选择题.

(1) 数项级数 $\sum_{n=1}^{\infty}\frac{a}{n^2}\sin n$（$a$ 为常数）是（　　）.

A. 发散的　　B. 条件收敛　　C. 绝对收敛　　D. 敛散性由 a 确定

(2) 级数 $\sum_{n=1}^{\infty}(-1)^n \frac{1}{2^n}x^n$ 的收敛半径是(　　).

A. 0　　B. $\frac{1}{2}$　　C. 1　　D. 2

(3) 设 α 为实数，则级数 $\sum_{n=1}^{\infty}(-1)^n \frac{n^{\alpha}}{3\times 2^n}$(　　).

A. 条件收敛　　B. 绝对收敛

C. 发散　　D. 是否收敛与 α 有关

(4) 幂级数 $\sum_{n=0}^{\infty}\frac{x^n}{n!}$ 的收敛半径是(　　).

A. 1　　B. 0　　C. $+\infty$　　D. $\frac{1}{2}$

(5) 幂级数 $\sum_{n=1}^{\infty}\frac{3+(-1)^n}{3^n}x^n$ 的收敛半径是(　　).

A. 6　　B. $\frac{3}{2}$　　C. 3　　D. $\frac{1}{3}$

2. 填空题.

(1) 无穷级数 $\sum_{n=1}^{\infty}\frac{1}{n^2}$ 的敛散性 ________.

(2) 判别级数的收敛性：级数 $\sum_{n=1}^{\infty}\left(1-\cos\frac{\pi}{n}\right)$ 是 ________.

(3) 幂级数 $\sum_{n=1}^{\infty}\frac{x^n}{n!}$ 的收敛半径为 ________.

3. 计算题.

(1) 判别级数 $\sum_{n=1}^{\infty}\frac{n}{2^n}$ 的敛散性.

(2) 判别级数 $\sum_{n=1}^{\infty}\frac{1+(-2)^n}{3^n}$ 的敛散性，如果收敛，求其和.

(3) 判别级数 $\sum_{n=1}^{\infty}\frac{2+(-1)^{n-1}}{3^n}$ 的敛散性，如果收敛，求其和.

(4) 求幂级数 $1-2x+3x^2-4x^3+\cdots$ 的收敛区间.

(5) 求幂级数 $\sum_{n=1}^{\infty}\frac{2^n x^n}{n}$ 的收敛区间.

(6) 求幂级数 $\sum_{n=0}^{\infty}\frac{2n+1}{n!}x^n$ 的收敛区间.

(7) 求幂级数 $\sum_{n=1}^{\infty} n4^{n+1}x^n$ 的收敛域.

(8) 求幂级数 $\sum_{n=0}^{\infty}\frac{x^n}{\sqrt{n+1}}$ 的收敛域.

(9) 求幂级数 $x-\dfrac{x^2}{2}+\dfrac{x^3}{3}-\cdots+(-1)^{n-1}\dfrac{x^n}{n}+\cdots$ 的收敛域.

(10) 将函数 $f(x)=\dfrac{1}{3-x}$ 展成 $(x-2)$ 的幂级数.

(11) 把 $y=\dfrac{1}{2-x}$ 展成 x 的幂级数.

五、 自测题六

1. 判断正误.(每小题 3 分, 共 18 分)

(1) 若 $\lim\limits_{n\to\infty}u_n\neq 0$, 则级数 $\sum\limits_{n=1}^{\infty}u_n$ 必发散. ( )

(2) 若 $\sum\limits_{n=1}^{\infty}v_n$ 收敛, 且 $u_n\leqslant v_n(n=1, 2, \cdots)$, 则 $\sum\limits_{n=1}^{\infty}u_n$ 必收敛. ( )

(3) 若 $\sum\limits_{n=1}^{\infty}u_n$ 与 $\sum\limits_{n=1}^{\infty}v_n$ 都发散, 则 $\sum\limits_{n=1}^{\infty}u_nv_n$ 必发散. ( )

(4) 设有正项级数 $\sum\limits_{n=1}^{\infty}u_n$, $\lim\limits_{n\to\infty}\sqrt[n]{u_n}=l$, 则当 $l\leqslant 1$ 时级数收敛, 当 $l>1$ 时级数发散. ( )

(5) 对于交错级数 $\sum\limits_{n=1}^{\infty}(-1)^nu_n$(其中 $u_n>0$), 如果 $\lim\limits_{n\to\infty}u_n=0$, 则此级数收敛.

( )

(6) 若幂级数 $\sum\limits_{n=0}^{\infty}a_n(x-2)^n$ 在 $x=-2$ 处收敛, 则此幂级数在 $x=5$ 处必然收敛.

( )

2. 填空题.(每小题 3 分, 共 18 分)

(1) 级数 $\dfrac{2}{1}-\dfrac{3}{2}+\dfrac{4}{3}-\dfrac{5}{4}+\dfrac{6}{5}-\cdots$ 的一般项是 ________.

(2) 级数 $\sum\limits_{n=1}^{\infty}\left[\dfrac{1}{n(n+1)}-\dfrac{1}{2^n}\right]$ 的和为 ________.

(3) $\sum\limits_{n=1}^{\infty}\dfrac{1}{n^p}$, 当 p 满足条件 ________ 时收敛.

(4) 当参数 p 满足条件 ________ 时, 级数 $\sum\limits_{n=1}^{\infty}\dfrac{(-1)^{n+1}}{n^{p+1}}$ 条件收敛.

(5) $\sum\limits_{n=1}^{\infty}a_nx^n$ 在 $x=-3$ 时收敛, 则 $\sum\limits_{n=1}^{\infty}a_nx^n$ 在 $|x|<3$ 时 ________.(收敛或发散)

(6) 将函数 $f(x)=x^2$ 在 $[-\pi, \pi]$ 上展开成傅里叶级数, 傅立叶系数 b_n 是 ________.

3. 选择题.(每小题 3 分，共 18 分)

(1) 若正项级数 $\sum_{n=1}^{\infty} u_n$ 收敛，则下列级数必定收敛的是(　　).

A. $\sum_{n=1}^{\infty} u_{n+100}$　　B. $\sum_{n=1}^{\infty}(u_n+100)$　　C. $\sum_{n=1}^{\infty}(u_n-100)$　　D. $\sum_{n=1}^{\infty}(100-u_n)$

(2) 若级数 $\sum_{n=1}^{\infty} u_n$ 和级数 $\sum_{n=1}^{\infty} v_n$ 都发散，则(　　).

A. 级数 $\sum_{n=1}^{\infty}(u_n+v_n)$ 必收敛　　B. 级数 $\sum_{n=1}^{\infty} u_n v_n$ 必发散

C. 级数 $\sum_{n=1}^{\infty}(|u_n|+|v_n|)$ 必发散　　D. $\sum_{n=1}^{\infty}(u_n^2+v_n^2)$ 必发散

(3) 若级数 $\sum_{n=1}^{\infty} a_n$ 条件收敛，$\sum_{n=1}^{\infty} b_n$ 绝对收敛，则级数 $\sum_{n=1}^{\infty}(a_n+b_n)$(　　).

A. 可能发散　　B. 必绝对收敛

C. 必条件收敛　　D. 有时绝对收敛，有时条件收敛

(4) 级数 $\sum_{n=1}^{\infty}\frac{(-x+5)^n}{\sqrt{n}}$ 的收敛域(　　).

A. (4，6)　　B. [4，6)　　C. (4，6]　　D. [4，6]

(5) 若 $\lim_{n\to\infty}\left|\frac{c_{n+1}}{c_n}\right|=\frac{1}{4}$，则 $\sum_{n=1}^{\infty} c_n x^{2n}$(　　).

A. 在 $|x|<2$ 时绝对收敛　　B. 在 $|x|>\frac{1}{4}$ 时发散

C. 在 $|x|<4$ 时绝对收敛　　D. 在 $|x|>\frac{1}{2}$ 时发散

(6) 若 $f(x)=\sum_{n=0}^{\infty} a_n x^n$，则 $a_n=$(　　).

A. $\frac{f^{(n)}(0)}{n!}$　　B. $\frac{f^{(n)}(x)}{n!}$　　C. $\frac{(f(0))^{(n)}}{n!}$　　D. $\frac{1}{n!}$

4. 判定下列级数的敛散性.(每小题 4 分，共 8 分)

(1) $\sum_{n=1}^{\infty}\left(\frac{n}{3n-1}\right)^n$；　　(2) $\sum_{n=1}^{\infty}\frac{1}{n!}$.

5. 讨论下列级数是条件收敛还是绝对收敛.(每小题 5 分，共 10 分)

(1) $\sum_{n=1}^{\infty}(-1)^{n-1}\frac{n}{3^{n-1}}$；　　(2) $\sum_{n=1}^{\infty}(-1)^n\frac{n}{(n+1)^2}$.

6. 求下列幂级数的收敛域.(每小题 5 分，共 10 分)

(1) $\sum_{n=1}^{\infty}(-1)^{n-1}\frac{x^n}{n}$；　　(2) $\sum_{n=1}^{\infty}\frac{1}{n\cdot 3^n}x^{2n}$.

7. 求级数 $\sum_{n=1}^{\infty}\frac{(-1)^n}{2n-1}x^{2n-1}$ 的收敛域，并求其和函数.(6 分)

8. 将函数 $f(x)=\dfrac{1}{2-x}$ 展开成 $x-1$ 的幂级数.（6 分）

9. 设 $f(x)$ 是周期为 2π 的函数，它在 $[-\pi, \pi)$ 上的表达式为

$$f(x)=\begin{cases}0, & -\pi\leqslant x<0,\\ x, & 0\leqslant x<\pi.\end{cases}$$

将 $f(x)$ 展开为傅里叶级数.（6 分）

【阅读材料】

傅里叶与音乐之声

元旦之夜，当我们坐在家里欣赏维也纳的新年音乐会时，美妙的音乐令人陶醉. 你知道吗？音乐中也有数学. 从毕达哥拉斯时代起，音乐在本质上就被认为是数学性的. 这种研究两千年来从来没有间断. 从数学上看，其最高成就属于法国数学家傅里叶. 他证明了所有的声音，不管是复杂的还是简单的，都可以用数学公式进行全面描述，即美妙的乐音也能表示成数学形式.

一、傅里叶的生平

傅里叶(Fourier，Jean Baptiste Joseph，Baron，1768—1830) 既是法国数学家，也是知名的埃及学学者和政府官员. 他 1768 年 3 月 21 日生于奥塞尔，1830 年 5 月 16 日卒于巴黎. 1794 年高等师范学校建立时他是第一批学生，次年成为该校教员. 1798 年随拿破仑远征埃及，并任埃及学院的秘书. 回国后负责“埃及情况”的出版工作. 1802 年至 1814 年任国民政府行政长官，1809 年傅里叶被封为男爵. 1815 年拿破仑下台后，他任塞纳的统计局局长. 1817 年被选入科学院，1822 年成为科学院终身秘书. 1826 年被选入法兰西学院和医学科学院.

傅里叶很早就开始从事热学的研究，1807 年他向法国科学院呈交了一篇关于热传导的论文，文中宣布任一函数都能展开为三角函数的无穷级数 —— 这就是著名的傅里叶分析. 1811 年他又呈交修改过的论文，并获得 1812 年科学院颁发的奖金. 他在 1822 年发表的著作《热的解析理论》已成为数学史上的经典文献之一，他的这项开创性的工作对数学物理的研究和实变函数的理论发展都产生了重大影响. 在音乐上的应用也是傅里叶分析的一个重要成果.

二、傅里叶的定理

长笛、单簧管、小提琴、钢琴发出的声音各不相同，怎样从数学上给以说明呢？观察各种声音的图形，可以得到问题的部分答案. 所有声音的图形，包括人的声音在内，都表现出某种规律性. 这种规律性是，每一种声音的图形在 1 s 内都准确地重复若干次. 图 6-5 是小提琴的声音图形，它表现出重复现象. 这种声音听来是悦耳的. 相反地，噪声具有高度的不规则性. 所有具有图形上的

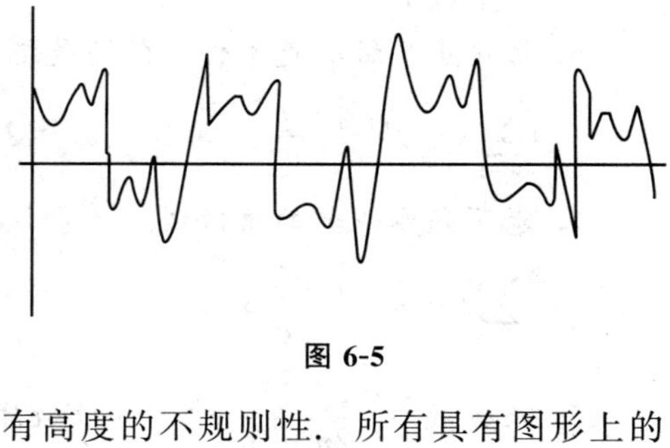

图 6-5

规则性或具有周期性的声音称为乐音，不管这些声音是如何产生的．这样，通过图形我们就可以把乐音和噪声区分开了．

傅里叶是一位数学奇才，他得到了如下这样一个定理．

定理 任何一个周期函数 $f(t)$ 都可以表示为形如 $A\sin(\omega t+\varphi)$ 的正弦函数之和，而且正弦函数的各项的圆频率是其中圆频率最低一项的圆频率的倍数．如果最低一项的圆频率是 ω，那么其他项的圆频率是 2ω，3ω，… 写成数学公式是

$$f(t)=\frac{a}{2}+\sum_{n=1}^{\infty}A_n\sin(n\omega t+\varphi_n),$$

其中 a 是常数，这个级数叫傅里叶级数．

一个周期函数可以表示成正弦函数的和，这是令人惊讶的！但是下面的简单例子会给出某些直观说明．

例 1 函数 $f(x)=\begin{cases}-1, & -\pi<x<0,\\ 0, & x=0,\ \pm\pi,\\ 1, & 0<x<\pi.\end{cases}$（如图 6-6 所示）

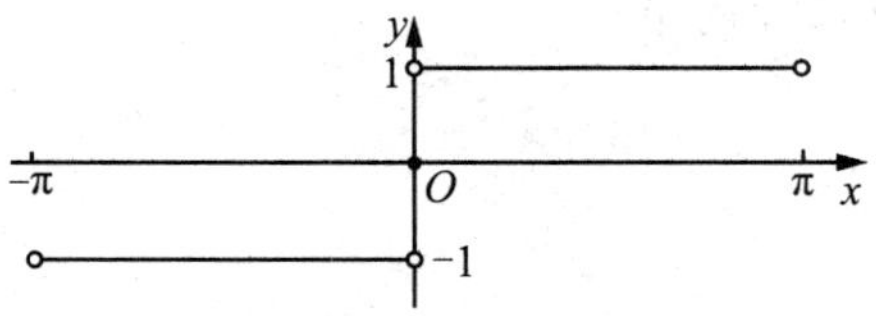

图 6-6

傅里叶展开式是

$$f(x)=\frac{4}{\pi}\left(\sin x+\frac{1}{3}\sin 3x+\frac{1}{5}\sin 5x+\cdots\right).$$

图 6-7 显示了从傅里叶级数中取 1 项、2 项、3 项、4 项等逐步逼近 $f(x)$ 结果．

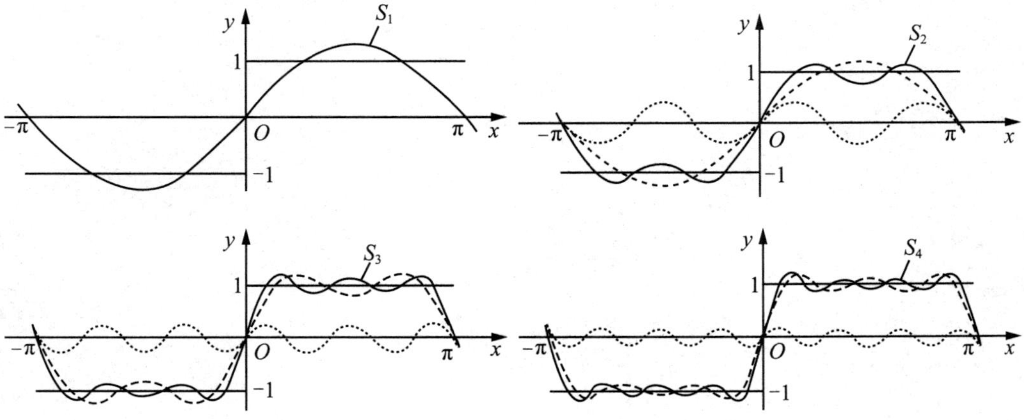

图 6-7

我们知道，任何乐音都是周期函数，因此，任何乐音都可以表示为简单的正弦函数之和．

例 2 小提琴奏出的乐音如图 6-5 所示. 它的公式基本上是

$$f(t)\approx 0.06\sin 1\,000\pi t+0.02\sin 2\,000\pi t+0.01\sin 3\,000\pi t.$$

傅氏定理的意义是什么呢? 它指出, 任何乐音都是形如 $A\sin(\omega t+\varphi)$ 之各项之和, 其中每一项都代表一种有适当频率和振幅的简单声音, 如由音叉发出的声音. 因此, 这个定理表明, 每一种声音, 不管它多么复杂, 都是一些简单声音的组合. 乐音的复合特征可以通过试验得到证实. 例 2 中小提琴的声音可以由三个具有适当音量, 频率分别是 500 赫兹、 1 000 赫兹和 1 500 赫兹的音叉同时发声而产生. 因此, 从理论上讲, 完全可以由音叉来演奏贝多芬的第九交响曲, 这是傅氏定理的一个令人惊奇的应用!

欧几里得以五条公理总结了整个欧氏几何, 不管多么复杂的几何定理都可以从这五条公理中推导出来. 牛顿给出了三大定律, 对整个力学作了本质上的概括. 这些功绩都是开天辟地的. 傅里叶的定理具有同样的地位. 自从有了傅里叶定理, 世界上的声音一下子变得简单了, 不管是雷鸣、 鸟啼、 人语还是钢琴的奏鸣, 都可以归结为简单声音的组合. 这些简单声音用数学表示就是正弦函数, 人们终于认识到, 世界上的声音是如此丰富, 却又如此简单!

参考答案

复习题一

A 组

1. (1) 否； (2) 是； (3) 否； (4) 是.

2. (1) $(-2, 0)\cup(0, +\infty)$； (2) $[0, 1)$； (3) $(-\infty, -1)\cup(1, 3)$.

3. $f(x)=x^2-x+1$.

4. (1) $y=u^2$， $u=\sin v$， $v=x+1$；

(2) $y=u^3$， $u=\arccos v$， $v=1-x^2$.

5. $a=1$， $b=-1$.

6. (1) $\frac{2\sqrt{2}}{3}$； (2) $\frac{5}{3}$； (3) e^2； (4) 2； (5) $e-3$； (6) $\frac{\pi}{4}$； (7) $\frac{1}{6}$； (8) 0；

(9) $\frac{1}{2}$； (10) 3.

7. $a=1$.

8. (1) $x=-1$ 为可去间断点属第一类；

(2) $x=\frac{k\pi}{2}+\frac{\pi}{4}(k\in\mathbf{Z})$ 为无穷间断点属第二类， $x=0$ 为可去间断点属第一类；

(3) $x=0$ 为跳跃间断点属第一类；

(4) $x=0$ 为跳跃间断点属第一类.

9. 提示：设 $f(x)=3^x-2$， $f(x)$ 在 $(-\infty, +\infty)$ 内连续，从而在 $[0, 1]$ 上也连续， $f(0)=-1<0$， $f(1)=1>0$， 存在 $\xi\in(0, 1)$， 使 $f(\xi)=0$.

B 组

1. (1) $(1, 2]$； (2) $[-1, 2]$； (3) $(-\infty, 1]$； (4) $(0, 1]$.

2. (1) $f[\varphi(x)]=\lg^2 x$； (2) $f(x)=\frac{x-2}{x-1}$.

3. (1) 1； (2) 0； (3) e^{-2}； (4) 2； (5) $\frac{1}{\sqrt{a}}$； (6) $-\frac{1}{2}$； (7) $\frac{\alpha}{\beta}$；

(8) $e^{\frac{d}{c}}$； (9) 1； (10) -1； (11) $\frac{1}{3}$.

4. $k=-\frac{1}{2}$.

5. (1) $x\to+\infty$； (2) $x\to 1$； (3) $x\to 0$.

6. (1) 同阶无穷小； (2) 等价无穷小； (3) 高阶无穷小.

7. (1) $x=0$ 为第二类间断点； (2) $x=0$ 为第一类可去间断点.

8. $a=1$.

自测题一

1. (1)$[-1, 2]$； (2)2； (3)2，3； (4)x^2； (5)e^{-1}；
(6)3； (7)-1，2； (8)可去； (9)2； (10)$(0, 1]$.

2. (1)C； (2)B； (3)A； (4)D； (5)D； (6)B； (7)B； (8)C； (9)B；
(10)B.

3. (1)e^3； (2)2； (3)0； (4)e^{-6}； (5)0； (6)1.

4. (1)$a=-2$； (2)$\frac{3}{4}$.

5. 证明：设 $f(x)=x-a\sin x-b(a>0, b>0)$，$f(x)$ 在$[0, a+b]$上连续，且 $f(0)=-b<0$，$f(a+b)=a-a\sin(a+b)>0$，故由零点定理知，至少存在一点 $\xi\in(0, a+b)$，使得 $\xi-a\sin\xi-b=0$，即方程 $x=a\sin x+b(a>0, b>0)$ 至少有一个不超过 $a+b$ 的正根.

复习题二

A 组

1. (1)√； (2)×； (3)×； (4)√； (5)×.

2. $\xi=\frac{1}{\ln 2}-1$.

3. (1)$-\frac{1}{x^2}\cos\frac{1}{x}e^{\sin\frac{1}{x}}$； (2)$\frac{x\cos\sqrt{1+x^2}}{\sqrt{1+x^2}}$；

(3)$(\ln x)^x(\ln\ln x+\frac{1}{\ln x})$； (4)$\frac{1}{3}\sqrt[3]{\frac{x(x^2+2)}{e^x+x}}\left[\frac{1}{x}+\frac{2x}{x^2+2}-\frac{e^x+1}{e^x+x}\right]$；

(5)$\frac{3x^2}{1+x^6}$； (6)$\frac{1}{2}\left[\frac{1}{\sqrt{1-x^2}\arccos x}-\frac{1}{1-x}\right]$；

(7)$\frac{1}{1+x^2}-\frac{ax}{x^2+a^2}$； (8)$-2$；

(9)$-\cos x$； (10)$\ln 2-1$.

4. (1)$\frac{1}{1+x}+2^x(\ln 2)^2$； (2)$-\frac{48x^2}{y^7}$；

(3)$n!\left[\frac{(-1)^n}{x^{n+1}}+\frac{1}{(1-x)^{n+1}}\right]$； (4)$\frac{f''(x)\cdot f(x)-[f'(x)]^2}{f^2(x)}$.

5. (1)$\frac{3}{2}$； (2)1； (3)$-\frac{1}{2}$； (4)1； (5)$\frac{1}{2}$；

(6)$\frac{1}{3}$(提示：利用无穷小量代换 $\sin x\sim x$)；

(7)

$\frac{1}{6}\left[提示：\lim\limits_{x\to 0}\frac{e^{x-\sin x+\sin x}-e^{\sin x}}{x^3}=\lim\limits_{x\to 0}\frac{e^{\sin x}(e^{x-\sin x}-1)}{x^3}=\lim\limits_{x\to 0}\frac{e^x-e^{\sin x}\cos x}{3x^2}\right]$；

(8)0；

(9)$e^{-\frac{1}{2}}$ $\left[\text{提示：}\lim\limits_{x\to+\infty}\left(1+\frac{1}{x}\right)^{x^2}\cdot e^{-x}=e^{\lim\limits_{x\to+\infty}x^2\ln\left(1+\frac{1}{x}\right)-x}\xrightarrow{\text{令}t=\frac{1}{x}}e^{\lim\limits_{t\to0}\frac{\ln(1+t)-t}{t^2}}\right]$；

(10)

$\frac{1}{6}$ $\left[\text{提示：利用无穷小量代换}(e^x-1)\sim x\text{，原式}=\lim\limits_{x\to0}\frac{1-\cos x}{3x^2}=\lim\limits_{x\to0}\frac{\sin x}{6x}=\frac{1}{6}\right]$.

6. 提示：方法一　利用拉格朗日中值定理证明. 设 $f(x)=\ln(x+\sqrt{1+x^2})$，$f(x)$ 在 $(0, +\infty)$ 上连续可导，任取 $x>0$，$f(x)$ 在 $(0, x)$ 上满足拉格朗日中值定理的条件，$f(0)=0$，$f'(x)=\frac{1}{x+\sqrt{1+x^2}}\left(1+\frac{x}{\sqrt{1+x^2}}\right)=\frac{1}{\sqrt{1+x^2}}$，存在 $\xi\in(0, x)$，使 $\ln(x+\sqrt{1+x^2})-0=\frac{1}{\sqrt{1+\xi^2}}(x-0)$，由 $0<\xi<x$，得 $\ln(x+\sqrt{1+x^2})>\frac{x}{\sqrt{1+x^2}}$.

方法二　利用函数单调性证明. 作辅助函数 $F(x)=\ln(x+\sqrt{1+x^2})-\frac{x}{\sqrt{1+x^2}}$，在 $[0, +\infty)$ 上连续可导，$F'(x)=\frac{x}{\sqrt{1+x^2}}-\left[\frac{x}{\sqrt{1+x^2}}-(1+x^2)^{-\frac{3}{2}}x^2\right]=\frac{x^2}{(1+x^2)^{\frac{3}{2}}}>0$ 为单调增加函数，当 $x>0$ 时，$F(x)>F(0)=0$，即 $\ln(x+\sqrt{1+x^2})>\frac{x}{\sqrt{1+x^2}}$ 成立.

7. 提示：由零点定理证得 $\tan x=1-x$ 在 $(0, 1)$ 内有根，$F'(x)=(\tan x-1+x)'=\sec^2 x+1>0$，故 $F(x)$ 在 $(0, 1)$ 内严格单调增加，故方程 $\tan x=1-x$ 在 $(0, 1)$ 内的根是唯一的.

8. 设表面积为 A，则 $A=2\pi r^2+2\pi rh$，又 $V=\pi r^2 h$，即 $h=\frac{V}{\pi r^2}$，$A=2\pi r^2+\frac{2V}{r}$，$r\in(0, +\infty)$，因为 $A'=4\pi r-\frac{2V}{r^2}=\frac{4\pi r^3-2V}{r^2}$ 令 $A'=0$，得唯一驻点 $r=\sqrt[3]{\frac{V}{2\pi}}$，所以当 $r=\sqrt[3]{\frac{V}{2\pi}}$，$h=\frac{V}{\pi r^2}=2\sqrt[3]{\frac{V}{2\pi}}$ 时，表面积最小.

9. (1) 单调增加区间 $(-\infty, 0]\cup\left[\frac{2}{5}, +\infty\right)$；单调递减区间 $\left[0, \frac{2}{5}\right]$；极大值 $f(0)=0$；极小值 $f\left(\frac{2}{5}\right)=-\frac{3}{5}\sqrt[3]{\frac{4}{25}}$.

(2) 单调增加区间 $(-\infty, -1]\cup[5, +\infty)$；单调递减区间 $[-1, 5]$；极大值 $f(-1)=10$；极小值 $f(5)=-98$.

10. (1) 上凹区间$(0, 1)\cup(1, +\infty)$；下凹区间$(-\infty, 0)$；拐点$(0, 0)$.

(2) 上凹区间$(2, +\infty)$；下凹区间$(-\infty, 2)$；拐点$(2, 2e^{-2})$.

11. $a=1$，$b=0$，$c=-3$.

12. (1)$a=2$，$b=-1$；

(2)$y'=2e^{2x}+\frac{1}{2}x+1$，$y'\big|_{x=0}=3$，

切线方程为$3x-y+2=0$，法线方程为$x+3y-6=0$；

(3) 设长和宽分别为x和y，周长为l，求用料最省时l的值也就是求l的最小值；由题意$xy=512$，$l=y+2x=\frac{512}{x}+2x$，$l'=-\frac{512}{x^2}+2$，令$l'=0$得$x=\pm16$（-16舍去），所以$y=32$，所以长为32m，宽为16m时，所用的材料最省.

B 组

1. (1)0；(2)2；(3)$\frac{1}{2}$；(4)$x-2y+1=0$；(5)$-\cot t$；(6)$f'(0)$；(7)$\frac{\sqrt{3}}{3}$；(8)单调递减.

2. (1)B；(2)D；(3)B；(4)B；(5)C；(6)C；(7)B；(8)A.

3. (1)$y'=\frac{\sqrt{1+x^2}}{1+x^2}$；(2)$dy=-\frac{\ln 2}{x^2}2^{\tan\frac{1}{x}}\sec^2\frac{1}{x}dx$；

(3)$dy=\left[-15\sin\left(5x+\frac{\pi}{4}\right)+x^x(\ln x+1)\right]dx$；

(4)$y'=\frac{1}{3}\sqrt[3]{\frac{(x-1)(x-3)}{(2x+1)(5x-4)}}\left(\frac{1}{x-1}+\frac{1}{x-3}-\frac{2}{2x+1}-\frac{5}{5x-4}\right)$.

4. (1)$\frac{1}{2}$；(2)$\frac{1}{6}$；(3)$-\frac{1}{2}$；(4)-1.

5. 略.

6. (1) 定义域$(-\infty, -1)\cup(-1, +\infty)$，$y'=1-\frac{1}{(x+1)^2}$，令$y'=0$得$x=-2$，$x=0$；$y''=\frac{2}{(x+1)^3}$，令$y''=0$无解；列表讨论得，在区间$(-\infty, -2)$和$(0, +\infty)$上单调增加，在区间$(-2, -1)$和$(-1, 0)$上单调减少，极大值$y(-2)=-3$，极小值$y(0)=1$，在区间$(-\infty, -1)$下凹，在区间$(-1, +\infty)$上凹，无拐点.

(2) 设扇形半径为x，弧长为$l-2x$，扇形面积$y=\frac{1}{2}x(l-2x)$，$y'=-2x+\frac{1}{2}l$，令$y'=0$，得驻点$x=\frac{l}{4}$，唯一驻点，且$y''=-2<0$，故$x=\frac{l}{4}$为极大值点，所以，当$x=\frac{l}{4}$时，扇形面积最大，最大面积为$y=\frac{l^2}{16}$.

自测题二

1. (1) $-3f'(x_0)$； (2) $\dfrac{1}{\ln 2}-1$； (3)1； (4) $y=1$； (5) $\dfrac{-1}{(x-1)^2}$；

(6)3，1； (7) $f'(2^x)2^x\ln 2\mathrm{d}x$； (8) $-\dfrac{3}{2}$，$\dfrac{9}{2}$.

2. (1)B； (2)B； (3)D； (4)C； (5)D； (6)D.

3. (1)① $y'=\cos x\ln(x^2+x)+\dfrac{2x+1}{x^2+x}\sin x$； ② $y'=\mathrm{e}^{\sin^2 x}\sin 2x$.

(2)① $y''(1)=-\dfrac{1}{2}$； ② $y''=\sin^2(2x)f''(\sin^2 x)+2\cos(2x)f'(\sin^2 x)$.

(3) $\dfrac{\mathrm{d}y}{\mathrm{d}x}=\dfrac{\sin t}{1-\cos t}$.

(4) $\dfrac{\mathrm{d}y}{\mathrm{d}x}=\dfrac{y^2-\mathrm{e}^x}{\cos y-2xy}$.

(5)① $\dfrac{1-\dfrac{\pi}{4}}{\ln 2}$； ②0； ③ $-\dfrac{1}{2}$； ④ $\dfrac{1}{\mathrm{e}}$.

4. (1) $b=-2$，$c=1$； $y=x^3-2x^2+x$.

(2) $\lim\limits_{x\to 0}f(x)=\lim\limits_{x\to 0}x\arctan x=0=f(0)$，$f'_-(0)=-\dfrac{\pi}{2}\neq f'_+(0)=\dfrac{\pi}{2}$，

故 $f(x)$ 在 $x=0$ 处连续不可导.

(3) 单调递增区间为 $\left(-\infty,\ -\dfrac{1}{3}\right)\cup(1,\ +\infty)$； 单调递减区间为 $\left(-\dfrac{1}{3},\ 1\right)$；

极大值 $y\Big|_{x=-\frac{1}{3}}=\dfrac{32}{27}$； 极小值 $y\Big|_{x=1}=0$； 上凹区间为 $\left(\dfrac{1}{3},\ +\infty\right)$； 下凹区间为 $\left(-\infty,\ \dfrac{1}{3}\right)$； 拐点为 $\left(\dfrac{1}{3},\ \dfrac{16}{27}\right)$.

复习题三

A 组

1. (1)B； (2)B； (3)D； (4)A； (5)B； (6)A； (7)A； (8)B； (9)D； (10)D.

2. (1) $\left(\tan\dfrac{\pi}{3}+2\right)x+C$； (2) $\sin \mathrm{e}^x+C$； (3) $f(x)$； (4) 收敛； (5) 2π；

(6) $>$； (7) $-2x\mathrm{e}^{-x^2}$； (8) $y=\arctan x$； (9) $\sqrt{1+x^2}$； (10) $F(x^2)+C$.

3. (1)2； (2)1[提示：$x\to 0^+$，$\tan(\sin x)\sim\sin x\sim x$，$\sin(\tan x)\sim\tan x\sim x$，无穷小量代换]； (3) $\dfrac{1}{3}$.

4. (1) $5x-5\arctan x+C$； (2) $\ln|x|+\arctan x+C$； (3) $\tan x-\sec x+C$；

(4) $\dfrac{3}{4}(1+\ln x)^{\frac{4}{3}}+C$； (5) $2\sqrt{\sin x}+C$； (6) $\dfrac{1}{2}(1+\ln x)^2+C$；

(7) $\frac{1}{3}(x^2-4)^{\frac{3}{2}}+C$； (8) $\sqrt{1+x^2}+C$； (9) $2x^{\frac{1}{2}}-\frac{4}{3}x^{\frac{3}{2}}+\frac{2}{5}x^{\frac{5}{2}}+C$；

(10) $\frac{\sqrt{x^2-1}}{x}+C$； (11) $\sqrt{x^2-9}-3\arccos\frac{3}{x}+C$；

(12) $-\frac{\sqrt{4-x^2}}{x}-\arcsin\frac{x}{2}+C$； (13) $\frac{1}{2}x\mathrm{e}^{2x}-\frac{1}{4}\mathrm{e}^{2x}+C$；

(14) $x^2\sin x+2(x\cos x-\sin x)+C$； (15) $\frac{1}{2}x^2\ln x-\frac{1}{4}x^2+C$；

(16) $\frac{1}{2}\mathrm{e}^x(\cos x+\sin x)+C$.

5. (1) $\frac{\pi}{2}$； (2) 3； (3) 0； (4) e； (5) $\frac{\pi}{2}$； (6) $\frac{19}{3}$； (7) $\frac{2}{3}$； (8) $\frac{22}{3}$；

(9) $\ln(\sqrt{2}+1)$； (10) $\frac{2\mathrm{e}^3+1}{9}$； (11) $2\mathrm{e}-4$； (12) $2\ln 2-1$.

6. (1) 1； (2) 0； (3) 1； (4) $+\infty$.

7. $x+C$.

8. $A=2\int_0^1\left(\sqrt{y}-\sqrt{\frac{y}{2}}\right)\mathrm{d}y=\frac{4}{3}-\frac{4}{3\sqrt{2}}$.

9. (1) $A=\int_{-1}^1(1-x^2)\mathrm{d}x=\frac{4}{3}$； (2) $V_x=\pi\int_{-1}^1(1-x^2)^2\mathrm{d}x=\frac{16}{15}\pi$；

(3) $V_y=\pi\int_0^1(\sqrt{1-y})^2\mathrm{d}y=\frac{\pi}{2}$.

10. 压力微元 $\mathrm{d}p=\rho gx\,\mathrm{d}A=2\rho gx\sqrt{R^2-x^2}\,\mathrm{d}x$（$g$ 为重力加速度），

端面所受压力为 $P=\int_0^R 2\rho gx\sqrt{R^2-x^2}\,\mathrm{d}x=\frac{2}{3}\rho gR^3$.

B 组

1. (1) C； (2) B； (3) B； (4) B； (5) C.

2. (1) $\frac{1}{2}\mathrm{e}^{x^2}+C$； (2) 1； (3) $2x\sin x^2$； (4) $\frac{1}{4}\arctan\frac{x}{4}+C$；

(5) $\ln 2\cos x\,2^{\sin x}$； (6) 4； (7) $\frac{1}{2}$.

3. (1) $\frac{1}{3}(2+x^2)^{\frac{3}{2}}+C$； (2) $\frac{1}{2}(x^2\arctan x-x+\arctan x)+C$；

(3) $(x^2-2x+2)\mathrm{e}^x+C$； (4) $x\tan x+\ln|\cos x|+C$； (5) $\frac{1}{2}(1+x^3)^{\frac{2}{3}}+C$；

(6) $\frac{1}{3}(1+\ln x)^{\frac{3}{2}}+C$； (7) $\frac{x}{\sqrt{1-x^2}}+C$.

4. (1) $8\ln 2-4$； (2) $\arctan\mathrm{e}-\frac{\pi}{4}$； (3) 1； (4) $\frac{\pi}{4}-\frac{1}{2}\ln 2$； (5) $2\sqrt{2}-2$.

5. $\int_{-1}^{1}(2-x^2-x^2)\,dx=\frac{8}{3}$.

6. $A=\int_{2}^{4}\left(\frac{3}{2}x-2-\frac{x^2}{4}\right)dx=\left(\frac{3x^2}{4}-2x-\frac{x^3}{12}\right)\Big|_{2}^{4}=\frac{1}{3}$.

7. $\int_{0}^{1}\pi(\sqrt{y})^2\,dy-\int_{0}^{1}\pi(y^2)^2\,dy=\frac{3}{10}\pi$.

自测题三

1. (1)D； (2)A； (3)D； (4)D； (5)A； (6)D； (7)B； (8)C； (9)A； (10)D.

2. (1) 全体原函数； (2)$f(x)dx$，$f(x)+C$； (3)x^2+C； (4)$3\cot(3x+1)$；

(5) 提示：积分中值定理的几何意义，$f(x)$在$[a，b]$上的平均值为$\frac{1}{b-a}\int_{a}^{b}f(x)dx$；

(6)8； (7) $\frac{1}{\pi}$； (8)$\cos x^2$； (9) $\frac{1}{a}f(ax+b)+C$； (10)$e^{-x}(1+x)+C$.

3. (1)$\tan x-\sec x+C$； (2) $\frac{3}{4}(1+\ln x)^{\frac{4}{3}}+C$；

(3) $\frac{\sqrt{x^2-1}}{x}+C$； (4)$2x^{\frac{1}{2}}+\frac{4}{3}x^{\frac{3}{2}}+\frac{2}{5}x^{\frac{5}{2}}+C$；

(5)$\ln(e^x+1)+C$； (6)$x^2\sin x+2x\cos x-2\sin x+C$.

4. (1) $\frac{\pi}{8}$； (2)$\ln 2-\frac{1}{3}\ln 5$； (3)$2\ln 2-\frac{3}{4}$； (4) $\frac{\pi}{2}$.

5. (1)$f'(x)=2-\frac{1}{\sqrt{x}}$，令$f'(x)=0$，$x=\frac{1}{4}$. 当$x\in\left(0，\frac{1}{4}\right)$时，$f'(x)<0$；当$x\in\left(\frac{1}{4}，+\infty\right)$时，$f'(x)>0$. 单调减少区间$\left(0，\frac{1}{4}\right)$，单调增加区间$\left(\frac{1}{4}，+\infty\right)$.

(2)$A=\int_{0}^{1}(e^x-e^{-x})dx=(e^x+e^{-x})\Big|_{0}^{1}=e+\frac{1}{e}-2$.

(3)$\pi\int_{-1}^{1}y^2dx=\pi\int_{-1}^{1}(1-x^2)^2dx=2\pi\int_{0}^{1}(1-2x^2+x^4)\,dx=\frac{16}{15}\pi$.

(4)$\int_{0}^{15}\rho g\pi 10^2x\,dx=9.8\times10^5\pi\left(\frac{x^2}{2}\right)\Big|_{0}^{15}=3.51\times10^7$ J.

复习题四

A 组

1. $|\overrightarrow{M_1M_2}|=2$.

2. $\boldsymbol{a}\cdot\boldsymbol{b}=2$，$\boldsymbol{a}\times\boldsymbol{b}=2\boldsymbol{i}-3\boldsymbol{j}+\boldsymbol{k}$.

3. $13x-y-7z-37=0$.

4. $\frac{x-2}{2}=\frac{y+3}{3}=z-1$.

5. (1) 椭圆抛物面； (2) 双叶双曲面.

6. (1) 平行； (2) 垂直.

7. $x^2+y^2+z^2=5$.

8. (1) $\{(x, y) \mid xy>0\}$;

(2) $\{(x, y) \mid x \geqslant 0, y \geqslant 0, x^2 \geqslant y\}$; (3) $\{(x, y) \mid 4<x^2+y^2 \leqslant 9\}$.

9. 0.

10. $(xy)^{x+y}$.

11. (1) $\dfrac{10}{3}$; (2) 0.

12. (1) $\dfrac{\partial z}{\partial x}=\dfrac{2}{y}\csc\dfrac{2x}{y}$; $\dfrac{\partial z}{\partial y}=-\dfrac{2x}{y^2}\csc\dfrac{2x}{y}$.

(2) $\dfrac{\partial z}{\partial x}=\mathrm{e}^{xy}+yx\mathrm{e}^{xy}+\cos(x+y)$; $\dfrac{\partial z}{\partial y}=x^2\mathrm{e}^{xy}+\cos(x+y)$.

(3) $\dfrac{\partial z}{\partial x}=-\dfrac{y}{x^2+y^2}$; $\dfrac{\partial z}{\partial y}=\dfrac{x}{x^2+y^2}$.

(4) $\dfrac{\partial z}{\partial x}=\dfrac{x}{x^2+y^2}$; $\dfrac{\partial z}{\partial y}=\dfrac{y}{x^2+y^2}$.

13. (1) $\dfrac{\partial^2 z}{\partial x^2}=6x-48x^2y^3$, $\dfrac{\partial^2 z}{\partial y^2}=12y^2-24x^4y$, $\dfrac{\partial^2 z}{\partial x\,\partial y}=\dfrac{\partial^2 z}{\partial y\,\partial x}=-48x^3y^2$.

(2) $\dfrac{\partial^2 z}{\partial x^2}=2\cos(x+y)-x\sin(x+y)$, $\dfrac{\partial^2 z}{\partial y^2}=-x\sin(x+y)$,

$\dfrac{\partial^2 z}{\partial x\,\partial y}=\dfrac{\partial^2 z}{\partial y\,\partial x}=\cos(x+y)-x\sin(x+y)$.

14. 略

15. (1) $\mathrm{d}z=\mathrm{e}^{x+y}[(\cos x\cos y-\sin x\cos y)\mathrm{d}x+(\cos x\cos y-\cos x\sin y)\mathrm{d}y]$;

(2) $\mathrm{d}z=\left(y+\dfrac{1}{y}\right)\mathrm{d}x+\left(x-\dfrac{x}{y^2}\right)\mathrm{d}y$.

16. $\Delta z \approx 0.0283$; $\mathrm{d}z \approx 0.0278$.

17. 极小值点(1, 3), 极小值 $z=10-18\ln 3$.

18. $x=y=z=\dfrac{\sqrt{6}}{6}b$, 长、宽、高之比为 $x:y:z=1:1:1$, $v=\dfrac{\sqrt{6}}{36}b^3$.

19. (1) $\int_0^4 \mathrm{d}x\int_x^{2\sqrt{x}} f(x, y)\mathrm{d}y$; $\int_0^4 \mathrm{d}y\int_{\frac{1}{4}y^2}^{y} f(x, y)\mathrm{d}x$;

(2) $\int_1^2 \mathrm{d}x\int_{\frac{1}{x}}^{x} f(x, y)\mathrm{d}y$; $\int_{\frac{1}{2}}^{1} \mathrm{d}y\int_{\frac{1}{y}}^{2} f(x, y)\mathrm{d}x+\int_1^2 \mathrm{d}y\int_y^2 f(x, y)\mathrm{d}x$;

(3) $\int_{-r}^{r} \mathrm{d}x\int_0^{\sqrt{r^2-x^2}} f(x, y)\mathrm{d}y$; $\int_0^r \mathrm{d}y\int_{-\sqrt{r^2-y^2}}^{\sqrt{r^2-y^2}} f(x, y)\mathrm{d}x$;

(4) $\int_a^b \mathrm{d}x\int_a^x f(x, y)\mathrm{d}y$; $\int_a^b \mathrm{d}y\int_y^b f(x, y)\mathrm{d}x$;

(5) $\int_0^1 dx\int_{1-x}^{\sqrt{1-x^2}} f(x, y)dy$； $\int_0^1 dy\int_{1-y}^{\sqrt{1-y^2}} f(x, y)dx$.

20. (1) $\frac{3}{2}$； (2) $\frac{45}{8}$； (3) $\frac{6}{55}$； (4) $\frac{1}{12}$；

(5) 积分区域为 D：$\begin{cases}0\leqslant\theta\leqslant\frac{\pi}{2},\\0\leqslant r\leqslant 1\end{cases}$ 把二重积分化为极坐标系下的二次积分

$$\iint_D \ln(1+x^2+y^2)dxdy=\int_0^{\frac{\pi}{2}}d\theta\int_0^1\ln(1+r^2)rdr$$
$$=\frac{1}{2}\int_0^{\frac{\pi}{2}}d\theta\int_0^1\ln(1+r^2)d(1+r^2)=\frac{1}{2}\int_0^{\frac{\pi}{2}}(2\ln 2-1)d\theta$$
$$=\frac{\pi}{4}(2\ln 2-1).$$

21. $23\sqrt{3}$.

B组

1. (1)D； (2)A； (3)C； (4)D； (5)C； (6)D； (7)B； (8)A； (9)D；
(10)A； (11)A； (12)A； (13)B； (14)C； (15)A.

2. (1) $\sqrt{19}$； (2) $\boldsymbol{i}+5\boldsymbol{j}+4\boldsymbol{k}$； (3) $-x+2y+z=0$； (4) 双曲柱面；

(5) $\frac{x+2}{1}=\frac{y-1}{2}=\frac{z+1}{-1}$； (6) 垂直； (7)1；

(8) $2x-3y-3$； (9) $\{(x, y)\mid x^2\leqslant 1+y\}$；

(10) $-2dx+2dy$； (11) $2dx+\frac{1}{e}dy$； (12)0； (13) $x^{y^z}[y^z\ln x+zy^{z-1}]$

(14) 25π； (15)1； (16) $\int_0^1 dy\int_y^{\sqrt{y}} f(x, y)dx$； (17) $\int_0^1 dx\int_0^x \cos x^2 dy=\frac{1}{2}\sin 1$.

3. (1) $\frac{\partial z}{\partial x}\Big|_{(1, 2)}=\frac{1}{3}$， $\frac{\partial z}{\partial y}\Big|_{(1, 2)}=\frac{2}{3}$；

(2) $\frac{\partial z}{\partial x}=y(1+x)^{y-1}$， $\frac{\partial z}{\partial y}=(1+x)^y\ln(1+x)$；

(3) $\frac{\partial z}{\partial x}=2x^2y(x^2+y^2)^{xy-1}+y(x^2+y^2)^{xy}\ln(x^2+y^2)$，

$\frac{\partial z}{\partial y}=2xy^2(x^2+y^2)^{xy-1}+x(x^2+y^2)^{xy}\ln(x^2+y^2)$；

(4) $\frac{\partial u}{\partial x}=2x+4x^3\sin^2 y$， $\frac{\partial u}{\partial y}=2y+x^4\sin 2y$；

(5) $y^{x-1}(1+x\ln y)$；

(6) $\frac{\partial^2 z}{\partial x^2}=\frac{2xy}{(x^2+y^2)^2}$， $\frac{\partial^2 z}{\partial y^2}=-\frac{2xy}{(x^2+y^2)^2}$， $\frac{\partial^2 z}{\partial x\partial y}=\frac{\partial^2 z}{\partial y\partial x}=\frac{y^2-x^2}{(x^2+y^2)^2}$；

(7)0；

(8) $\frac{1}{6}\mathrm{d}x+\frac{1}{3}\mathrm{d}y$；

(9) $\mathrm{d}w=\mathrm{d}x+\left(\frac{1}{2}\cos\frac{y}{2}+\mathrm{e}^{y}\right)\mathrm{d}y$；

(10) $\mathrm{d}z=(3x^{2}y+y^{3})\mathrm{d}x+(x^{3}+3xy^{2})\mathrm{d}y$.

4. (1) $\frac{1}{40}$； (2) $\frac{3}{4}$； (3) 9； (4) $\frac{1}{2}\sin 4$； (5) $\frac{49}{72}$；

(6) 积分区域为 D：$\begin{cases}0\leqslant\theta\leqslant\frac{\pi}{4}\\0\leqslant r\leqslant a\end{cases}$，把二重积分化为极坐标系下的二次积分

$$\iint_{D}\frac{y}{x}\mathrm{d}\sigma=\int_{0}^{\frac{\pi}{4}}\mathrm{d}\theta\int_{0}^{a}\tan\theta\, r\mathrm{d}r=\int_{0}^{\frac{\pi}{4}}\tan\theta\ \mathrm{d}\theta\int_{0}^{a}r\mathrm{d}r.$$

5. (1) 长、宽和高都为 $\sqrt[3]{V}$；

(2) 长宽高比为 2∶2∶1. $x=y=4$ m，$z=2$ m；

(3) $a=0$，$b=-\frac{1}{3}$，$p(x)=x^{2}-\frac{1}{3}$.

自测题四

1. (1) B； (2) A； (3) B； (4) D； (5) D； (6) A； (7) D.

2. (1) 4，6； (2) $\left[-y\sin(xy)\frac{\partial f}{\partial u}+\mathrm{e}^{x}\frac{\partial f}{\partial v}\right]\mathrm{d}x+\left[-x\sin(xy)\frac{\partial f}{\partial u}\right]\mathrm{d}y$；

(3) $\frac{2}{3}$； (4) 0； (5) $\int_{0}^{1}\mathrm{d}x\int_{x}^{2-x}f(x,\ y)\mathrm{d}y$.

3. (1) $\frac{\partial z}{\partial x}=3x^{2}\sqrt{y}-\frac{y^{3}}{2\sqrt{x}}$； $\frac{\partial z}{\partial y}=\frac{x^{3}}{2\sqrt{y}}-3y^{2}\sqrt{x}$.

(2) $\frac{\partial^{2}z}{\partial x\,\partial y}=-\frac{1}{(x-y)^{2}}$.

(3) $\mathrm{d}z=\mathrm{e}^{\frac{y}{x}}\left(-\frac{y}{x^{2}}\mathrm{d}x+\frac{1}{x}\mathrm{d}y\right)$.

4. (1) $\frac{32}{3}$； (2) $\frac{1}{24}$.

5. 长 8 m，宽 8 m，高 4 m.

复习题五

A 组

1. (1) $y=2x+C$； (2) $\mathrm{e}^{y}=\frac{1}{2}(\mathrm{e}^{2x}+1)$；

(3) $\cos x\cdot\sin y=C$； (4) $y=2(\mathrm{e}^{x}-1-x)$；

(5) $y=C_{1}+C_{2}\mathrm{e}^{-x}$； (6) -2，1；

(7) $C_{1}\mathrm{e}^{-x}+C_{2}\mathrm{e}^{-3x}$； (8) $\frac{1}{2}x^{2}+x^{3}+C$；

(9) $(1+x^2)(1+y^2)=C$； (10) $e^y=e^x+C$.

2. (1) $y=\dfrac{Cx^x}{e^x}$； (2) $(x^2-1)(y^2+1)=-2$；

(3) $y=\dfrac{1}{x}(e^x+C)$； (4) $y=\cos x(\tan x+1)$.

3. (1) $y=C_1e^{-x}+C_2e^{2x}$； (2) $y=e^{-2x}(C_1\cos 3x+C_2\sin 3x)$；

(3) $y=2\cos 3x+\sin 3x$； (4) $y=\left(1+\dfrac{3}{2}x\right)e^{\frac{x}{2}}$.

4. $y=C_1e^{2x}+C_2e^{3x}-\dfrac{1}{2}(x^2+2x)e^{2x}$.

B 组

1. (1) 一阶； (2) $y=Ce^{x^2}$； (3) $y=C(1+e^x)$； (4) $y=C_1e^{-x}+C_2e^{3x}$；
(5) $y=e^x-\sin x+C_1x+C_2$； (6) $y=C_1e^{-x}+C_2e^{2x}$； (7) $y=2x^2$.

2. (1)C； (2)C； (3)C； (4)C.

3. (1) $y=\dfrac{1}{x}(-x\cos x+\sin x+C)$； (2) $y^2=C(1+x^2)$.

(3) $y=Ce^{x^2}$； (4) $y=e^{Cx}$.

4. (1) $y=(C_1+C_2x)e^x+x^2+4x+6$； (2) $y=C_1e^{-x}+C_2e^{\frac{x}{2}}+e^x$；

(3) $y=(C_1+C_2x)e^x+x^2e^x$； (4) $y=C_1e^x+C_2e^{2x}+\left(\dfrac{x^2}{2}-x\right)e^{2x}$；

(5) $y=C_1e^{-x}+C_2e^x+\dfrac{x}{2}e^x$； (6) $y=C_1e^{-x}+C_2e^{-2x}$.

自测题五

1. (1)4； (2) $y=Ce^{-2x}$； (3) $y=-2\sin x+C_1x+C_2$； (4) $y=C_1+C_2e^{-2x}$；
(5) $y=C_1e^{2x}+C_2e^{3x}$.

2. (1)C； (2)B； (3)C； (4)B； (5)D.

3. (1) $y^2=2\ln(1+e^x)+C$； (2) $y=e^{-x^2}(x+C)$； (3) $y=C_1e^x-\dfrac{1}{2}x^2-x+C_2$；

(4) $y=e^{2x}(C_1\cos x+C_2\sin x)$.

4. $y=(1-6x)e^{6x}$.

5. $f(x)=\dfrac{1}{2}(e^x-e^{-x})$.

6. $y=\dfrac{4}{x}-\dfrac{x}{2}$.

复习题六

A 组

1. (1) 收敛； (2) 收敛； (3) 发散； (4) 收敛；
(5) 发散； (6) 收敛； (7) 发散； (8) 收敛.

2. (1) 绝对收敛；(2) 绝对收敛；(3) 条件收敛；
(4) 当 $|\alpha| \leqslant 1$ 时绝对收敛，当 $|\alpha| > 1$ 时发散.

3. (1) $(-\infty, +\infty)$；(2) $(-\infty, +\infty)$；
(3) 当 $x^2 < 1$，即 $|x| < 1$ 时，级数(绝对)收敛，当 $x^2 > 1$，即 $|x| > 1$ 时，级数发散，故收敛半径 $R=1$；
(4) $[1, 3)$；(5) $[-1, 1]$；(6) $[-2, 4)$.

4. (1) $S(x)=\dfrac{2x}{(1-x^2)^2} x \in (-1, 1)$；(2) $S(x)=-\ln(1-x) x \in (-1, 1)$.

5. $1+\sum\limits_{n=1}^{\infty}(-1)^n \dfrac{2^{2n-1}}{(2n)!}x^{2n} \quad (-\infty < x < +\infty)$.

6. $f(x)=1-\dfrac{4}{\pi}\left(\sin x+\dfrac{\sin 3x}{3}+\cdots+\dfrac{\sin(2k-1)x}{2k-1}+\cdots\right)$. $(-\infty < x < +\infty$；
$x \neq k\pi$，$k \in \mathbf{Z})$.

B 组

1. (1) C；(2) D；(3) B；(4) C；(5) C.

2. (1) 收敛；(2) 收敛；(3) $+\infty$.

3. (1) 收敛；(2) 收敛，其和为 $\dfrac{1}{10}$；(3) 收敛，其和为 $\dfrac{5}{4}$；
(4) $(-1, 1)$；(5) $\left(-\dfrac{1}{2}, \dfrac{1}{2}\right)$；(6) $(-\infty, +\infty)$；
(7) $\left(-\dfrac{1}{4}, \dfrac{1}{4}\right)$；(8) $(-1, 1]$；(9) $(-1, 1]$；
(10) $f(x)=\dfrac{1}{3-x}=\dfrac{1}{1-(x-2)}=\sum\limits_{n=0}^{\infty}(x-2)^n$，$(-1 < x < 3)$；
(11) $f(x)=\dfrac{1}{2-x}=\dfrac{1}{2}\cdot\dfrac{1}{1-\dfrac{x}{2}}=\sum\limits_{n=0}^{\infty}\dfrac{1}{2^{n+1}}x^n$，$(-2 < x < 2)$.

自测题六

1. (1) √；(2) ×；(3) ×；(4) ×；(5) ×；(6) √.

2. (1) $(-1)^{n+1}\dfrac{n+1}{n}$；(2) 0；(3) $p > 1$；
(4) $-1 < p \leqslant 0$；(5) 收敛；(6) 0.

3. (1) A；(2) C；(3) C；(4) C；(5) A；(6) A.

4. (1) 收敛；(2) 收敛.

5. (1) 绝对收敛；(2) 条件收敛.

6. (1) $(-1, 1]$；(2) $(-\sqrt{3}, \sqrt{3})$.

7. 因 $\lim\limits_{n\to\infty}\left|\dfrac{u_{n+1}(x)}{u_n(x)}\right|=|x^2|$，所以当 $|x| < 1$ 时，幂级数收敛，当 $x=1$ 和 $x=-1$

时，级数分别为：$\sum_{n=1}^{\infty}\frac{(-1)^{n-1}}{2n-1}$和$\sum_{n=1}^{\infty}\frac{(-1)^{n}}{2n-1}$，易判断它们皆收敛，所以幂级数收敛域是$[-1,\ 1]$.

设$S(x)=\sum_{n=1}^{\infty}\frac{(-1)^{n}}{2n-1}x^{2n-1}$，则$S'(x)=\sum_{n=1}^{\infty}(-1)^{n}x^{2n-2}=-\frac{1}{1+x^{2}}$，$|x|<1$，

$S(x)=\int_{0}^{x}S'(x)\mathrm{d}x=-\int_{0}^{x}\frac{1}{1+x^{2}}\mathrm{d}x=-\arctan x$，

从而$\sum_{n=1}^{\infty}\frac{(-1)^{n}}{2n-1}x^{2n-1}=-\arctan x$，$|x|\leqslant 1$.

8. $\frac{1}{2-x}=1+(x-1)+(x-1)^{2}+(x-1)^{3}+\cdots+(x-1)^{n}+\cdots \quad (0<x<2)$.

9. $f(x)=\frac{\pi}{4}-\frac{2}{\pi}\left[\cos x+\frac{1}{3^{2}}\cos 3x+\frac{1}{5^{2}}\cos 5x+\cdots+\frac{1}{(2n-1)^{2}}\cos(2n-1)x+\cdots\right]+\left[\sin x-\frac{1}{2}\sin 2x+\frac{1}{3}\sin 3x-\cdots+(-1)^{n-1}\sin nx+\cdots\right]$

$(x\in(-\infty,\ +\infty),\ x\neq(2k-1)\pi,\ k\in\mathbf{Z})$.

附　录

高等数学综合测试题(一)

一、单选题(在每小题的四个备选答案中选出一个正确答案，并将正确答案的序号填入题后的括号内. 每小题 2 分，共 20 分)

1. 设 $f(x)=\begin{cases}1, & x<1\\ 0, & x=1\\ -1, & x>1\end{cases}$，$g(x)=e^x$，则 $g[f(\ln 2)]=($　　$)$.

A. 0　　B. 1　　C. e　　D. $\frac{1}{e}$

2. $\lim\limits_{n\to\infty}\frac{n+(-1)^{n-1}}{n}=($　　$)$.

A. 1　　B. 0　　C. ∞　　D. 不存在

3. 若 $f(x)=\begin{cases}x-1, & x<0\\ 0, & x=0\\ x+1, & x>0\end{cases}$，则 $\lim\limits_{x\to0}f(x)=($　　$)$.

A. -1　　B. 0　　C. 1　　D. 不存在

4. $x=\frac{\pi}{2}$ 是函数 $y=\frac{x}{\tan x}$ 的(　　).

A. 连续点　　B. 可去间断点　　C. 跳跃间断点　　D. 第二类间断点

5. 若 $\lim\limits_{h\to0}\frac{f(x_0+h)-f(x_0-h)}{h}=A$，则 $A=($　　$)$.

A. $f'(x_0)$　　B. $\frac{1}{2}f'(x_0)$　　C. 0　　D. $2f'(x_0)$

6. 若函数 $y=f(x)$ 满足 $f'(x_0)=0$，则 $x=x_0$ 必为 $f(x)$ 的(　　).

A. 极大值点　　B. 极小值点　　C. 驻点　　D. 拐点

7. 下列等式中，正确的一个是(　　).

A. $\left[\int f(x)dx\right]'=f(x)$　　B. $d\left[\int f(x)dx\right]=f(x)$

C. $\int F'(x)dx=F(x)$　　D. $d\left[\int f(x)dx\right]=f(x)+C$

8. 直线 l：$\frac{x+3}{-2}=\frac{y+4}{-7}=\frac{z}{3}$ 与平面 π：$4x-2y-2z-3=0$ 的位置关系是(　　).

A. 平行　　B. 垂直相交　　C. l 在 π 上　　D. 相交但不垂直

9. 当 $x>0$ 时，曲线 $y=x\sin\frac{1}{x}$ (　　).

A. 没有水平渐近线　　B. 仅有水平渐近线

C. 仅有垂直渐近线　　D. 既有水平渐近线，又有垂直渐近线

10. 幂级数 $\sum_{n=1}^{\infty}\frac{x^n}{n\cdot 2^n}$ 的收敛半径是(　　).

A. 0　　B. 1　　C. 2　　D. $\frac{1}{2}$

二、填空题(每小题 2 分，共 20 分)

1. 通过(0，0，0)，(1，0，1)和(2，1，0)三点的平面方程是__________.

2. 当 $\frac{\pi}{6}\leqslant x\leqslant\frac{\pi}{2}$ 时，$f(x)=\frac{\sin x}{x}$ 是__________(填“单调递增”或“单调递减”)函数.

3. $x=0$ 是 $y=\sin\frac{1}{x}$ 的第__________类间断点.

4. 设 $f(x)=e^{-x}$，则 $\int\frac{f'(\ln x)}{x}dx=$__________.

5. 设 $\int_1^x f(t)dt=x^2+\ln x-1$，则 $f(x)=$__________.

6. 函数 $f(x)=2x^3-9x^2+12x+1$ 在区间 $[0,2]$ 上的最大值点是__________.

7. 由曲线 $y=e^x$，$y=e$ 及 y 轴所围成的图形的面积是________.

8. 微分方程 $x\frac{dy}{dx}=2y$ 满足初值 $y|_{x=1}=2$ 的特解为__________.

9. 微分方程 $y''-2y'-3y=0$ 的通解__________.

10. 判别级数的收敛性：级数 $\sum_{n=1}^{\infty}\frac{1}{n^2}$ 是__________.

三、计算题(每小题 5 分，共 50 分)

1. $\lim\limits_{x\to1}\left(\frac{1}{1-x}-\frac{3}{1-x^3}\right)$.

2. $\lim\limits_{x\to0}\frac{e^x-e^{-x}}{\sin x}$.

3. 设 $y=\sin\frac{2x}{1+x^2}$，求 $\frac{dy}{dx}$.

4. $\int\frac{\ln x}{\sqrt{x}}dx$.

5. $\int_0^1\frac{dx}{e^x+e^{-x}}$.

6. 求函数 $w=x+\sin\frac{y}{2}+e^y$ 的全微分.

7. 求微分方程 $\frac{dy}{dx}=2xy$ 的通解.

8. 求通过点 $M_1(3,-5,1)$ 和 $M_2(4,1,2)$ 且垂直于平面 $x-8y+3z-1=0$ 的平面方程.

9. 计算$\iint\limits_D xy\,\mathrm{d}\sigma$，其中$D$是由抛物线$y^2=x$及直线$y=x-2$所围成的闭区域.

10. 求幂级数$x-\dfrac{x^2}{2}+\dfrac{x^3}{3}-\cdots+(-1)^{n-1}\dfrac{x^n}{n}+\cdots$的收敛半径和收敛域.

四、证明题(每小题 5 分，共 10 分)

1. 设函数$f(x)$在$[0,1]$上可微，当$0\leqslant x\leqslant 1$时$0<f(x)<1$且$f'(x)\neq 1$，证明有且仅有一点$x\in(0,1)$，使得$f(x)=x$.

2. 设$f(x)$在$[0,1]$上连续，在$(0,1)$上可导，且$2\int_{\frac{1}{2}}^{1}f(x)\mathrm{d}x=f(0)$.

证明：存在$\xi\in(0,1)$，使得$f'(\xi)=0$.

高等数学综合测试题(一)答案及解析

一、单选题

1. C. 解：$g[f(\ln 2)]=\mathrm{e}^{f(\ln 2)}=\mathrm{e}$.

2. A. 解：$\lim\limits_{n\to\infty}\dfrac{n+(-1)^{n-1}}{n}=\lim\limits_{n\to\infty}\dfrac{1+\dfrac{1}{n}(-1)^{n-1}}{1}=1$.

3. D. 解：$\lim\limits_{x\to0^-}f(x)=\lim\limits_{x\to0^-}(x-1)=-1$，$\lim\limits_{x\to0^+}f(x)=\lim\limits_{x\to0^+}(x+1)=1$，

因为$\lim\limits_{x\to0^-}f(x)\neq\lim\limits_{x\to0^+}f(x)$，所以$\lim\limits_{x\to0}f(x)$不存在.

4. B. 解：$\lim\limits_{x\to\frac{\pi}{2}}\dfrac{x}{\tan x}=0$，$x=\dfrac{\pi}{2}$是可去间断点.

5. D. 解：由导数的定义$\lim\limits_{h\to0}\dfrac{f(x_0+h)-f(x_0-h)}{2h}=f'(x_0)$，

因此$\lim\limits_{h\to0}\dfrac{f(x_0+h)-f(x_0-h)}{h}=2f'(x_0)=A$.

6. C. 解：使$f'(x)=0$的点x称为$f(x)$的驻点.

7. A. 解：$\left[\int f(x)\mathrm{d}x\right]'=f(x)$，$\mathrm{d}\left[\int f(x)\mathrm{d}x\right]=f(x)\mathrm{d}x$，$\int F'(x)\mathrm{d}x=F(x)+C$.

8. A. 解：直线的方向向量为$(-2,-7,3)$，平面的法向量为$(4,-2,-2)$，

因为$-2\times4+(-7)\times(-2)+3\times(-2)=0$，所以直线与平面的平行.

9. B. 解：因为$\lim\limits_{x\to+\infty}x\sin\dfrac{1}{x}=\lim\limits_{x\to+\infty}\dfrac{\sin\dfrac{1}{x}}{\dfrac{1}{x}}=1$，所以$y=1$是水平渐近线.

因为$\lim\limits_{x\to0}x\sin\dfrac{1}{x}=0$，所以没有垂直渐近线.

10. C. 解：因为$a_n=\dfrac{1}{n\cdot 2^n}$，

$$\rho=\lim_{n\to\infty}\left|\frac{a_{n+1}}{a_n}\right|=\lim_{n\to\infty}\left|\frac{n\cdot 2^n}{(n+1)\cdot 2^{n+1}}\right|=\frac{1}{2}\lim_{n\to\infty}\left|\frac{n}{n+1}\right|=\frac{1}{2}$$

幂级数的收敛半径是 $R=\dfrac{1}{\rho}=2$.

二、填空题

1. $x-2y-z=0$.

解：设平面方程为 $Ax+By+Cz+D=0$，将三点分别代入，得 $D=0$，$C=-A$，$B=-2A$，代入平面方程，得 $Ax-2Ay-Az=0$，即 $x-2y-z=0$.

2. 单调递减. 解：$f'(x)=\left(\dfrac{\sin x}{x}\right)'=\dfrac{x\cos x-\sin x}{x^2}$.

当 $\dfrac{\pi}{6}\leqslant x\leqslant\dfrac{\pi}{2}$ 时，$x\cos x-\sin x<0$，因此 $f'(x)<0$，$f(x)$ 是单调减少函数.

3. 二. 解：$\lim\limits_{x\to 0}\sin\dfrac{1}{x}$ 极限不存在，$x=0$ 属于第二类间断点.

4. $\dfrac{1}{x}+C$. 解：$\displaystyle\int\frac{f'(\ln x)}{x}dx=\int f'(\ln x)d(\ln x)=f(\ln x)+C$，$f(\ln x)=e^{-\ln x}=\dfrac{1}{e^{\ln x}}=\dfrac{1}{x}$.

5. $2x+\dfrac{1}{x}$. 解：$\left(\displaystyle\int_1^x f(t)dt\right)'=(x^2+\ln x-1)'$，$f(x)=2x+\dfrac{1}{x}$.

6. $x=1$. 解：$f'(x)=(2x^3-9x^2+12x+1)'=6x^2-18x+12$，

令 $f'(x)=0$，则得驻点 $x=1$，$x=2$.

比较函数值：$f(0)=1$，$f(1)=6$，$f(2)=5$，因此 $x=1$ 为最大值点.

7. 1. 解：解法一：$\displaystyle\int_0^1(e-e^x)dx=(ex-e^x)\Big|_0^1=1$.

解法二：$\displaystyle\int_1^e\ln y\,dy=y\ln y\Big|_1^e-\int_1^e y\,d\ln y=e-\int_1^e\frac{y}{y}dy=e-y\Big|_1^e=1$.

8. $y=2x^2$. 解：将微分方程 $x\dfrac{dy}{dx}=2y$ 分离变量，得 $\dfrac{1}{y}dy=\dfrac{2}{x}dx$，

两边积分 $\displaystyle\int\frac{1}{y}dy=2\int\frac{1}{x}dx$，得 $\ln y=2\ln x+\ln C$，即 $y=Cx^2$，

将 $x=1$，$y=2$ 代入，得 $C=2$，因此方程的特解为 $y=2x^2$.

9. $y=C_1e^{-x}+C_2e^{3x}$. 解：微分方程 $y''-2y'-3y=0$ 的特征方程为 $r^2-2r-3=0$，特征根为 $r_1=-1$，$r_2=3$，方程的通解为 $y=C_1e^{-x}+C_2e^{3x}$.

10. 收敛. 解：p-级数 $\displaystyle\sum_{n=1}^{\infty}\frac{1}{n^p}$，当 $p>1$ 时收敛，因此 $\displaystyle\sum_{n=1}^{\infty}\frac{1}{n^2}$ 收敛.

三、计算题

1. 解：原式 $\displaystyle=\lim_{x\to 1}\frac{1+x+x^2-3}{(1-x)(1+x+x^2)}=\lim_{x\to 1}\frac{x+x^2-2}{(1-x)(1+x+x^2)}$

$$=\lim_{x\to 1}\frac{(x-1)(x+2)}{(1-x)(1+x+x^2)}=-\lim_{x\to 1}\frac{x+2}{1+x+x^2}=-1.$$

2. 解：原式 $=\lim\limits_{x\to 0}\dfrac{e^{x}+e^{-x}}{\cos x}=2$.

3. 解：$\dfrac{dy}{dx}=\left(\sin\dfrac{2x}{1+x^2}\right)'=\left(\dfrac{2x}{1+x^2}\right)'\cos\dfrac{2x}{1+x^2}=\dfrac{2(1+x^2)-2x\cdot 2x}{(1+x^2)^2}\cos\dfrac{2x}{1+x^2}$

$=\dfrac{2(1-x^2)}{(1+x^2)^2}\cos\dfrac{2x}{1+x^2}$.

4. 解：原式 $=2\int\ln x\,d\sqrt{x}=2\left(\sqrt{x}\ln x-\int\sqrt{x}\,d\ln x\right)=2\left(\sqrt{x}\ln x-\int\dfrac{\sqrt{x}}{x}dx\right)$

$=2\left(\sqrt{x}\ln x-\int\dfrac{1}{\sqrt{x}}dx\right)=2(\sqrt{x}\ln x-2\sqrt{x})+C$.

5. 解：原式 $=\int_0^1\dfrac{1}{e^x+\dfrac{1}{e^x}}dx=\int_0^1\dfrac{e^x}{e^{2x}+1}dx=\int_0^1\dfrac{de^x}{1+(e^x)^2}=\arctan e^x\Big|_0^1=\arctan e-\dfrac{\pi}{4}$.

6. 解：$\dfrac{\partial w}{\partial x}=1$，$\dfrac{\partial w}{\partial y}=\dfrac{1}{2}\cos\dfrac{y}{2}+e^y$，$dw=dx+\left(\dfrac{1}{2}\cos\dfrac{y}{2}+e^y\right)dy$.

7. 解：分离变量：$\dfrac{dy}{y}=2x\,dx$，两边积分 $\int\dfrac{dy}{y}=\int 2x\,dx$，得 $\ln y=x^2+\ln C$，即 $y=Ce^{x^2}$.

因此，方程的通解为 $y=Ce^{x^2}$.

8. 解：设所求平面的一个法线向量为 $\boldsymbol{n}=\{A,B,C\}$，

点 $M_1(3,-5,1)$ 和 $M_2(4,1,2)$，则 $\overrightarrow{M_1M_2}=\{1,6,1\}$，$\boldsymbol{n}\perp\overrightarrow{M_1M_2}$，则 $n\cdot\overrightarrow{M_1M_2}=0$，即 $A+6B+C=0$ ①

已知平面 $x-8y+3z-1=0$ 的法向量为 $n_1=\{1,-8,3\}$，$\boldsymbol{n}\perp\boldsymbol{n}_1$，则 $\boldsymbol{n}\cdot\boldsymbol{n}_1=0$

即 $A-8B+3C=0$ ②

由 ①② 知 $C=7B$，$A=-13B$，

所求平面方程为 $A(x-3)+B(y+5)+C(z-1)=0$，

将 $A=-13B$，$C=7B$ 代入，得 $-13B(x-3)+B(y+5)+7B(z-1)=0$，

即所求平面方程为 $13x-y-7z-37=0$.

9. 解：画出积分区域 D（如图中阴影所示）.

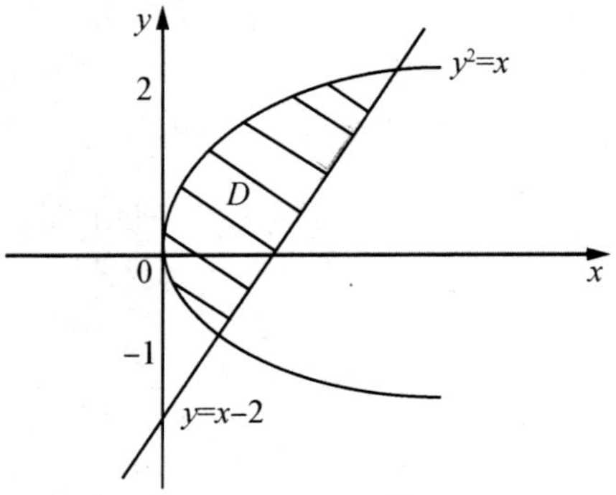

第 9 题图

则 D 可表示为 $\{(x, y) \mid y^2 \leqslant x \leqslant y+2, -1 \leqslant y \leqslant 2\}$，

于是 $\iint\limits_D xy\,\mathrm{d}\sigma = \int_{-1}^{2}\mathrm{d}y\int_{y^2}^{y+2}xy\,\mathrm{d}x = \int_{-1}^{2}\left(y\cdot\frac{x^2}{2}\Big|_{y^2}^{y+2}\right)\mathrm{d}y = \int_{-1}^{2}\frac{1}{2}y\left[(y+2)^2-(y^2)^2\right]\mathrm{d}y$

$$= \frac{1}{2}\int_{-1}^{2}(y^3+4y^2+4y-y^5)\mathrm{d}y = \frac{1}{2}\left(\frac{1}{4}y^4+\frac{4}{3}y^3+2y^2-\frac{1}{6}y^6\right)\Bigg|_{-1}^{2}$$

$$= \frac{45}{8}.$$

10. 解：$\lim\limits_{n\to\infty}\left|\dfrac{(-1)^n\dfrac{1}{n+1}}{(-1)^{n-1}\dfrac{1}{n}}\right| = 1$，收敛半径 $R=1$.

当 $x=1$ 时，级数成为 $1-\dfrac{1}{2}+\dfrac{1}{3}-\cdots+(-1)^{n-1}\dfrac{1}{n}+\cdots$ 收敛；

当 $x=-1$ 时，级数成为 $-1-\dfrac{1}{2}-\dfrac{1}{3}-\cdots-\dfrac{1}{n}-\cdots$ 发散.

故该级数的收敛域为 $(-1, 1]$

四、证明题

1. 证：令函数 $F(x)=f(x)-x$，则 $F(x)$ 在 $[0, 1]$ 上连续.

又由 $0<f(x)<1$ 知，$F(0)=f(0)-0>0$，$F(1)=f(1)-1<0$，

由零点定理知，在 $(0, 1)$ 内至少有一点 x，使得 $F(x)=0$，即 $f(x)=x$.

假设有两点 $x_1, x_2\in(0, 1)$，$x_1\neq x_2$，使 $f(x_1)=x_1$，$f(x_2)=x_2$，则由拉格朗日中值定理知，至少存在一点 $\xi\in(0, 1)$，使 $f'(\xi)=\dfrac{f(x_2)-f(x_1)}{x_2-x_1}=\dfrac{x_2-x_1}{x_2-x_1}=1$，这与已知 $f'(x)\neq 1$ 矛盾，综上所述命题得证.

【说明】在证明不含导数的方程根的存在性(即方程至少一个根)时，我们经常用零点定理；在证明方程根的唯一性时，我们经常用所构造函数的单调性来说明方程最多一个根. 但此题根据已知条件，没有办法证明所构造的辅助函数导数恒大于零或恒小于零，也就不能利用辅助函数的单调性来证明方程根的唯一性. 由于已知条件中有 $f'(x)\neq 1$，所以利用反证法，借助拉格朗日中值定理来证明方程根的唯一性.

2. 证：因为 $f(x)$ 在 $[0, 1]$ 上连续，由积分中值定理可知，存在 $c\in\left[\dfrac{1}{2}, 1\right]$，使得

$\int_{\frac{1}{2}}^{1}f(x)\mathrm{d}x = f(c)\left(1-\dfrac{1}{2}\right)$，即 $f(c)=2\int_{\frac{1}{2}}^{1}f(x)\mathrm{d}x = f(0)$.

又因为 $f(x)$ 在 $[0, c]$ 上连续，在 $(0, c)$ 上可导，且 $f(c)=f(0)$，所以 $f(x)$ 在 $[0, c]$ 上满足罗尔定理，因此存在 $\xi\in(0, c)\subset(0, 1)$，使得 $f'(\xi)=0$.

【说明】根据本题要证明的结论特点，比较容易看出此题需要使用罗尔定理，而根据罗尔定理的条件，需要满足：闭区间内连续，开区间内可导，端点处的函数值相等，故首先利用积分中值定理找到两个函数值相等的点.

高等数学综合测试题(二)

一、单选题(在每小题的四个备选答案中选出一个正确答案，并将正确答案的序号填入题后的括号内. 每小题 2 分，共 20 分)

1. $x \to 0^+$ 时，下列函数中________是无穷小量(　　).

A. $e^{\frac{1}{x}}$　　B. $x\sin\dfrac{1}{x}$　　C. $\ln x$　　D. $\dfrac{1}{x}\sin x$

2. $\lim\limits_{x\to+\infty}\dfrac{\ln x}{x^n}(n>0)=$(　　).

A. 1　　B. ∞　　C. 0　　D. 不存在

3. $x=0$ 为函数 $f(x)=\begin{cases}x-1, & x<0\\ 0, & x=0\\ x+1, & x>0\end{cases}$ 的(　　)间断点.

A. 跳跃间断点　　B. 可去间断点　　C. 连续点　　D. 第二类间断点

4. 曲线 $y=\dfrac{1}{x^2-3x+2}$ 有(　　).

A. 水平渐近线 $y=0$，垂直渐近线 $x=1$，$x=2$

B. 水平渐近线 $y=0$，无垂直渐近线

C. 垂直渐近线 $y=1$，$y=2$，水平渐近线 $x=0$

D. 垂直渐近线 $x=1$，$x=2$，无水平渐近线

5. 若点(1, 3)为曲线 $y=ax^3+bx^2$ 的拐点，则 a，b 的值为(　　).

A. $a=\dfrac{3}{2}$，$b=\dfrac{9}{2}$　　B. $a=\dfrac{3}{2}$，$b=-\dfrac{9}{2}$

C. $a=-\dfrac{3}{2}$，$b=-\dfrac{9}{2}$　　D. $a=-\dfrac{3}{2}$，$b=\dfrac{9}{2}$

6. 设 $f(x)$ 的一个原函数是 $\sin x$，则 $\int xf'(x)\mathrm{d}x=$(　　).

A. $x\sin x+\cos x+C$　　B. $-x\sin x-\cos x+C$

C. $x\cos x-\sin x+C$　　D. $x\cos x+\sin x+C$

7. 下列________是线性微分方程(　　).

A. $y''+(\ln x)y'+\cos xy=0$　　B. $y''-2y'+y^2=e^x$

C. $y'-xy=\ln x$　　D. $(y')^2-y'=3x+7$

8. 直线 $x=2y=4z$ 与平面 $4x+2y+z-1=0$ 是(　　)的关系.

A. 平行　　B. 垂直　　C. 直线在平面内　　D. 无法判断

9. 已知两点 $M_1(2, 2, \sqrt{2})$ 和 $M_2(1, 3, 0)$，则向量的模 $|\overrightarrow{M_1M_2}|=$(　　).

A. 4　　B. 1　　C. $\sqrt{2}$　　D. 2

10. 幂级数 $\sum_{n=1}^{\infty} n4^{n+1}x^n$ 的收敛半径是( ).

A. 4　　B. 1　　C. $\frac{1}{4}$　　D. 0

二、填空题(每小题 2 分，共 20 分)

1. 函数 $z=\sqrt{y-x^2+1}$ 的定义域为__________.

2. $\lim\limits_{x\to 0}\frac{\sin \alpha x}{\sin \beta x}(\beta \neq 0)=$__________.

3. 若 $y=e^x(\sin x+\cos x)$，则$\frac{dy}{dx}=$__________.

4. 设 $z=2xy$，则$dz\big|_{(1,-1)}=$__________.

5. $\int \frac{e^x}{2+e^x}dx=$__________.

6. $\int_{-\frac{\pi}{2}}^{\frac{\pi}{2}} \frac{1}{1+\cos x}dx=$__________.

7. 设 $y=\int_0^{x^2}\sin t\,dt$，则$\frac{dy}{dx}=$__________.

8. 设 $f(x,y,z)=x^y y^z$，则$\frac{\partial f}{\partial y}=$__________.

9. $\iint\limits_D d\sigma=$__________，其中 D 是以原点为中心，以 3 为半径的圆形区域.

10. 设 $I=\int_0^1 dx\int_{x^2}^{x} f(x,y)dy$，交换积分顺序后，则 $I=$__________.

三、计算题(每小题 5 分，共 50 分)

1. 求极限$\lim\limits_{x\to\infty}\frac{3x^2-2x+5}{x^2-x+1}$.

2. 求极限$\lim\limits_{x\to 0}\left(\frac{1}{\sin x}-\frac{1}{x}\right)$.

3. 已知 $y=e^{3x}\cos^2 x+\sin\frac{\pi}{3}$，求 y'.

4. 已知 $y=\sqrt{1+x^2}$，求 dy.

5. 求 $z=\ln(1+x^2+y^2)$ 在点(1，2)处的偏导数.

6. 已知函数 $z=\ln\sqrt{x^2+y^2}$，求$\frac{\partial^2 z}{\partial x^2}+\frac{\partial^2 z}{\partial y^2}$.

7. 求二重积分$\iint\limits_D x^2 y\,d\sigma$，其中 D：$y^2=x$，$y=x$ 围成的区域.

8. 求方程$\frac{dy}{dx}=\frac{xy}{1+x^2}$ 的通解.

9. 求微分方程 $y''-3y'+2y=0$ 的通解.

10. 求幂级数$\sum_{n=0}^{\infty}\frac{x^n}{\sqrt{n+1}}$的收敛域.

四、证明题(每小题 5 分，共 10 分)

1. 当$x>1$时，$2\sqrt{x}>3-\frac{1}{x}$.

2. 设$f(x)$在$[0,1]$上可导，且满足$f(1)=\int_0^1 xf(x)\mathrm{d}x$.

证明：必有一点$\varepsilon\in(0,1)$，使$\varepsilon f'(\varepsilon)+f(\varepsilon)=0$.

高等数学综合测试题(二) 答案及解析

一、单选题

1. B. 解：$\lim\limits_{x\to0^+}\mathrm{e}^{\frac{1}{x}}=+\infty$，$\lim\limits_{x\to0^+}x\sin\frac{1}{x}=0$，$\lim\limits_{x\to0^+}\ln x=-\infty$，$\lim\limits_{x\to0^+}\frac{1}{x}\sin x=1$.

2. C. 解：$\lim\limits_{x\to+\infty}\frac{\ln x}{x^n}=\lim\limits_{x\to+\infty}\frac{\frac{1}{x}}{nx^{n-1}}=\lim\limits_{x\to+\infty}\frac{1}{nx^n}=0$.

3. A. 解：$\lim\limits_{x\to0^-}f(x)=\lim\limits_{x\to0^-}(x-1)=-1$，$\lim\limits_{x\to0^+}f(x)=\lim\limits_{x\to0^+}(x+1)=1$，

因为$\lim\limits_{x\to0^-}f(x)\neq\lim\limits_{x\to0^+}f(x)$，所以$x=0$为第一类间断点的跳跃间断点.

4. A. 解：因为$\lim\limits_{x\to\infty}\frac{1}{x^2-3x+2}=0$，所以$y=0$是曲线的水平渐近线.

因为$y=\frac{1}{x^2-3x+2}$在$x=1$，$x=2$处间断，且

$\lim\limits_{x\to1}\frac{1}{x^2-3x+2}=\lim\limits_{x\to1}\frac{1}{(x-1)(x-2)}=\infty$，

$\lim\limits_{x\to2}\frac{1}{x^2-3x+2}=\lim\limits_{x\to2}\frac{1}{(x-1)(x-2)}=\infty$，

所以$x=1$，$x=2$是曲线的垂直渐近线.

5. D. 解：$y'=3ax^2+2bx$，$y''=6ax+2b$.

因为点(1，3)为曲线$y=ax^3+bx^2$的拐点，所以$y(1)=a+b=3$，且$y''(1)=6a+2b=0$，

联立方程组，可得$a=-\frac{3}{2}$，$b=\frac{9}{2}$.

6. C. 解：$f(x)$的一个原函数是$\sin x$，故$f(x)=(\sin x)'=\cos x$

$\int xf'(x)\mathrm{d}x=\int x\mathrm{d}f(x)=xf(x)-\int f(x)\mathrm{d}x=x\cos x-\sin x+C$.

7. C. 解：线性是指y，y'，y''都是一次的.

8. B. 解：直线的方向向量$\{m, n, p\}=\left\{1, \frac{1}{2}, \frac{1}{4}\right\}$，平面的法向量$\{A, B, C\}=\{4, 2, 1\}$，因为$\frac{A}{m}=\frac{B}{n}=\frac{C}{p}$，所以直线与平面垂直.

9. D. 解：$|\overrightarrow{M_1M_2}|=\sqrt{(2-1)^2+(3-2)^2+(\sqrt{2}-0)^2}=2$.

10. A. 解：$a_n=n4^{n+1}$，$\rho=\lim\limits_{n\to\infty}\left|\frac{a_{n+1}}{a_n}\right|=\lim\limits_{n\to\infty}\left|\frac{(n+1)\cdot 4^{n+2}}{n\cdot 4^{n+1}}\right|=\frac{1}{4}\lim\limits_{n\to\infty}\left|\frac{n+1}{n}\right|=\frac{1}{4}$

幂级数的收敛半径是$R=\frac{1}{\rho}=4$.

二、填空题

1. $\{(x, y)\,|\,y-x^2+1\geqslant 0\}$.

解：要使函数有意义，则必须 $y-x^2+1\geqslant 0$，

所以函数的定义域为$\{(x, y)\,|\,y-x^2+1\geqslant 0\}$.

2. $\frac{\alpha}{\beta}$. 解：$\lim\limits_{x\to 0}\frac{\sin \alpha x}{\sin \beta x}=\lim\limits_{x\to 0}\frac{\alpha x}{\beta x}=\frac{\alpha}{\beta}$.

3. $2e^x\cos x$. 解：$\frac{dy}{dx}=e^x(\sin x+\cos x)+e^x(\cos x-\sin x)=2e^x\cos x$.

4. $-2dx+2dy$. 解：$dz=\frac{\partial z}{\partial x}dx+\frac{\partial z}{\partial y}dy=2ydx+2xdy$，$dz\Big|_{(1, -1)}=-2dx+2dy$.

5. $\ln(2+e^x)+C$. 解：$\int\frac{e^x}{2+e^x}dx=\int\frac{1}{2+e^x}d(2+e^x)=\ln(2+e^x)+C$.

6. 2. 解：$\int_{-\frac{\pi}{2}}^{\frac{\pi}{2}}\frac{1}{1+\cos x}dx=2\int_0^{\frac{\pi}{2}}\frac{1}{2\cos^2\frac{x}{2}}dx=2\int_0^{\frac{\pi}{2}}sec^2\frac{x}{2}d\frac{x}{2}=2\tan\frac{x}{2}\Big|_0^{\frac{\pi}{2}}=2$.

7. $2x\sin x^2$. 解：$\frac{dy}{dx}=\left(\int_0^{x^2}\sin t\,dt\right)'=(x^2)'\cdot\sin x^2=2x\sin x^2$.

8. $x^yy^z\left(\ln x+\frac{z}{y}\right)$. 解：$\frac{\partial f}{\partial y}=x^yy^z\ln x+x^yzy^{z-1}=x^yy^z\left(\ln x+\frac{z}{y}\right)$.

9. 9π. 解：$\iint\limits_D d\sigma=9\pi$.

10. $\int_0^1dy\int_y^{\sqrt{y}}f(x, y)dx$. 解：$I=\int_0^1dx\int_{x^2}^{x}f(x, y)dy$，$D$ 为 X-型区域，$0\leqslant x\leqslant 1$，$x^2\leqslant y\leqslant x$，画出区域 D，化为先对 y，后对 x 的二次积分，此时 D 为 Y-型区域，$0\leqslant y\leqslant 1$，$y\leqslant x\leqslant\sqrt{y}$，

即 $I=\int_0^1dy\int_y^{\sqrt{y}}f(x, y)dx$.

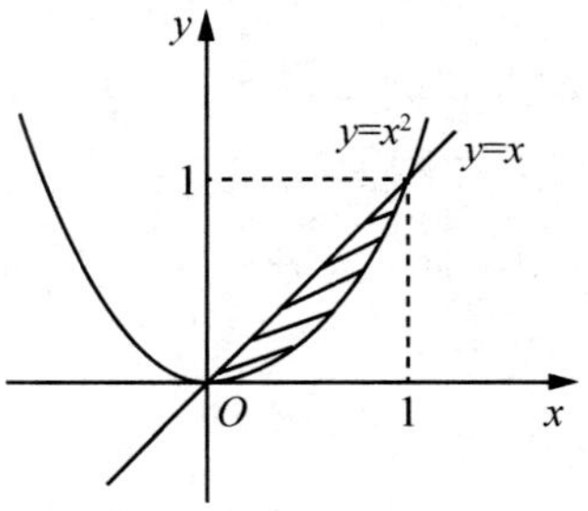

第 10 题图

三、计算题

1. 解：$\lim\limits_{x\to\infty}\dfrac{3x^2-2x+5}{x^2-x+1}=\lim\limits_{x\to\infty}\dfrac{3-\dfrac{2}{x}+\dfrac{5}{x^2}}{1-\dfrac{1}{x}+\dfrac{1}{x^2}}=3.$

2. 解：$\lim\limits_{x\to0}\left(\dfrac{1}{\sin x}-\dfrac{1}{x}\right)=\lim\limits_{x\to0}\dfrac{x-\sin x}{x\sin x}=\lim\limits_{x\to0}\dfrac{1-\cos x}{\sin x+x\cos x}=\lim\limits_{x\to0}\dfrac{\sin x}{2\cos x-x\sin x}=0.$

3. 解：$y'=3\mathrm{e}^{3x}\cos^2x+\mathrm{e}^{3x}\cdot2\cos x(-\sin x)=3\mathrm{e}^{3x}\cos^2x-\mathrm{e}^{3x}\sin 2x.$

4. 解：$y'=\dfrac{2x}{2\sqrt{1+x^2}}=\dfrac{x}{\sqrt{1+x^2}}$，$\mathrm{d}y=y'\mathrm{d}x=\dfrac{x}{\sqrt{1+x^2}}\mathrm{d}x.$

5. 解：$\dfrac{\partial z}{\partial x}=\dfrac{2x}{1+x^2+y^2}$，$\dfrac{\partial z}{\partial y}=\dfrac{2y}{1+x^2+y^2}$，

$\left.\dfrac{\partial z}{\partial x}\right|_{(1,2)}=\dfrac{1}{3}$，$\left.\dfrac{\partial z}{\partial y}\right|_{(1,2)}=\dfrac{2}{3}.$

6. 解：$\dfrac{\partial z}{\partial x}=\dfrac{1}{\sqrt{x^2+y^2}}\cdot\dfrac{2x}{2\sqrt{x^2+y^2}}=\dfrac{x}{x^2+y^2}$，

$\dfrac{\partial^2 z}{\partial x^2}=\dfrac{x^2+y^2-x\cdot2x}{(x^2+y^2)^2}=\dfrac{y^2-x^2}{(x^2+y^2)^2}$，

$\dfrac{\partial z}{\partial y}=\dfrac{y}{x^2+y^2}$，$\dfrac{\partial^2 z}{\partial y^2}=\dfrac{x^2-y^2}{(x^2+y^2)^2}$，$\dfrac{\partial^2 z}{\partial x^2}+\dfrac{\partial^2 z}{\partial y^2}=0.$

7. 解：$\iint\limits_D x^2y\,\mathrm{d}\sigma=\int_0^1\mathrm{d}y\int_{y^2}^{y}x^2y\,\mathrm{d}x=\int_0^1 y\cdot\left.\dfrac{x^3}{3}\right|_{y^2}^{y}\mathrm{d}y=\dfrac{1}{3}\int_0^1(y^4-y^7)\mathrm{d}y$

$$=\dfrac{1}{3}\left(\dfrac{y^5}{5}-\dfrac{y^8}{8}\right)\Bigg|_0^1=\dfrac{1}{40}.$$

8. 解：微分方程 $\dfrac{\mathrm{d}y}{\mathrm{d}x}=\dfrac{xy}{1+x^2}$，分离变量 $\dfrac{\mathrm{d}y}{y}=\dfrac{x}{1+x^2}\mathrm{d}x$，积分 $\displaystyle\int\dfrac{\mathrm{d}y}{y}=\int\dfrac{x}{1+x^2}\mathrm{d}x$，

即 $\ln y=\dfrac{1}{2}\ln(1+x^2)+\ln C$，整理得

$$y^2=C(1+x^2)\ (C\text{ 为任意常数}).$$

9. 解：微分方程 $y''-3y'+2y=0$ 对应的特征方程为 $r^2-3r+2=0$，
特征根为 $r_1=1$，$r_2=2$，
微分方程的通解为 $y=C_1\mathrm{e}^x+C_2\mathrm{e}^{2x}$.

10. 解：$a_n=\dfrac{1}{\sqrt{n+1}}$，$\lim\limits_{n\to\infty}\left|\dfrac{a_{n+1}}{a_n}\right|=\lim\limits_{n\to\infty}\left|\dfrac{\dfrac{1}{\sqrt{n+2}}}{\dfrac{1}{\sqrt{n+1}}}\right|=\lim\limits_{n\to\infty}\dfrac{\sqrt{n+1}}{\sqrt{n+2}}=1$，所以收敛半径 $R=1$.

$x=1$，级数成为 $\displaystyle\sum_{n=0}^{\infty}\dfrac{1}{\sqrt{n+1}}$ 发散，$x=-1$，级数成为 $\displaystyle\sum_{n=0}^{\infty}\dfrac{(-1)^n}{\sqrt{n+1}}$ 收敛，

故收敛域为 $[-1, 1)$.

四、证明题

1. 证：设 $f(x)=2\sqrt{x}-3+\frac{1}{x}$，则 $f'(x)=\frac{1}{\sqrt{x}}-\frac{1}{x^2}=\frac{x\cdot\sqrt{x}-1}{x^2}$.

当 $x>1$ 时，$f'(x)>0$，故 $f(x)$ 在 $[1, x]$ 上单调递增，

$f(x)=2\sqrt{x}-3+\frac{1}{x}>f(1)=0$，即 $2\sqrt{x}>3-\frac{1}{x}$.

2. 证：令 $F(x)=xf(x)$，由积分中值定理 $f(1)=\int_0^1 xf(x)\mathrm{d}x=\xi f(\xi)$，$[\xi\in(0, 1)]$，

而 $F(1)=f(1)=\xi\cdot f(\xi)=F(\xi)$，又 $F(x)$ 在 $[\xi, 1]$ 上连续，在 $(\xi, 1)$ 内可导，

由罗尔定理可知，至少存在一点 $\varepsilon\in(\xi, 1)\subset(0, 1)$，使得 $F'(\varepsilon)=0$，即 $\varepsilon f'(\varepsilon)+f(\varepsilon)=0$.

专升本高等数学模拟试题（一）

一、单项选择题(本大题共 5 小题，每小题 3 分，共 15 分)

1. 设 $f(x)$ 在 x_0 某领域内有定义，且 $\lim\limits_{h\to 0}\dfrac{f(x_0-3h)-f(x_0)}{h}=1$，则 $f'(x_0)=($　　$)$.

A. $\dfrac{1}{3}$　　B. $-\dfrac{1}{3}$　　C. -3　　D. 3

2. $f(x)=\dfrac{x^2-2x}{|x|(x^2-4)}$，则 $x=0$ 为其(　　).

A. 连续点　　B. 可去间断点　　C. 无穷间断点　　D. 跳跃间断点

3. 曲线 $y=(x-5)^{\frac{5}{3}}+2$，则(　　).

A. 有极值点 $x=5$ 但无拐点　　B. 有极值点 $x=5$ 和拐点(5，2)

C. 无极值点但有拐点(5，2)　　D. 既无极值点也无拐点

4. 设 $F(x)$ 是 $f(x)$ 的一个原函数，则 $\int e^{-x}f(e^{-x})dx=($　　$)$.

A. $-F(e^x)+C$　　B. $F(e^x)+C$　　C. $-F(e^{-x})+C$　　D. $F(e^{-x})+C$

5. 下列级数中收敛的是(　　).

A. $\sum\limits_{n=1}^{\infty}\dfrac{1}{n^2+n}$　　B. $\sum\limits_{n=1}^{\infty}\left(\dfrac{3}{2}\right)^n$　　C. $\sum\limits_{n=1}^{\infty}\dfrac{1}{\sqrt[3]{n^2}}$　　D. $\sum\limits_{n=1}^{\infty}\dfrac{1}{n}$

二、填空题(本大题共 5 小题，每小题 3 分，共 15 分)

6. 函数 $y=\sqrt{16-x^2}+\arcsin\dfrac{2x-1}{7}$ 的连续区间为________.

7. 曲线 $y=\dfrac{x}{x+1}-3$ 的水平渐近线为________.

8. 微分方程 $4y''-4y'+y=0$，$y(0)=2$，$y'(0)=0$ 的特解是________.

9. $z=x^3+y^2-x^2y$ 在点(1，1)处的全微分 $dz\Big|_{(1,1)}=$________.

10. 过点(1，-1，-3)且与平面 $2x-3y+z+4=0$ 垂直的直线方程为________.

三、计算题(本大题共 7 小题，每小题 6 分，共 42 分)

11. 求极限 $\lim\limits_{x\to\infty}\left(\dfrac{x+1}{x}\right)^{-x}$.

12. 求极限 $\lim\limits_{x\to 0}\dfrac{x-\arctan x}{\ln(1+x^3)}$.

13. 设方程 $x^2y-e^{2x}=\sin y$ 确定隐函数 $y=y(x)$，求 $\dfrac{dy}{dx}$.

14. 求定积分$\int_1^4 \frac{\ln x}{\sqrt{x}} \mathrm{d}x$.

15. 求微分方程 $xy' + y = x\cos x$ 的通解.

16. 求幂级数 $\sum_{n=1}^{\infty} \frac{(x-1)^n}{2^n \cdot n}$ 的收敛域.

17. 计算二重积分$\iint\limits_D \frac{x^2}{y^2} \mathrm{d}x\mathrm{d}y$，其中 D 由直线 $y^2 = x$，$y = \sqrt{3}$，$y = x$ 所围成的平面区域.

四、应用题(本大题共 2 小题，每小题 7 分，共 14 分)

18. 求抛物线 $y^2 = 2x$ 与该曲线在点$\left(\frac{1}{2}, 1\right)$处的法线所围成图形的面积.

19. 求函数 $y = x + \frac{1}{x+1}$ 的单调区间与极值.

五、证明题(本大题共 2 小题，每小题 7 分，共 14 分)

20. 证明：当 $x > 0$ 时，有 $\ln\left(1 + \frac{1}{x}\right) > \frac{1}{1+x}$.

21. 设函数 $f(x)$ 在$[1, 2]$上连续，在$(1, 2)$内可导，且 $f(1) = 4f(2)$，证明存在 $\xi \in (1, 2)$，使得 $2f(\xi) + \xi f'(\xi) = 0$.

专升本高等数学模拟试题（一）答案及解析

一、单项选择题

1. B. 解：$\lim\limits_{h\to 0} \frac{f(x_0 - 3h) - f(x_0)}{h} = -3\lim\limits_{h\to 0} \frac{f(x_0 - 3h) - f(x_0)}{-3h} = -3f'(x_0) = 1$，

得 $f'(x_0) = -\frac{1}{3}$.

2. D. 解：$\lim\limits_{x\to 0^+} \frac{x^2 - 2x}{|x|(x^2 - 4)} = \lim\limits_{x\to 0^+} \frac{x(x-2)}{x(x-2)(x+2)} = \lim\limits_{x\to 0^+} \frac{1}{x+2} = \frac{1}{2}$，

$\lim\limits_{x\to 0^-} \frac{x^2 - 2x}{|x|(x^2 - 4)} = \lim\limits_{x\to 0^-} \frac{x(x-2)}{-x(x-2)(x+2)} = -\lim\limits_{x\to 0^+} \frac{1}{x+2} = -\frac{1}{2}$，

因为$\lim\limits_{x\to 0^-} \frac{x^2 - 2x}{|x|(x^2 - 4)} \neq \lim\limits_{x\to 0^+} \frac{x^2 - 2x}{|x|(x^2 - 4)}$，所以 $x = 0$ 为跳跃间断点.

3. C. 解：$y' = \frac{5}{3}(x-5)^{\frac{2}{3}}$，令 $y' = 0$，则 $x = 5$ 为驻点.

当 $x < 5$ 时，$y' > 0$；当 $x > 5$ 时，$y' > 0$，故 $x = 5$ 不是极值点.

$y'' = \frac{10}{9}(x-5)^{-\frac{1}{3}} = \frac{10}{9\sqrt[3]{x-5}}$，当 $x = 5$ 时，y'' 不存在.

当 $x < 5$ 时，$y'' < 0$；当 $x > 5$ 时，$y'' > 0$，且$y|_{x=5} = 2$，故$(5, 2)$是拐点.

4. C. 解：因为 $F(x)$ 是 $f(x)$ 的一个原函数，所以$\int f(x)\mathrm{d}x=F(x)+C$，

$\int \mathrm{e}^{-x}f(\mathrm{e}^{-x})\mathrm{d}x=-\int f(\mathrm{e}^{-x})\mathrm{d}\mathrm{e}^{-x}=-F(\mathrm{e}^{-x})+C$.

5. A. 解：$\lim\limits_{n\to\infty}\dfrac{u_n}{v_n}=\lim\limits_{n\to\infty}\dfrac{\dfrac{1}{n^2+n}}{\dfrac{1}{n^2}}=1$，由比较审敛法，$\sum\limits_{n=1}^{\infty}\dfrac{1}{n^2}$ 收敛，所以$\sum\limits_{n=1}^{\infty}\dfrac{1}{n^2+n}$ 也收敛.

二、填空题

6. $[-3,4]$. 解：初等函数的连续区间即为其定义区间.

由已知得$\begin{cases}16-x^2\geqslant 0\\ -1\leqslant\dfrac{2x-1}{7}\leqslant 1\end{cases}$，解得$\begin{cases}-4\leqslant x\leqslant 4\\ -3\leqslant x\leqslant 4\end{cases}$，故连续区间为$[-3,4]$.

7. $y=-2$. 解：$\lim\limits_{x\to\infty}\left(\dfrac{x}{x+1}-3\right)=-2$，故水平渐近线为 $y=-2$.

8. $y=2\mathrm{e}^{\frac{1}{2}x}-x\mathrm{e}^{\frac{1}{2}x}$. 解：特征方程为 $4r^2-4r+1=0$，解得 $r=\dfrac{1}{2}$，

故微分方程的通解为 $y=C_1\mathrm{e}^{\frac{1}{2}x}+xC_2\mathrm{e}^{\frac{1}{2}x}$，$y'=\dfrac{1}{2}C_1\mathrm{e}^{\frac{1}{2}x}+C_2\mathrm{e}^{\frac{1}{2}x}+\dfrac{1}{2}C_2x\mathrm{e}^{\frac{1}{2}x}$.

将 $y(0)=2$，$y'(0)=0$ 代入，得 $C_1=2$，$C_2=-1$，

因此微分方程 $4y''-4y'+y=0$ 的特解为 $y=2\mathrm{e}^{\frac{1}{2}x}-x\mathrm{e}^{\frac{1}{2}x}$.

9. $\mathrm{d}x+\mathrm{d}y$. 解：$\dfrac{\partial z}{\partial x}=3x^2-2xy$，$\left.\dfrac{\partial z}{\partial x}\right|_{(1,1)}=1$，$\dfrac{\partial z}{\partial y}=2y-x^2$，$\left.\dfrac{\partial z}{\partial y}\right|_{(1,1)}=1$，

$\mathrm{d}z=\dfrac{\partial z}{\partial x}\mathrm{d}x+\dfrac{\partial z}{\partial y}\mathrm{d}y$，故 $\mathrm{d}z|_{(1,1)}=\mathrm{d}x+\mathrm{d}y$.

10. $\dfrac{x-1}{2}=\dfrac{y+1}{-3}=\dfrac{z+3}{1}$. 解：平面 $2x-3y+z+4=0$ 的法向量$\{2,-3,1\}$即为直线的方向向量，根据直线的点向式方程，可得直线方程为$\dfrac{x-1}{2}=\dfrac{y+1}{-3}=\dfrac{z+3}{1}$.

三、计算题

11. 解：$\lim\limits_{x\to\infty}\left(\dfrac{x+1}{x}\right)^{-x}=\lim\limits_{x\to\infty}\left(1+\dfrac{1}{x}\right)^{-x}=\mathrm{e}^{-1}$.

12. 解：$\lim\limits_{x\to 0}\dfrac{x-\arctan x}{\ln(1+x^3)}=\lim\limits_{x\to 0}\dfrac{x-\arctan x}{x^3}=\lim\limits_{x\to 0}\dfrac{1-\dfrac{1}{1+x^2}}{3x^2}=\lim\limits_{x\to 0}\dfrac{1}{3(1+x^2)}=\dfrac{1}{3}$.

13. 解：方程两边同时对 x 求导，

$2xy+x^2\dfrac{\mathrm{d}y}{\mathrm{d}x}-2\mathrm{e}^{2x}=\cos y\cdot\dfrac{\mathrm{d}y}{\mathrm{d}x}$，解得$\dfrac{\mathrm{d}y}{\mathrm{d}x}=\dfrac{2(\mathrm{e}^{2x}-xy)}{x^2-\cos y}$.

14. 解：$\int_1^4 \frac{\ln x}{\sqrt{x}}dx = \int_1^4 \ln x d(2\sqrt{x}) = (\ln x \cdot 2\sqrt{x})\Big|_1^4 - \int_1^4 2\sqrt{x} d\ln x$

$$= 4\ln 4 - \int_1^4 2\sqrt{x} \cdot \frac{1}{x}dx = 8\ln 2 - 2\int_1^4 \frac{1}{\sqrt{x}}dx = 8\ln 2 - 4.$$

15. 解：将方程标准化 $y' + \frac{1}{x}y = \cos x$，此方程为一阶线性非齐次微分方程，

由通解公式 $y = e^{-\int \frac{1}{x}dx}\left(\int \cos x e^{\int \frac{1}{x}dx}dx + C\right) = \frac{1}{x}(x\sin x + \cos x + C)$.

16. 解：令 $t = x - 1$，幂级数 $\sum_{n=1}^{\infty} \frac{(x-1)^n}{2^n \cdot n}$ 变为 $\sum_{n=1}^{\infty} \frac{t^n}{2^n \cdot n}$，

因为 $\rho = \lim_{n\to\infty}\left|\frac{a_{n+1}}{a_n}\right| = \lim_{n\to\infty} \frac{2^n \cdot n}{2^{n+1}(n+1)} = \frac{1}{2}$，所以收敛半径 $R = 2$，

收敛区间为 $|t| < 2$，即 $-1 < x < 3$.

当 $x = 3$ 时，级数成为 $\sum_{n=1}^{\infty} \frac{1}{n}$，级数发散；当 $x = -1$ 时，级数成为 $\sum_{n=1}^{\infty} \frac{(-1)^n}{n}$，级数收敛，因此原级数的收敛域为 $[-1, 3)$.

17. 解：D：$\begin{cases} y \leqslant x \leqslant y^2, \\ 1 \leqslant y \leqslant \sqrt{3}, \end{cases}$

$$\iint_D \frac{x^2}{y^2}dxdy = \int_1^{\sqrt{3}} dy \int_y^{y^2} \frac{x^2}{y^2}dx = \int_1^{\sqrt{3}} \frac{1}{y^2} \cdot \frac{x^3}{3}\Big|_y^{y^2} dy = \int_1^{\sqrt{3}} \frac{1}{y^2} \cdot \frac{x^3}{3}\Big|_y^{y^2} dy$$

$$= \frac{1}{3}\int_1^{\sqrt{3}} (y^4 - y)dy = \frac{3\sqrt{3} - 2}{5}.$$

四、应用题

18. 解：先求抛物线 $y^2 = 2x$ 在该点切线的斜率，

方程两边同时对 x 导数，即 $2y \cdot y' = 2$，$y' = \frac{1}{y}$，$y'\Big|_{\substack{x=\frac{1}{2}\\ y=1}} = 1$，切线斜率为 1，

则法线斜率为 -1，法线方程为 $y - 1 = -(x - \frac{1}{2})$，即 $x + y - \frac{3}{2} = 0$.

联立方程组 $\begin{cases} y^2 = 2x, \\ x + y - \frac{3}{2} = 0, \end{cases}$ 得另一个交点为 $\left(\frac{9}{2}, -3\right)$.

选择 y 作为积分变量，则有 $\int_{-3}^{1} (-y + \frac{3}{2} - \frac{y^2}{2})dy = \left(-\frac{1}{2}y^2 + \frac{3}{2}y - \frac{1}{6}y^3\right)\Big|_{-3}^{1} = \frac{16}{3}$.

19. 解：定义域为 $(-\infty, -1) \cup (-1, +\infty)$.

$y' = 1 - \frac{1}{(x+1)^2} = \frac{x(x+2)}{(x+1)^2}$，令 $y' = 0$，得驻点 $x = -2$ 或 $x = 0$，用上述点划分定义域，列表

x	$(-\infty, -2)$	-2	$(-2, -1)$	$(-1, 0)$	0	$(0, +\infty)$
y'	$+$	0	$-$	$-$	0	$+$
y	↗	-3	↘	↘	1	↗

综上，函数的单调增区间为$(-\infty, -2)$和$(0, +\infty)$，单调减区间为$(-2, -1)$和$(-1, 0)$.

极大值为$f(-2)=-3$，极小值为$f(0)=1$.

五、证明题

20. 证：令$f(x)=\ln(1+\frac{1}{x})-\frac{1}{1+x}$，则$f'(x)=\frac{-1}{x(1+x)^2}$，

当$x>0$时，$f'(x)<0$，因此，在$(0, +\infty)$内，$f(x)$单调减少.

又由于$\lim\limits_{x\to+\infty} f(x)=\lim\limits_{x\to+\infty}\left[\ln\left(1+\frac{1}{x}\right)-\frac{1}{1+x}\right]=0$，所以，$f(x)>0$，即

$$\ln\left(1+\frac{1}{x}\right)-\frac{1}{1+x}>0，亦即 \ln\left(1+\frac{1}{x}\right)>\frac{1}{1+x}(x>0).$$

21. 证：令$F(x)=x^2f(x)$，$x\in[1, 2]$，显然$F(x)$在区间$[1, 2]$上连续，在$(1, 2)$内可导，

$F'(x)=2xf(x)+x^2f'(x)$，

因为$F(1)=f(1)$，$F(2)=4f(2)$，而$f(1)=4f(2)$，所以$F(1)=F(2)$.

由罗尔定理得，至少存在一点$\xi\in(1, 2)$，使得$F'(\xi)=0$，即$2\xi f(\xi)+\xi^2f'(\xi)=0$.

又因为$\xi\neq 0$，所以$2f(\xi)+\xi f'(\xi)=0$.

专升本高等数学模拟试题（二）

一、单项选择题(本大题共 5 小题，每小题 3 分，共 15 分)

1. 当 $x \to 0$ 时，以下函数是无穷小量的(　　).

A. e^x　　B. $\ln(x+2)$　　C. $\sin x$　　D. $\cos x$

2. 直线 $\frac{x-1}{-1}=\frac{y-2}{2}=\frac{z+1}{-2}$ 与下列平面(　　)平行.

A. $4x+y-z+10=0$　　B. $x-2y+3z+5=0$

C. $2x-4y+4z+6=0$　　D. $-x-y+5z+9=0$

3. 微分方程 $\sqrt{1-x^2}\,y'=\sqrt{1-y^2}$ 的通解是(　　).

A. $y=\arcsin x+C$　　B. $y=\sin(\arcsin x+C)$

C. $y=\cos(\arcsin x+C)$　　D. $y=\arccos x+C$

4. 曲线 $y=2x^3+3x^2-1$ 的拐点是(　　).

A. $\left(-\frac{1}{2},-\frac{1}{2}\right)$　　B. $\left(-\frac{1}{2},\frac{1}{2}\right)$　　C. $(-1,0)$　　D. $(0,-1)$

5. 以下级数收敛的是(　　).

A. $\sum\limits_{n=1}^{\infty}\frac{n^2-1}{n^3+2n^2}$　　B. $\sum\limits_{n=1}^{\infty}\sin\frac{n\pi}{3}$　　C. $\sum\limits_{n=1}^{\infty}\ln\left(1+\frac{1}{n^2}\right)$　　D. $\sum\limits_{n=1}^{\infty}\frac{3^n}{2n^2+1}$

二、填空题(本大题共 5 小题，每小题 3 分，共 15 分)

6. 函数 $y=\frac{\ln(3-x)}{\sqrt{|x|-1}}$ 的定义域为____________.

7. 设 $\lim\limits_{x\to 0}(1-mx)^{\frac{1}{x}}=e^2$，则 $m=$____________.

8. 曲线 $y=(x+4)\sqrt[3]{3-x}$ 在点(2，6)处的切线方程为____________.

9. 已知两点 $A(-1,2,0)$，$B(2,-3,\sqrt{2})$，则与向量 $\overrightarrow{AB}$ 同方向的单位向量为____________.

10. 已知函数 $f(x)$ 在 R 上连续，设 $I=\int_0^1 dx\int_0^{\sqrt{x}} f(x,y)dy+\int_1^2 dx\int_0^{2-x} f(x,y)dy$，则交换积分顺序后 $I=$____________.

三、计算题(本大题共 7 小题，每小题 6 分，共 42 分)

11. 求极限 $\lim\limits_{x\to 0}\left(\frac{1}{x}-\frac{1}{e^x-1}\right)$.

12. 求极限 $\lim\limits_{x\to 0}\frac{\int_0^x \sin t^2 dt}{x^3}$.

13. 求不定积分 $\int\frac{\sin^2 x}{1+\cos 2x}dx$

14. 设 $f(x)+2\int_0^x f(t)\mathrm{d}t=x^2$，求 $f(x)$.

15. 求过点 $(1, -2, 2)$ 且与两平面 $x+2y-z=1$ 和 $2x+y+3z=2$ 都垂直的平面方程.

16. 已知函数 $z=x\sin\frac{y}{x}$，求 $\frac{\partial^2 z}{\partial x\partial y}$.

17. 计算二重积分 $\iint\limits_D \cos(x^2+y^2)\mathrm{d}x\mathrm{d}y$，其中 D 是由直线 $y=\frac{\sqrt{3}}{3}x$，$y=\sqrt{3}x$ 与圆周 $x^2+y^2=\frac{\pi}{2}$ 所围成的第一象限的闭区域.

四、应用题(本大题共 2 小题，每小题 7 分，共 14 分)

18. 求幂级数 $\sum\limits_{n=0}^{\infty}\frac{x^{n+2}}{n+1}$ 的收敛域及和函数.

19. 求曲线 $y=-x^2+4$ 与直线 $y=-2x+4$ 所围成的图形的面积.

五、证明题(本大题共 2 小题，每小题 7 分，共 14 分)

20. 证明：当 $x>1$ 时，$x+\ln x>4\sqrt{x}-3$.

21. 设函数 $f(x)$ 在 $[0, 1]$ 上连续，且 $f(1)=1$，证明：对于任意 $\lambda\in(0, 1)$，存在 $\xi\in(0, 1)$ 使得 $f(\xi)=\frac{\lambda}{\xi^2}$.

专升本高等数学模拟试题（二）答案及解析

一、单项选择题

1. C. 解：可通过求 $x\to 0$ 时函数的极限判断函数是否是无穷小.

A 选项 $\lim\limits_{x\to 0}e^x=1$，B 选项 $\lim\limits_{x\to 0}\ln(x+2)=\ln 2$，C 选项 $\lim\limits_{x\to 0}\sin x=0$，D 选项 $\lim\limits_{x\to 0}\cos x=1$，极限为 0 的是无穷小，因此当 $x\to 0$ 时，是无穷小量的只有 C 选项.

2. A. 解：直线的方向向量 $n=\{-1, 2, -2\}$，平面的法向量为 $n_1=\{A, B, C\}$，

直线与平面平行，则 $-A+2B-2C=0$，即验证直线的方向向量与选项中哪个平面的法向量垂直，也就是二者的数量积为 0，只有 A 选项满足条件.

3. B. 解：$\sqrt{1-x^2}\,y'=\sqrt{1-y^2}$ 属于可分离变量的微分方程.

分离变量 $\frac{1}{\sqrt{1-y^2}}\mathrm{d}y=\frac{1}{\sqrt{1-x^2}}\mathrm{d}x$，两边积分 $\int\frac{1}{\sqrt{1-y^2}}\mathrm{d}y=\int\frac{1}{\sqrt{1-x^2}}\mathrm{d}x$，

解得方程的通解为 $\arcsin y=\arccos x+C$，即 $y=\sin(\arccos x+C)$.

4. A. 解：$y'=6x^2+6x$，$y''=12x+6$，令 $y''=0$，解得 $x=-\frac{1}{2}$.

当 $x<-\frac{1}{2}$ 时，$y''<0$；当 $x>-\frac{1}{2}$ 时，$y''>0$.

将 $x=-\frac{1}{2}$ 代入曲线，得 $y=-\frac{1}{2}$，所以该曲线的拐点为$\left(-\frac{1}{2},-\frac{1}{2}\right)$.

5. C. 解：因为$\lim\limits_{n\to\infty}\frac{\ln\left(1+\frac{1}{n^2}\right)}{\frac{1}{n^2}}=1$，而$\sum\limits_{n=1}^{\infty}\frac{1}{n^2}$收敛，所以由比较判别法的极限形式，级数$\sum\limits_{n=1}^{\infty}\ln\left(1+\frac{1}{n^2}\right)$也收敛.

二、填空题

6. $\{x \mid 1<x<3$ 或 $x<-1\}$. 解：要使函数有意义，则必须$\begin{cases}3-x>0,\\ |x|-1>0,\end{cases}$ 即$\begin{cases}x<3,\\ x>1 \text{ 或 } x<-1.\end{cases}$

函数 $y=\frac{\ln(3-x)}{\sqrt{|x|-1}}$ 的定义域为 $\{x \mid 1<x<3$ 或 $x<-1\}$，或者用区间表示 $(1,3)\cup(-\infty,-1)$.

7. -2. 解：$\lim\limits_{x\to0}(1-mx)^{\frac{1}{x}}=\lim\limits_{x\to0}[1+(-mx)]^{-\frac{1}{mx}\cdot(-m)}=\mathrm{e}^{-m}=\mathrm{e}^2$，故 $m=-2$.

8. $x+y-8=0$.

解：$y'=(x+4)'\sqrt[3]{3-x}+(x+4)(\sqrt[3]{3-x})'$

$=\sqrt[3]{3-x}+(x+4)\cdot\frac{1}{3}(3-x)^{-\frac{2}{3}}\cdot(-1)$

$=\sqrt[3]{3-x}-\frac{1}{3}(x+4)(3-x)^{-\frac{2}{3}}$，$y'|_{x=2}=-1$，即切线斜率为 -1.

切线方程为 $y-6=-(x-2)$，即 $x+y-8=0$.

9. $\left\{\frac{1}{2},-\frac{5}{6},\frac{\sqrt{2}}{6}\right\}$. 解：$\overrightarrow{AB}=\{3,-5,\sqrt{2}\}$，$|\overrightarrow{AB}|=\sqrt{3^2+(-5)^2+(\sqrt{2})^2}=6$，因此与$\overrightarrow{AB}$同方向的单位向量为$\boldsymbol{e}_{\overrightarrow{AB}}=\frac{\overrightarrow{AB}}{|\overrightarrow{AB}|}=\left\{\frac{3}{6},-\frac{5}{6},\frac{\sqrt{2}}{6}\right\}=\left\{\frac{1}{2},-\frac{5}{6},\frac{\sqrt{2}}{6}\right\}$.

10. $\int_0^1\mathrm{d}y\int_{y^2}^{2-y}f(x,y)\mathrm{d}x$. 解：原二次积分为 X 型，由 I 中两积分可得其积分区域为 D_1：$\begin{cases}0\leqslant x\leqslant 1\\ 0\leqslant y\leqslant\sqrt{x}\end{cases}$，$D_2$：$\begin{cases}1\leqslant x\leqslant 2\\ 0\leqslant y\leqslant 2-x\end{cases}$，将两积分区域合并为一个区域 D，看作 Y 型区域，

则 D：$\begin{cases}y^2\leqslant x\leqslant 2-y\\ 0\leqslant y\leqslant 1\end{cases}$，所以交换积分顺序后 $I=\int_0^1\mathrm{d}y\int_{y^2}^{2-y}f(x,y)\mathrm{d}x$.

三、计算题

11. 解：$\lim\limits_{x\to0}\left(\frac{1}{x}-\frac{1}{\mathrm{e}^x-1}\right)=\lim\limits_{x\to0}\frac{\mathrm{e}^x-1-x}{x(\mathrm{e}^x-1)}=\lim\limits_{x\to0}\frac{\mathrm{e}^x-1}{\mathrm{e}^x-1+x\mathrm{e}^x}=\lim\limits_{x\to0}\frac{\mathrm{e}^x}{\mathrm{e}^x+\mathrm{e}^x+x\mathrm{e}^x}=\frac{1}{2}$.

12. 解：$\lim\limits_{x\to 0}\dfrac{\int_0^x \sin t^2 \mathrm{d}t}{x^3}=\lim\limits_{x\to 0}\dfrac{\sin x^2}{3x^2}=\lim\limits_{x\to 0}\dfrac{x^2}{3x^2}=\dfrac{1}{3}$.

13. 解：$\displaystyle\int \frac{\sin^2 x}{1+\cos 2x}\mathrm{d}x=\int \frac{\sin^2 x}{2\cos^2 x}\mathrm{d}x=\frac{1}{2}\int(\sec^2 x-1)\mathrm{d}x=\frac{1}{2}(\tan x-x)+C$.

14. 解：将 $f(x)+2\int_0^x f(t)\mathrm{d}t=x^2$ 两边对 x 求导，得 $f'(x)+2f(x)=2x$，

这是一个一阶线性微分方程，由通解公式，得

$$f(x)=\mathrm{e}^{-\int 2\mathrm{d}x}\left(\int 2x\cdot\mathrm{e}^{\int 2\mathrm{d}x}\mathrm{d}x+C\right)=x-\frac{1}{2}+C\mathrm{e}^{-2x},$$

由题意 $f(0)=0$，则 $C=\dfrac{1}{2}$，故 $f(x)=x-\dfrac{1}{2}+\dfrac{1}{2}\mathrm{e}^{-2x}$.

15. 解：两平面的法向量分别为 $\boldsymbol{n}_1=\{1, 2, -1\}$，$\boldsymbol{n}_2=\{2, 1, 3\}$，

所求平面的法向量 $\boldsymbol{n}=\boldsymbol{n}_1\times\boldsymbol{n}_2=\begin{vmatrix} i & j & k\\ 1 & 2 & -1\\ 2 & 1 & 3\end{vmatrix}=\{7, -5, -3\}$，又平面过点 $(1, -2, 2)$，

得平面方程为 $7(x-1)-5(y+2)-3(z-2)=0$，即 $7x-5y-3z-11=0$.

16. 解：$\dfrac{\partial z}{\partial x}=\sin\dfrac{y}{x}+x\cos\dfrac{y}{x}\cdot\left(-\dfrac{y}{x^2}\right)=\sin\dfrac{y}{x}-\dfrac{y}{x}\cos\dfrac{y}{x}$，

$\dfrac{\partial^2 z}{\partial x\partial y}=\dfrac{1}{x}\cos\dfrac{y}{x}-\left(\dfrac{1}{x}\cos\dfrac{y}{x}-\dfrac{y}{x}\sin\dfrac{y}{x}\cdot\dfrac{1}{x}\right)=\dfrac{y}{x^2}\sin\dfrac{y}{x}$.

17. 解：用极坐标计算，D：$\begin{cases}\dfrac{\pi}{6}\leqslant\theta\leqslant\dfrac{\pi}{3},\\ 0\leqslant r\leqslant\sqrt{\dfrac{\pi}{2}}.\end{cases}$

$$\iint_D \cos(x^2+y^2)\mathrm{d}x\mathrm{d}y=\int_{\frac{\pi}{6}}^{\frac{\pi}{3}}\mathrm{d}\theta\int_0^{\sqrt{\frac{\pi}{2}}}\cos r^2\cdot r\mathrm{d}r.=\frac{\pi}{6}\cdot\frac{1}{2}\int_0^{\sqrt{\frac{\pi}{2}}}\cos r^2\mathrm{d}r^2$$

$$=\frac{\pi}{12}\sin r^2\Big|_0^{\sqrt{\frac{\pi}{2}}}=\frac{\pi}{12}.$$

四、应用题

18. 解：由已知 $a_n=\dfrac{1}{n+1}$，$R=\lim\limits_{n\to\infty}\left|\dfrac{a_n}{a_{n+1}}\right|=\lim\limits_{n\to\infty}\dfrac{n+2}{n+1}=1$，收敛半径 $R=1$.

当 $x=-1$ 时，级数 $\displaystyle\sum_{n=0}^{\infty}\frac{(-1)^{n+2}}{n+1}=\sum_{n=0}^{\infty}(-1)^n\frac{1}{n+1}$，收敛；

当 $x=1$ 时，级数 $\displaystyle\sum_{n=0}^{\infty}\frac{1^{n+2}}{n+1}=\sum_{n=0}^{\infty}\frac{1}{n+1}$，发散，所以收敛域为$[-1, 1)$.

设 $s(x)=\displaystyle\sum_{n=0}^{\infty}\frac{x^{n+2}}{n+1}=x\sum_{n=0}^{\infty}\frac{x^{n+1}}{n+1}$，$g(x)=\displaystyle\sum_{n=0}^{\infty}\frac{x^{n+1}}{n+1}$，$x\in[-1, 1)$，则

$s(x)=xg(x)$.

当 $x\in(-1,1)$ 时，$g'(x)=\sum_{n=0}^{\infty}\left(\frac{x^{n+1}}{n+1}\right)'=\sum_{n=0}^{\infty}x^n=\frac{1}{1-x}$，则

$g(x)=\int_0^x\frac{1}{1-t}\mathrm{d}t=-\ln(1-x)$，$x\in[-1,1)$，

从而 $s(x)=xg(x)=-x\ln(1-x)$，$x\in[-1,1)$.

19. 解：由 $\begin{cases}y=-x^2+4\\y=-2x+4\end{cases}$ 得交点为 $(0,4)$，$(2,0)$，所求图形面积为：

$$s=\int_0^2[-x^2+4-(-2x+4)]\mathrm{d}x=\int_0^2(2x-x^2)\mathrm{d}x=\left(x^2-\frac{1}{3}x^3\right)\Big|_0^2=\frac{4}{3}.$$

五、证明题

20. 证：令 $f(x)=x+\ln x-4\sqrt{x}+3$，$x\in[1,+\infty)$，则 $f(1)=0$，且 $f(x)$ 在 $[1,+\infty)$ 上可导. 当 $x\in[1,+\infty)$ 时，$f'(x)=1+\frac{1}{x}-\frac{2}{\sqrt{x}}=\frac{x+1-2\sqrt{x}}{x}=\frac{(1+\sqrt{x})^2}{x}>0$. 所以 $f(x)$ 在 $[1,+\infty)$ 上单调递增，从而当 $x>1$ 时，$f(x)>f(1)=0$，即 $x+\ln x>4\sqrt{x}-3$.

21. 证：对任意实数 $\lambda\in(0,1)$，令 $F(x)=x^2f(x)-\lambda$，$x\in[0,1]$，则 $F(x)$ 在 $[0,1]$ 上连续. 且 $F(0)=-\lambda<0$，$F(1)=f(1)-\lambda=1-\lambda>0$. 由零点定理得，至少存在一点 $\xi\in(0,1)$，使得 $F(\xi)=0$，即 $\xi^2f(\xi)-\lambda=0$，从而 $f(\xi)=\frac{\lambda}{\xi^2}$.

山东省2021年普通高等教育专升本统一考试 高等数学Ⅰ试题(100分)

一、单项选择题(本大题共5小题，每小题3分，共15分)

1. 已知函数 $f(x)=\dfrac{x^2-4}{x-2}$，则 $x=2$ 是函数 $f(x)$ 的(　　).

A. 可去间断点　　B. 跳跃间断点　　C. 无穷间断点　　D. 连续点

2. 函数 $f(x)=\begin{cases}\dfrac{1}{2}x^2, & x\leqslant 0\\ \sin x, & x>0\end{cases}$，则 $f(x)$ 在 $x=0$ 处的(　　).

A. 左、右导数都存在且相等　　B. 左导数存在，右导数不存在

C. 左导数不存在，右导数存在　　D. 左、右导数都存在但不相等

3. 以下是二阶微分方程的是(　　).

A. $(y')^2-3y=0$　　B. $(y'')^2+x^2y'=0$

C. $yy'+x^2=0$　　D. $y'''+x^2y''=0$

4. 以下级数条件收敛的是(　　).

A. $\sum\limits_{n=1}^{\infty}\dfrac{\sin n}{n^2}$　　B. $\sum\limits_{n=1}^{\infty}(-1)^n\dfrac{1}{\sqrt[3]{n^2}}$　　C. $\sum\limits_{n=1}^{\infty}\left(-\dfrac{2}{3}\right)^n$　　D. $\sum\limits_{n=1}^{\infty}\left(-\dfrac{3}{2}\right)^n$

5. 已知函数 $f(x,y)$ 在 上连续，则 $\int_0^{\frac{\pi}{2}}\mathrm{d}\theta\int_{2\cos\theta}^{4\cos\theta}f(r\cos\theta, r\sin\theta)r\,\mathrm{d}r=$(　　).

A. $\int_0^1\mathrm{d}x\int_1^{\sqrt{1-x^2}}f(x,y)\mathrm{d}y+\int_1^2\mathrm{d}x\int_1^{\sqrt{4-x^2}}f(x,y)\mathrm{d}y$

B. $\int_0^1\mathrm{d}x\int_{\sqrt{1-x^2}}^{\sqrt{4-x^2}}f(x,y)\mathrm{d}y+\int_1^2\mathrm{d}x\int_1^{\sqrt{4-x^2}}f(x,y)\mathrm{d}y$

C. $\int_0^2\mathrm{d}x\int_{\sqrt{2x-x^2}}^{\sqrt{4x-x^2}}f(x,y)\mathrm{d}y+\int_2^4\mathrm{d}x\int_1^{\sqrt{4x-x^2}}f(x,y)\mathrm{d}y$

D. $\int_0^2\mathrm{d}x\int_1^{\sqrt{2x-x^2}}f(x,y)\mathrm{d}y+\int_2^4\mathrm{d}x\int_0^{\sqrt{4x-x^2}}f(x,y)\mathrm{d}y$

二、填空题(本大题共5小题，每小题3分，共15分)

6. 已知函数 $f(x)=\begin{cases}\dfrac{1}{x}, & |x|>1,\\ 0, & |x|\leqslant 1,\end{cases}$ 则 $f[f(2021)]=$__________.

7. 点(1，2，3)到平面 $2x+y-2z+4=0$ 的距离为__________.

8. 向量$\{1,0,1\}$与向量$\{1,\sqrt{2},1\}$的夹角为__________.

9. 幂级数 $\sum\limits_{n=1}^{\infty}\dfrac{3^n}{n(n+1)}x^n$ 的收敛半径为__________.

10. 已知函数 $f(x)$ 在 $[0,1]$ 上连续，且 $\int_0^1 f(x)\mathrm{d}x=1$，则 $\int_{-1}^1 f(|x|)\mathrm{d}x=$ ____________.

三、解答题(本大题共 7 小题，每小题 6 分，共 42 分)

11. 求极限 $\lim\limits_{x\to\infty}\left(\dfrac{x+3}{x+1}\right)^x$.

12. 求极限 $\lim\limits_{x\to 0}\dfrac{\int_0^x (\mathrm{e}^{t^2}-1)\,\mathrm{d}t}{\sin x^3}$.

13. 求不定积分 $\int \dfrac{\ln(1+x^2)}{x^2}\mathrm{d}x$.

14. 求过点 $(1,0,1)$ 且与平面 $x+y-z-1=0$ 和 $2x+z+1=0$ 都平行的直线方程.

15. 求微分方程 $y''-4y'+7y=0$ 的通解.

16. 已知函数 $z=f(u,v)$ 可微，则 $u=x\arcsin y$，求 $\dfrac{\partial z}{\partial x}$ 和 $\dfrac{\partial z}{\partial y}$.

17. 计算二重积分 $\iint\limits_D (2x+y)\mathrm{d}x\mathrm{d}y$，其中 D 是由直线 $y=3$，$y=x$ 与曲线 $xy=1$ 围成的闭区域.

四、应用题(本大题共 2 小题，第 18 小题 6 分，第 19 小题 8 分，共 14 分)

18. 求直线 $x=0$，$x=2$，$y=0$ 与曲线 $y=\mathrm{e}^x$ 所围图形绕 x 轴旋转一周而成的旋转体的体积.

19. 设 $k>0$，求函数 $f(x)=\ln(1+x)+kx^2-x$ 的极值点，并判别是极大值点还是极小值点.

五、证明题(本大题共 2 小题，第 20 小题 6 分，第 21 小题 8 分，共 14 分)

20. 设函数 $f(x)$ 在 $[0,1]$ 上连续，且 $f(0)\neq 0$，$0<f(x)<1$，证明：存在一点 $x_0\in(0,1)$，使得 $f^2(x_0)=x_0$.

21. 设函数 $f(x)$ 在 $[0,1]$ 上连续，$(0,1)$ 内可导，且 $f(0)=0$，$f(1)=1$. 证明：

(1) 存在 $\xi_1\in(0,1)$，使得 $f'(\xi_1)=2\xi_1$；

(2) 存在 $\xi_2\in\left(0,\dfrac{1}{2}\right)$，$\xi_3\in\left(\dfrac{1}{2},1\right)$，使得 $f'(\xi_2)+f'(\xi_3)=2(\xi_2+\xi_3)$.

山东省 2021 年普通高等教育专升本统一考试
高等数学 Ⅰ 答案及解析

一、单项选择题

1. A. 解：由于 $\lim\limits_{x\to 2}\dfrac{x^2-4}{x-2}=\lim\limits_{x\to 2}(x+2)=4$，故 $x=2$ 是函数 $f(x)$ 的可去间断点.

2. D. 解：因为左导数 $f'_{-}(x)=\lim\limits_{x\to0^-}\dfrac{f(x)-f(0)}{x-0}=\lim\limits_{x\to0^-}\dfrac{\frac{1}{2}x^2}{x}=0$，

右导数 $f'_{+}(x)=\lim\limits_{x\to0^+}\dfrac{f(x)-f(0)}{x-0}=\lim\limits_{x\to0^+}\dfrac{\sin x}{x}=1$，所以函数 $f(x)$ 在 $x=0$ 的左右导数都存在但不相等.

3. B. 解：根据定义，微分方程的阶是方程中所含未知函数的导数的最高阶数，故 B 选项正确.

4. B. 解：A 选项，因为 $\left|\dfrac{\sin n}{n^2}\right|=\dfrac{|\sin n|}{n^2}\leqslant\dfrac{1}{n^2}$，且 $\sum\limits_{n=1}^{\infty}\dfrac{1}{n^2}$ 收敛，因此绝对值级数 $\sum\limits_{n=1}^{\infty}\left|\dfrac{\sin n}{n^2}\right|$ 收敛，故原级数绝对收敛；B 选项，该交错级数的绝对值级数 $\sum\limits_{n=1}^{\infty}\left|(-1)^n\dfrac{1}{\sqrt[3]{n^2}}\right|=\sum\limits_{n=1}^{\infty}\dfrac{1}{n^{\frac{2}{3}}}$ 发散，但利用莱布尼茨判别法，该交错级数收敛，故 $\sum\limits_{n=1}^{\infty}(-1)^n\dfrac{1}{\sqrt[3]{n^2}}$ 条件收敛；C 选项，绝对值级数 $\sum\limits_{n=1}^{\infty}\left|\left(-\dfrac{2}{3}\right)^n\right|=\sum\limits_{n=1}^{\infty}\left(\dfrac{2}{3}\right)^n$，为公比为 $\dfrac{2}{3}$ 的等比级数，所以绝对值级数收敛，原级数绝对收敛；D 选项，$\sum\limits_{n=1}^{\infty}\left(-\dfrac{3}{2}\right)^n$，为公比为 $-\dfrac{3}{2}$ 的等比级数，$\left|-\dfrac{3}{2}\right|>1$，所以该级数发散，故应选 B.

5. C. 解：由 $2\cos\theta\leqslant r\leqslant4\cos\theta$，$0\leqslant\theta\leqslant\dfrac{\pi}{2}$，可得积分区域如图，转换为直角坐标为 $2x\leqslant x^2+y^2\leqslant4x$，该题四个选项给出的积分顺序都是先对 y 积分，后对 x 积分，因此将区域选择 X 型区域积分，过 $(2, 0)$ 点作垂直于 x 轴的直线，将积分区域分为左右两部分

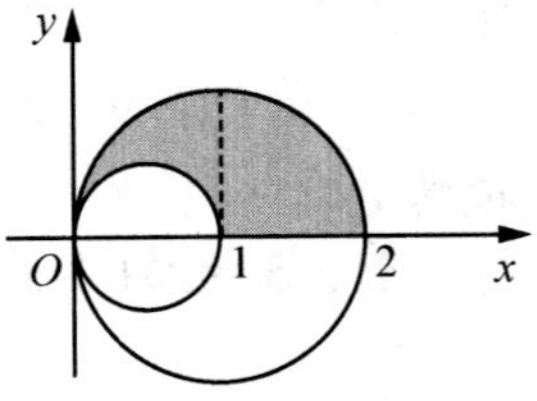

第 5 题图

$$D_1:\begin{cases}0\leqslant x\leqslant2,\\ \sqrt{2x-x^2}\leqslant y\leqslant\sqrt{4x-x^2},\end{cases}\quad D_2:\begin{cases}2\leqslant x\leqslant4,\\ 0\leqslant y\leqslant\sqrt{4x-x^2},\end{cases}$$

故转换为直角坐标系后积分为 $\int_0^2\mathrm{d}x\int_{\sqrt{2x-x^2}}^{\sqrt{4x-x^2}}f(x, y)\mathrm{d}y+\int_2^4\mathrm{d}x\int_1^{\sqrt{4x-x^2}}f(x, y)\mathrm{d}y$，故 C 选项正确.

二、填空题

6. 0. 解：$f(2021)=\dfrac{1}{2021}<1$，$f[f(2021)]=0$.

7. $\dfrac{2}{3}$. 解：距离 $d=\dfrac{|2+2-6+4|}{\sqrt{2^2+1+(-2)^2}}=\dfrac{2}{3}$.

8. $\dfrac{\pi}{4}$. 解：夹角的余弦 $\cos\theta=\dfrac{\vec{a}\cdot\vec{b}}{|\vec{a}||\vec{b}|}=\dfrac{1\times1+0\times\sqrt{2}+1\times1}{\sqrt{1^2+0^2+1^2}\cdot\sqrt{1^2+(\sqrt{2})^2+1^2}}=\dfrac{\sqrt{2}}{2}$，故

向量夹角为$\frac{\pi}{4}$.

9. $\frac{1}{3}$. 解：$R=\lim\limits_{n\to\infty}\left|\frac{a_n}{a_{n+1}}\right|=\lim\limits_{n\to\infty}\left|\frac{3^n}{n(n+1)}\cdot\frac{(n+1)(n+2)}{3^{n+1}}\right|=\lim\limits_{n\to\infty}\frac{n+2}{3n}=\frac{1}{3}$.

10. 2. 解：由于$\int_{-1}^{1}f(|x|)\mathrm{d}x=\int_{-1}^{0}f(-x)\mathrm{d}x+\int_{0}^{1}f(x)\mathrm{d}x$，而$\int_{-1}^{0}f(-x)\mathrm{d}x=\int_{1}^{0}f(u)\mathrm{d}(-u)=\int_{0}^{1}f(u)\mathrm{d}(u)=1$，故$\int_{-1}^{1}f(|x|)\mathrm{d}x=2$.

三、解答题

11. 解：$\lim\limits_{x\to\infty}\left(\frac{x+3}{x+1}\right)^x=\lim\limits_{x\to\infty}\left(1+\frac{2}{x+1}\right)^x=\lim\limits_{x\to\infty}\left(1+\frac{2}{x+1}\right)^{\frac{x+1}{2}\times\frac{2x}{x+1}}$

$$=\lim\limits_{x\to\infty}\left(1+\frac{2}{x+1}\right)^{\frac{x+1}{2}\times\lim\limits_{x\to\infty}\frac{2x}{x+1}}=\mathrm{e}^2.$$

12. 解：$\lim\limits_{x\to 0}\frac{\int_0^x(\mathrm{e}^{t^2}-1)\,\mathrm{d}t}{\sin x^3}=\lim\limits_{x\to 0}\frac{\int_0^x(\mathrm{e}^{t^2}-1)\,\mathrm{d}t}{x^3}=\lim\limits_{x\to 0}\frac{\mathrm{e}^{x^2}-1}{3x^2}=\lim\limits_{x\to 0}\frac{x^2}{3x^2}=\frac{1}{3}$.

13. 解：$\int\frac{\ln(1+x^2)}{x^2}\mathrm{d}x=\int\ln(1+x^2)\mathrm{d}\left(-\frac{1}{x}\right)=\frac{-\ln(1+x^2)}{x}+\int\frac{1}{x}\mathrm{d}[\ln(1+x^2)]$

$$=\frac{-\ln(1+x^2)}{x}+\int\frac{2x}{1+x^2}\mathrm{d}x$$

$$=\frac{-\ln(1+x^2)}{x}+2\arctan x+C.$$

14. 解：设平面$x+y-z-1=0$的法向量$\boldsymbol{n}_1(1,1,-1)$，平面$2x+z+1=0$的法向量$\boldsymbol{n}_2(2,1,1)$，则直线的方向向量$\boldsymbol{s}=\boldsymbol{n}_1\times\boldsymbol{n}_2=\begin{vmatrix}i & j & k\\1 & 1 & -1\\2 & 0 & 1\end{vmatrix}=\{1,-3,-2\}$，直线过点$(1,0,1)$，故直线方程为$\frac{x-1}{1}=\frac{y}{-3}=\frac{z-1}{-2}$.

15. 解：微分方程的特征方程$r^2-4r+7=0$，特征根$r_{1,2}=\frac{4\pm\sqrt{16-28}}{2}=2\pm\sqrt{3}\mathrm{i}$，故微分方程的通解为$y=\mathrm{e}^{2x}(C_1\cos\sqrt{3}x+C_2\sin\sqrt{3}x)$.

16. 解：$\frac{\partial z}{\partial x}=\frac{\partial z}{\partial u}\cdot\frac{\partial u}{\partial x}+\frac{\partial z}{\partial v}\cdot\frac{\partial v}{\partial x}=\arcsin y\cdot f'_u-\frac{y}{x^2}\cdot f'_v$，$\frac{\partial z}{\partial y}=\frac{\partial z}{\partial u}\cdot\frac{\partial u}{\partial y}+\frac{\partial z}{\partial v}\cdot\frac{\partial v}{\partial y}=\frac{x}{\sqrt{1-y^2}}\cdot f'_u+\frac{1}{x}\cdot f'_v$.

17. 解：积分区域如图，则

$$\iint\limits_D(2x+y)\mathrm{d}x\mathrm{d}y=\int_1^3\mathrm{d}y\int_{\frac{1}{y}}^{y}(2x+y)\mathrm{d}x=\int_1^3\left(2y^2-\frac{1}{y^2}-1\right)\mathrm{d}y=\left[\frac{2}{3}y^2+\frac{1}{y}-y\right]\Big|_1^3=\frac{44}{3}.$$

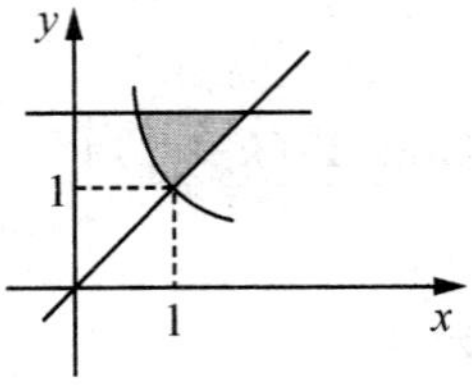

第 17 题图

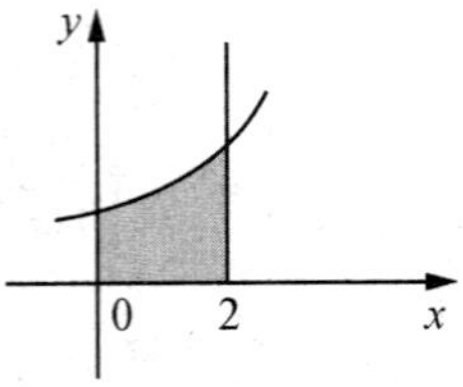

第 18 题图

四、应用题

18. 解：闭区域图形如图，体积 $V=\int_0^2 \pi(e^x)^2 dx=\frac{\pi}{2}e^{2x}\Big|_0^2=\frac{\pi(e^4-1)}{2}$.

19. 解：$f(x)=\ln(1+x)+kx^2-x$，定义域为 $x>-1$，$f'(x)=\frac{1}{1+x}+2xk-1=\frac{x(2kx+2k-1)}{1+x}$. 令 $f'(x)=0$，得驻点 $x_1=0$，$x_2=\frac{1}{2k}-1$.

(1) 当 $0<k<\frac{1}{2}$ 时，$\frac{1}{2k}-1>0$，即 $x_2>x_1$.

x	$(-1,0)$	0	$\left(0,\frac{1}{2k}-1\right)$	$\frac{1}{2k}-1$	$\left(\frac{1}{2k}-1,+\infty\right)$
$f'(x)$	+	0	−	0	+
$f(x)$	单调递增	极大值	单调递减	极小值	单调递增

所以当 $0<k<\frac{1}{2}$ 时，$x_1=0$ 是极大值点，$x_2=\frac{1}{2k}-1$ 是极小值点.

(2) 当 $k=\frac{1}{2}$ 时，$f'(x)=\frac{x^2}{1+x}\geqslant 0$，函数在定义域内单调递增，不存在极值点.

(3) 当 $k>\frac{1}{2}$ 时，$\frac{1}{2k}-1<0$，即 $-1<x_2<x_1$.

x	$\left(-1,\frac{1}{2k}-1\right)$	$\frac{1}{2k}-1$	$\left(\frac{1}{2k}-1,0\right)$	0	$(0,+\infty)$
$f'(x)$	+	0	−	0	+
$f(x)$	单调递增	极大值	单调递减	极小值	单调递增

所以当 $k>\frac{1}{2}$ 时，$x_2=\frac{1}{2k}-1$ 是极大值点，$x_1=0$ 是极小值点.

五、证明题

20. 证：令 $g(x)=f^2(x)-x$，则 $g(x)$ 在 $[0,1]$ 上连续，且 $g(0)=f^2(0)>0$，$g(1)=f^2(1)<0$，所以 $g(0)\cdot g(1)<0$，由零点定理可得，至少存在一点 $x_0\in(0,1)$，使得 $g(x_0)=0$，即 $f^2(x_0)=x_0$.

21. 证明：令 $F(x)=f(x)-x^2$，

(1) 由已知，$F(x)$ 在$[0, 1]$上连续，$(0, 1)$ 内可导，且 $F'(x)=f'(x)-2x$，又有 $F(0)=0=F(1)$，所以由罗尔定理可得，至少存在一点 $\xi_1\in(0, 1)$，使得 $F'(\xi_1)=0$，即 $f'(\xi_1)=2\xi_1$.

(2) 由拉格朗日中值定理可知，

存在 $\xi_2\in\left(0, \frac{1}{2}\right)$，使得 $F\left(\frac{1}{2}\right)-F(0)=F'(\xi_2)\left(\frac{1}{2}-0\right)$，即

$f'(\xi_2)=2\xi_2+2F\left(\frac{1}{2}\right)$，　　①

存在 $\xi_3\in\left(\frac{1}{2}, 1\right)$，使得 $F(1)-F\left(\frac{1}{2}\right)=F'(\xi_3)\left(1-\frac{1}{2}\right)$，即

$f'(\xi_3)=2\xi_3-2F\left(\frac{1}{2}\right)$，　　②

由 ①＋② 得：$f'(\xi_2)+f'(\xi_3)=2(\xi_2+\xi_3)$.

山东省 2022 年普通高等教育专升本统一考试
高等数学 Ⅰ 试题(100 分)

一、选择题(本大题共 5 小题，每小题 3 分，共 15 分)

1. 已知函数 $f(x)=\begin{cases}x^2+a, & x<0,\\ 1, & x=0,\\ b-\cos x, & x>0\end{cases}$ 在 $x=0$ 处连续，则实数 a 和 b 的值为(　　).

A. $a=1$，$b=2$　　B. $a=1$，$b=-2$　　C. $a=-1$，$b=2$　　D. $a=-1$，$b=-2$

2. 以下向量与 $\boldsymbol{a}=(2,-3,1)$ 垂直的是(　　).

1. $(-2,3,-1)$　　B. $(3,0,2)$　　C. $(3,2,1)$　　D. $(3,2,0)$

3. 以下微分方程通解为 $y=C_1\mathrm{e}^{-2x}+C_2\mathrm{e}^{4x}$ (C_1，C_2 为任意常数)的是(　　).

A. $y''-2y'-8y=0$　　B. $y''+2y'-8y=0$

C. $y''-6y'+8y=0$　　D. $y''+6y'+8y=0$

4. 下列级数发散的是(　　).

A. $\sum\limits_{n=1}^{\infty}\dfrac{1}{n^2+2}$　　B. $\sum\limits_{n=1}^{\infty}\ln\left(1+\dfrac{1}{n}\right)$　　C. $\sum\limits_{n=1}^{\infty}(-1)^n\dfrac{1}{\sqrt{n}}$　　D. $\sum\limits_{n=1}^{\infty}\dfrac{1}{3^n}$

5. 已知函数 $f(x,y)$ 在 R^2 上连续，则 $I=\int_0^2\mathrm{d}x\int_0^{\sqrt{3}x}f(x,y)\mathrm{d}y+\int_2^4\mathrm{d}x\int_0^{\sqrt{16-x^2}}f(x,y)\mathrm{d}y$ 的极坐标形式为(　　).

A. $\int_0^{\frac{\pi}{3}}\mathrm{d}\theta\int_0^4 f(r\cos\theta,r\sin\theta)\mathrm{d}r$　　B. $\int_0^{\frac{\pi}{3}}\mathrm{d}\theta\int_0^4 f(r\cos\theta,r\sin\theta)r\mathrm{d}r$

C. $\int_0^{\frac{\pi}{6}}\mathrm{d}\theta\int_0^4 f(r\cos\theta,r\sin\theta)\mathrm{d}r$　　D. $\int_0^{\frac{\pi}{6}}\mathrm{d}\theta\int_0^4 f(r\cos\theta,r\sin\theta)r\mathrm{d}r$

二、填空题(本大题共 5 小题，每小题 3 分，共 15 分)

6. 设极限 $\lim\limits_{x\to\infty}\left(1+\dfrac{1}{3x}\right)^{kx}=\mathrm{e}^2$，则 $k=$__________.

7. 设点 $(1,a)$ 是曲线 $y=ax^3-x^2-2x+3$ 的拐点，则 $a=$__________.

8. 已知两点 $A(-2,1,-1)$，$B(2,5,1)$，则 $|\overrightarrow{AB}|=$__________.

9. 当 $|x|<\dfrac{1}{2}$ 时，函数 $f(x)=\dfrac{1}{1-2x}$ 在 $x=0$ 处的幂级数展开式为__________.

10. 已知函数 $f(x)$ 在 $\mathbf{R}$ 上连续，且 $\int_0^{1-2x}f(t)\mathrm{d}t=x^2$，则 $f(x)=$__________.

三、计算题(本大题共 7 小题，每小题 6 分，共 42 分)

11. 求极限 $\lim\limits_{x\to2}\dfrac{x-2}{\sqrt{2x-3}-1}$.

12. 求极限$\lim\limits_{x\to 0}\dfrac{1-\cos 3x}{3x^2}$.

13. 求不定积分$\int(2x\ln x+\sin x)\mathrm{d}x$.

14. 求过点(0，2，3)且与直线$\dfrac{x-1}{2}=\dfrac{y+4}{1}=\dfrac{z+1}{3}$和$\begin{cases}x=3+t\\y=2+2t\\z=1+t\end{cases}$都平行的平面方程.

15. 求微分方程$2\sqrt{x}\,y'=y^2+1$的通解.

16. 已知$z=z(x,y)$是由方程$\sin(xz)=yz$确定的函数，求$\dfrac{\partial z}{\partial x}$和$\dfrac{\partial z}{\partial y}$.

17. 求$\iint\limits_{D}xy^3\mathrm{d}x\mathrm{d}y$，其中$D$是由直线$y=x$，$y=\dfrac{x}{2}$，$y=1$所围成的闭区域.

四、应用题(本大题共 2 小题，第 18 题 6 分，第 19 题 8 分，共 14 分)

18. 求函数$f(x)=\dfrac{2}{3}x^3-5x^2+12x-\dfrac{1}{3}$的极值，并判断是极大值还是极小值.

19. 过点(−1，1)作曲线$y=\dfrac{x^2}{2}+\dfrac{1}{2}$的法线，求其与该曲线所围成的图形的面积.

五、证明题(本大题共 2 小题，第 20 题 6 分，第 21 题 8 分，共 14 分)

20. 证明：当$x>0$时，$x+\dfrac{x^2}{2}>(1+x)\ln(1+x)$.

21. 设函数$f(x)$在$[0,3]$上连续，在$(0,3)$内可导，且$f(1)=f(2)=1$，$f(3)=0$.

证明：(1) 存在$\xi\in(2,3)$，使得$f(\xi)=\dfrac{1}{\xi}$；(2) 存在$\eta\in(1,3)$，使得$\eta^2f'(\eta)+1=0$.

山东省 2022 年普通高等教育专升本统一考试
高等数学 Ⅰ 答案及解析

一、选择题

1. A. 解：函数的左极限为$\lim\limits_{x\to 0^-}(x+a)=a$，函数的右极限$\lim\limits_{x\to 0^+}(b-\cos x)=b-1$，函数在$x=0$处连续，故$a=b-1=f(0)=1$，解得$a=1$，$b=2$.

2. D. 解：令$\boldsymbol{b}=(3,2,0)$，$\boldsymbol{a}\cdot\boldsymbol{b}=6-6=0$，故选 D.

3. A. 解：由微分方程的通解可得，方程有两个不同特征根$r_1=-2$，$r_2=4$，故方程为$y''-2y'-8y=0$.

4. B. 解：A 选项根据比较审敛法，$\dfrac{1}{n^2+2}<\dfrac{1}{n^2}$，$\sum\limits_{n=1}^{\infty}\dfrac{1}{n^2}$收敛，所以$\sum\limits_{n=1}^{\infty}\dfrac{1}{n^2+2}$收敛；

B 选项根据比较审敛法的极限形式，取 $\sum_{n=1}^{\infty} v_n = \sum_{n=1}^{\infty} \frac{1}{n^2}$，因为 $\lim_{x \to \infty} \frac{\ln\left(1+\frac{1}{n}\right)}{\frac{1}{n}} = 1$，故 $\sum_{n=1}^{\infty} v_n = \sum_{n=1}^{\infty} \frac{1}{n^2}$ 与原级数同敛散，$\sum_{n=1}^{\infty} \frac{1}{n}$ 为调和级数发散，故原级数发散；

C 选项 $\sum_{n=1}^{\infty} (-1)^n \frac{1}{\sqrt{n}}$ 根据莱布尼茨定理可知收敛；

D 选项 $\sum_{n=1}^{\infty} \frac{1}{3^n}$ 等比级数，$q = \frac{1}{3} < l$，故原级数收敛.

5. B. 解：令 $x = r\cos\theta$，$y = r\sin\theta$，由题可得如图，由图像可得，$0 \leqslant \theta \leqslant \frac{\pi}{3}$，$0 \leqslant r \leqslant 4$，故

$$I = \int_0^{\frac{\pi}{3}} \mathrm{d}\theta \int_0^4 f(r\cos\theta, r\sin\theta) r \mathrm{d}r.$$

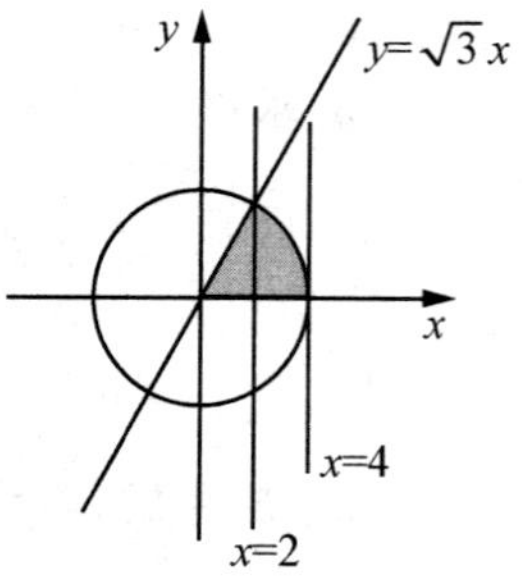

第 5 题图

二、填空题

6. 6. 解：$\lim_{x \to \infty} \left(1+\frac{1}{3x}\right)^{kx} = \mathrm{e}^{\frac{k}{3}} = \mathrm{e}^2$，解得 $k = 6$.

7. $\frac{1}{3}$. 解：$y' = 3ax^2 - 2x - 2$，$y'' = 6ax - 2$ 把 $x = 1$ 代入可得 $y''\big|_{x=1} = 6a - 2 = 0$，解得 $a = \frac{1}{3}$.

8. 6. 解：$\overrightarrow{AB} = (4, 4, 2)$，$|\overrightarrow{AB}| = \sqrt{16+16+4} = 6$.

9. $\sum_{n=0}^{\infty} 2^n x^n$. 解：$f(x) = \frac{1}{1-2x} = \sum_{n=0}^{\infty} (2x)^n = \sum_{n=0}^{\infty} 2^n x^n$.

10. $\frac{x-1}{2}$. 解：等式两边同时求导可得 $-2f(1-2x) = 2x$，令 $1-2x = t$，得 $f(t) = \frac{t-1}{2}$，故 $f(x) = \frac{x-1}{2}$.

三、计算题

11. 解：$\lim_{x \to 2} \frac{x-2}{\sqrt{2x-3}-1} = \lim_{x \to 2} \frac{(x-2)\sqrt{2x-3}+1}{2(x-2)} = \lim_{x \to 2} \frac{\sqrt{2x-3}+1}{2} = 1$.

12. 解：$\lim_{x \to 0} \frac{1-\cos 3x}{3x^2} = \lim_{x \to 0} \frac{\frac{1}{2}(3x)^2}{3x^2} = \frac{3}{2}$.

13. 解：$\int (2x\ln x + \sin x)\mathrm{d}x = \int 2x\ln x \mathrm{d}x + \int \sin x \mathrm{d}x = x^2 \ln x - \int x \mathrm{d}x - \cos x = x^2 \ln x - \frac{1}{2}x^2 - \cos x + C$.

14. 解：直线$\frac{x-1}{2}=\frac{y+4}{1}=\frac{z+1}{3}$的方向向量为$\boldsymbol{s}_1=(2,3)$，

直线$\begin{cases}x=3+t,\\ y=2+2t,\\ z=1+t\end{cases}$的方向向量为$\boldsymbol{s}_2=(1,2,1)$，

法线向量为$\boldsymbol{n}=\begin{vmatrix} i & j & k \\ 2 & 1 & 3 \\ 1 & 2 & 1\end{vmatrix}=(-5,1,3)$，

所以平面方程为$-5(x-0)+(y-2)+3(z-3)=0$，即$-5x+y+3z-11=0$.

15. 解：分离变量为$\frac{1}{y^2+1}\mathrm{d}y=\frac{1}{2\sqrt{x}}\mathrm{d}x$，等号两边同时积分得$\int\frac{1}{y^2+1}\mathrm{d}y=\int\frac{1}{2\sqrt{x}}\mathrm{d}x$，

解得 $\arctan y=\sqrt{x}+C$，C 为任意常数.

16. 解：令 $F(x,y,z)=\sin(xz)-yz$，则 $F'_x=z\cos(xz)$，$F'_y=-z$，$F'_z=x\cos(xz)-y$，那么$\frac{\partial z}{\partial x}=-\frac{F'_x}{F'_z}=-\frac{z\cos(xz)}{x\cos(xz)-y}$，$\frac{\partial z}{\partial y}=-\frac{F'_y}{F'_z}=-\frac{z}{x\cos(xz)-y}$.

17. 解：$\iint\limits_D xy^3\mathrm{d}x\mathrm{d}y=\int_0^1\mathrm{d}y\int_y^{2y}xy^3\mathrm{d}x=\int_0^1\frac{1}{2}xy^3\Big|_y^{2y}\mathrm{d}y=\int_0^1\frac{3}{2}y^5\mathrm{d}y=\frac{1}{4}y^6\Big|_0^1=\frac{1}{4}$.

四、应用题

18. 解：$f(x)$的定义域为$\mathbf{R}$，$f'(x)=2x^2-10x+12=2(x-2)(x-3)$，令$f'(x)=0$，得 $x_1=2$，$x_2=3$，列表如下

x	$(-\infty,2)$	2	$(2,3)$	3	$(3,+\infty)$
$f'(x)$	+	0	−	0	+
$f(x)$	↗	极大值	↘	极小值	↗

极大值 $f(2)=9$，极小值 $f(3)=\frac{26}{3}$.

19. 解：函数求导 $y'=x$，$y'\Big|_{x=-1}=-1$，法线斜率$k=1$，法线方程为$y-1=x+1$，

即 $y=x+2$，联立方程组$\begin{cases}y=\frac{x^2}{2}+\frac{1}{2},\\ y=x+2,\end{cases}$得交点坐标$(-1,1)$，$(3,5)$. 所求面积为

$$S=\int_{-1}^{3}\left[(x+2)-\left(\frac{x^2}{2}+\frac{1}{2}\right)\right]\mathrm{d}x=\int_{-1}^{3}\left(x-\frac{x^2}{2}+\frac{3}{2}\right)\mathrm{d}x=\left(\frac{x^2}{2}-\frac{x^3}{6}+\frac{3x}{2}\right)\Big|_{-1}^{3}=\frac{16}{3}.$$

五、证明题

20. 证明：令 $f(x)=x+\frac{x^2}{2}-(1+x)\ln(1+x)$，$f(0)=0$；一阶导数 $f'(x)=1+$

$x-\ln(1+x)-1=x-\ln(1+x)$，$f'(0)=0$；二阶导数 $f''(x)=1-\dfrac{1}{1+x}=\dfrac{x}{1+x}$. $x>0$ 时，$f''(x)>0$，所以 $f'(x)$ 在 $[0,+\infty)$ 内连续单调递增，即当 $x>0$ 时，$f'(x)>f'(0)=0$，所以 $f(x)$ 在 $[0,+\infty)$ 内连续单调递增，即当 $x>0$ 时，$f(x)>f(0)=0$，即 $x+\dfrac{x^2}{2}>(1+x)\ln(1+x)$.

21. 证明：(1) 令 $F(x)=f(x)-\dfrac{1}{x}$，显然 $F(x)$ 在 $[2,3]$ 上连续，在 $(2,3)$ 内可导，$F(2)=f(2)-\dfrac{1}{2}=1-\dfrac{1}{2}=\dfrac{1}{2}>0$，$F(3)=f(3)-\dfrac{1}{3}=-\dfrac{1}{3}<0$，所以 $F(2)\cdot F(3)<0$，故由零点定理得，存在 $\xi\in(2,3)$，使得 $F(\xi)=0$，即 $f(\xi)=\dfrac{1}{\xi}$.

(2) 由(1)可得 $F(\xi)=0$，$\xi\in(2,3)$；而 $F(1)=f(1)-1=0$，所以 $F(\xi)=F(1)$，显然 $F(x)$ 在 $[1,\xi]$ 上连续，在 $(1,\xi)$ 内可导，由罗尔定理得，存在 $\eta\in(1,\xi)\subset(1,3)$，使 $F'(\eta)=0$，即 $\eta^2 f'(\eta)+1=0$.